一目了然全图解系列

一目了然学电工技能

张 彤 郑全法 编著

電子工業出版社
Publishing House of Electronics Industry
北京·BEIJING

内容简介

本书以学以致用为指导原则，讲述了安全用电知识、电工基础知识和电工材料、常用工具和测量仪表、电工基本操作、低压电器、室内配线和照明线路设备与照明灯具的安装、电动机的基本知识和电动机电气控制线路。本书用实物图和线条图两种方式清晰呈现，形象直观地将手法、技巧及操作过程展示出来，可让读者一看就懂、一学就会。

本书适合电工技术初学者阅读使用，也可作为高等学校相关专业的教学用书。

图书在版编目（CIP）数据

一目了然学电工技能/张彤，郑全法编著. —北京：电子工业出版社，2021.2
（一目了然全图解系列）
ISBN 978-7-121-33482-5

Ⅰ. ①一… Ⅱ. ①张… ②郑… Ⅲ. ①电工技术 Ⅳ. ①TM

中国版本图书馆CIP数据核字(2018)第006817号

策划编辑：张 剑
责任编辑：韩玉宏
印 刷：三河市双峰印刷装订有限公司
装 订：三河市双峰印刷装订有限公司
出版发行：电子工业出版社
北京市海淀区万寿路 173 信箱 邮编：100036
开 本：787×1092 1/16 印张：14.5 字数：371.2 千字
版 次：2021年2月第1版
印 次：2021年2月第1次印刷
定 价：69.80 元

凡所购买电子工业出版社图书有缺损问题，请向购买书店调换。若书店售缺，请与本社发行部联系，联系及邮购电话：（010）88254888，88258888。

质量投诉请发邮件至 zlts@phei.com.cn，盗版侵权举报请发邮件至 dbqq@phei.com.cn。

本书咨询联系方式：zhang@phei.com.cn。

前言

想从事电工行业工作，需要从哪里学起？

是跟着师傅学电工，还是应该自学？

新手电工，哪些操作应该快速掌握？

…………

电工作为特殊工种，不仅要求从业者具有扎实的专业知识，还要求从业者具有一身过硬的专业技能。本书内容上体现“知识够用、技能实用”的思想，结构上体现“实用至上”的思想，抛弃冗长、反复的理论内容，而将操作技术作为本书主题。

本书从安全用电知识讲起，然后详解电工基础知识和电工材料，从第3章开始全面讲述常用工具和测量仪表、电工基本操作、低压电器、室内配线和照明线路设备与照明灯具的安装、电动机的基本知识和电动机电气控制线路。

本书以图块配以解释文字，用照片展示内容，特色鲜明，注重知识性、系统性、操作性的结合，适合电工技术初学者阅读使用，也可作为高等学校相关专业的教学用书。

本书由张彤、郑全法编著。另外，参加本书编写的还有武鹏程、郑亭亭、赵海风和武寅。

由于时间仓促，加之作者水平有限，书中难免有错误疏漏之处，欢迎广大读者提出宝贵意见。

编著者

目录

第 3 章　常用工具和测量仪表 /61

第 4 章　电工基本操作 /107

第 1 章

安全用电知识

1.1 安全用电操作规程和技术防护措施

1.1.1 安全用电操作规程

要建立、健全各种安全用电操作规程，完善安全用电管理制度。

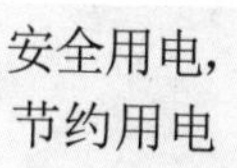

自觉遵守供电部门制定的有关安全用电规定，做到安全经济、不出事故。

禁止私拉电线

禁止私拉电线，禁用“一线一地”接照明灯。

使用安全、完整的导线

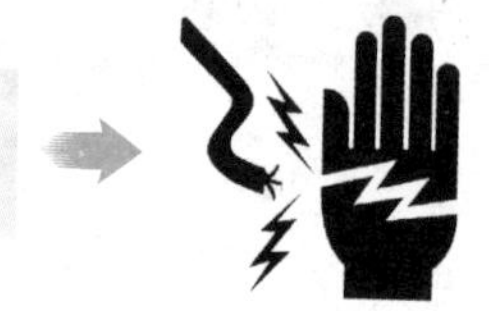

屋内配线，禁止使用裸导线或绝缘破损、老化的导线。对绝缘层破损部分，要及时用绝缘胶带缠好。发生电气故障和漏电起火事故时，要立即拉断电源开关。未切断电源时，不要用水或酸、碱泡沫灭火器灭火。

电气设备的金属外壳要接地

未判明电气设备是否带电时，应视为有电；移动和抢修电气设备时，均应停电进行；灯头、插座或其他家用电器破损后，应及时找电工检修或更换，不能“带病”运行。

停电要申请，安装、修理找电工

停电要有可靠联系方法和警告标志。

1.1.2 安全用电技术防护措施

为了防止发生触电事故，通常采用的技术防护措施有电气设备的接地和接零、安装低压触电保护器两种方式。下面介绍低压配电系统中电气设备的保护接地和保护接零及漏电保护的基本概念和原理。

保护接地

电气设备在使用中，若设备绝缘层损坏或击穿而造成外壳带电，则人体触及外壳时会发生触电事故。按功能分，接地可分为工作接地和保护接地。

工作接地 → 工作接地是指为保证电气设备（如变压器中性点）正常工作而进行的接地。

保护接地 → 保护接地是指为保证人身安全，防止人体接触设备外露部分而引发触电事故的一种接地形式。

在中性点不接地系统中，设备外露部分（金属外壳或金属构架）必须与大地进行可靠电气连接，即保护接地。

接地装置

接地体 → 埋入地下直接与大地接触的金属导体称为接地体。

接地线 → 连接接地体和电气设备接地螺栓的金属导体称为接地线。

接地体的对地电阻和接地线电阻的总和称为接地装置的接地电阻。

保护接地的工作原理

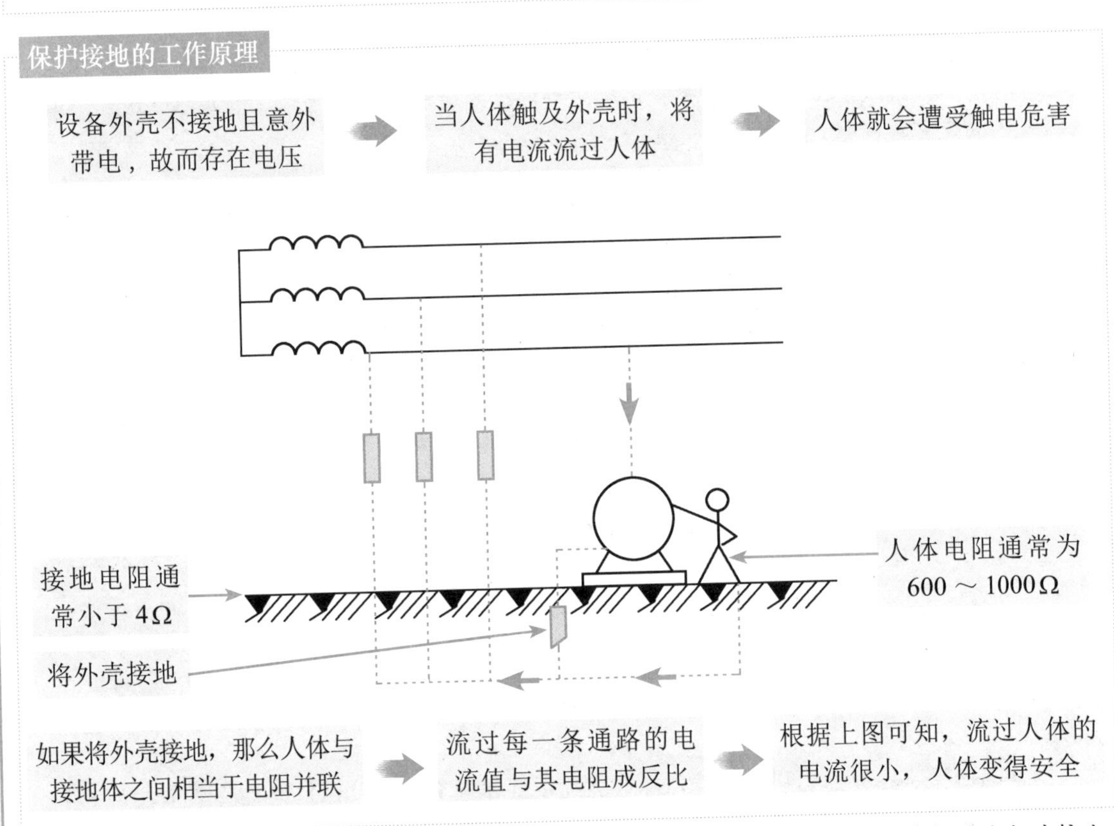

保护接地适用于中性点不接地的低压电网。在中性点不接地电网中，由于单相对地电流较小，利用保护接地可使人体避免发生触电事故；在中性点接地电网中，由于单相对地电流较大，保护接地就不能完全避免人体触电的危险，而要采用保护接零。

保护接零

保护接零是指在电源中性点接地的系统中，将设备需要接地的外露部分与电源中性线直接连接，相当于设备外露部分与大地进行了电气连接。

保护接零的工作原理

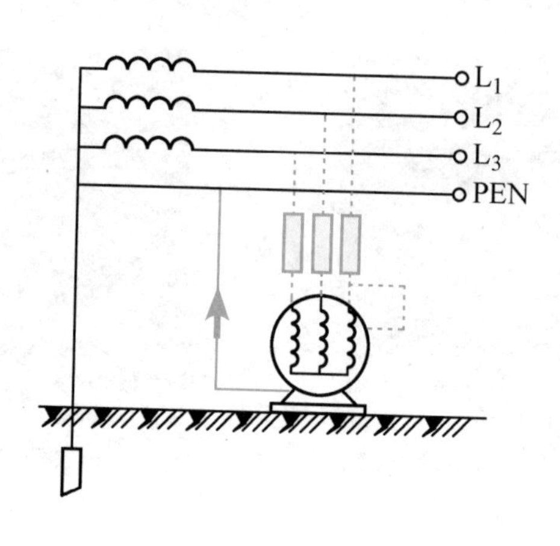

重复接地

在电源中性线做了工作接地的系统中，为确保保护接零的可靠性，还需相隔一定距离将中性线或接地线重新接地，称为重复接地。

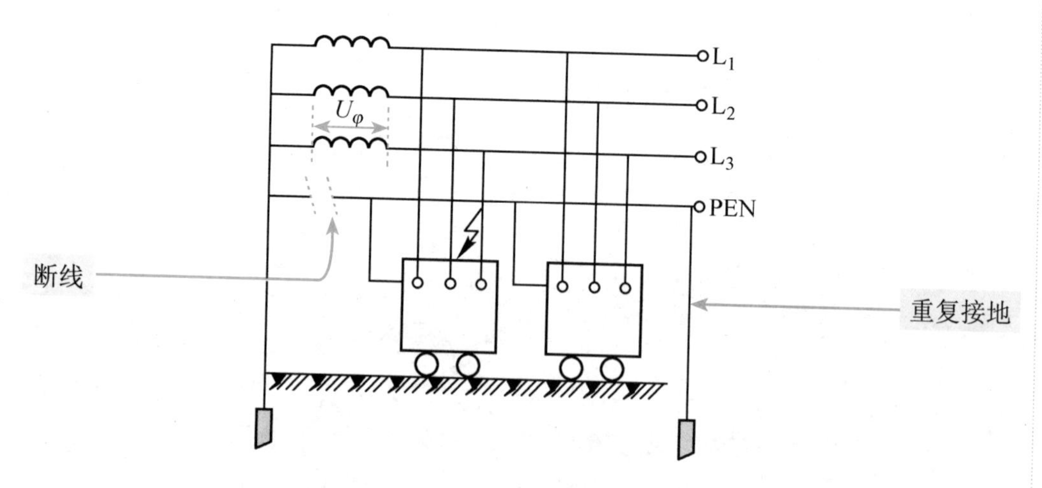

当中性线断线时，设备外露部分被人体触及同样会有触电的可能，于是引入了重复接地系统。

在上图电路中，即使出现中性线断线，但外露部分因重复接地而使其对地电压大大下降，对人体的危害也大大下降。虽然有重复接地的保护，但也应尽量避免中性线或接地线出现断线的现象。

漏电保护装置是防止触电的保护装置。

在电气设备中发生漏电或接地故障而人体尚未触及时，漏电保护装置会切断电源；或者在人体已触及带电体时，漏电保护装置能在非常短的时间内切断电源，减轻对人体的危害。

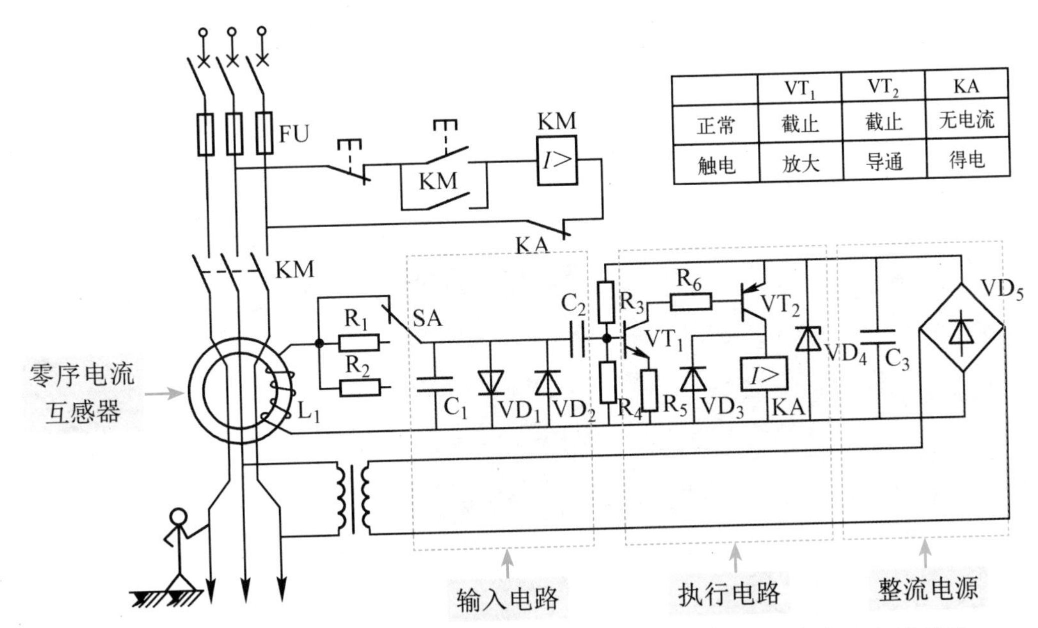

	VT_1	VT_2	KA
正常	截止	截止	无电流
触电	放大	导通	得电

漏电保护装置的种类很多，这里介绍的是目前应用较多的晶体管放大式漏电保护器。

1. 当人体触电或线路漏电时
2. 零序电流互感器一次侧有零序电流流过
3. 零序电流互感器在二次侧产生感应电动势
4. 加在输入电路上
5. 放大管 VT_1 得到输入电压
6. 进入动态放大工作区
7. VT_1 的集电极电流在 R_6 上产生电压降
8. 使执行管 VT_2 的基极电流减小
9. VT_2 的输入端正偏，VT_2 导通
10. 继电器 KA 流过电流启动，其常闭触头断开
11. 接触器 KM 线圈失电，切断电源

>> 提示

接地需要借助接地装置与大地相连。其中，与大地相连的部分称为接地体，一般需要深入地层，如右图所示，然后通过接地线与地上电力系统相连。人工接地体的顶端应埋入地面下 0.5 ～ 1.5m 处。这个深度以下，土壤电导率受季节影响变动较小，接地电阻稳定，且不易遭受外力破坏。

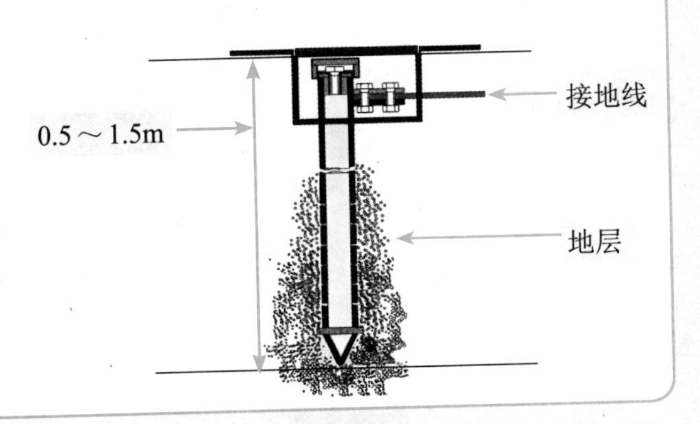

1.2 触电急救

1.2.1 触电时的防护

当触电事故发生时，触电者与电源相连，已成为一个带电体。救护者需要注意这个严重问题，所以救护者必须首先设法使触电者摆脱电源。摆脱电源的方法可根据现场情况灵活运用，以求快速切断电源。具体方法如下。

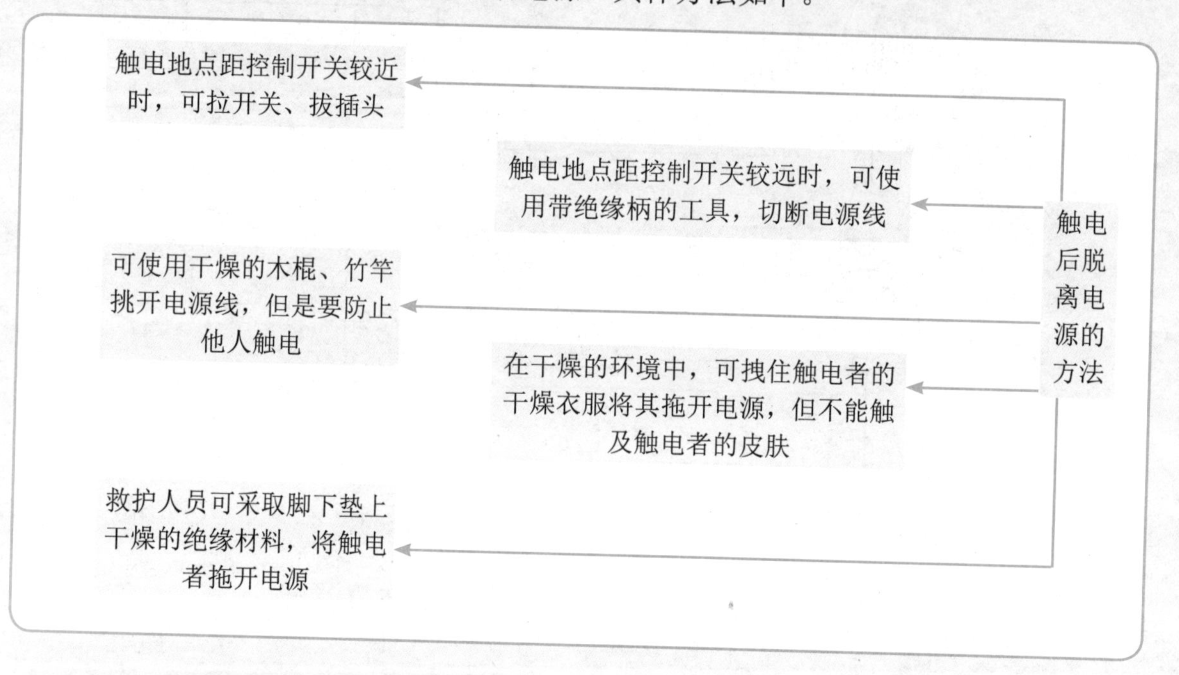

1.2.2 现场急救

在触电者脱离电源以后，应根据触电者的具体情况迅速对症救护。据有关资料介绍，触电后1min即开始救治者，90%取得了良好效果；触电后6min开始救治者，只有10%取得了良好效果；触电后12min开始救治者，救活的可能性甚小。如何快速、有效地展开急救呢？请参看下文。

如果触电者神志清醒

如果触电者神志清醒，但感觉全身乏力、心悸、头昏甚至恶心或呕吐，则应使其安静休息，并注意观察，必要时送往医院进行治疗。

如果触电者神志昏迷

如果触电者神志昏迷，但心跳、呼吸尚存，则应使触电者仰卧，解开衣服以利呼吸。如果天气寒冷，则要注意保暖；周围的空气要流通，要严密观察，并迅速请医生前来诊治或送往医院。

如果触电者呼吸停止

如果触电者呼吸停止，则应立即用口对口人工呼吸法以维持气体交换；如果触电者心脏停止跳动，则应立即进行体外心脏挤压来维持血液循环；如果触电者呼吸及心脏都已停止，则应同时进行人工呼吸和体外心脏挤压，并迅速请医生前来或送往医院。在紧要关头，必须要做到立即进行抢救，不能等候医生的到来。

口对口人工呼吸法

人工呼吸的方法很多，其中以口对口人工呼吸法最简单易学，效果也很好。

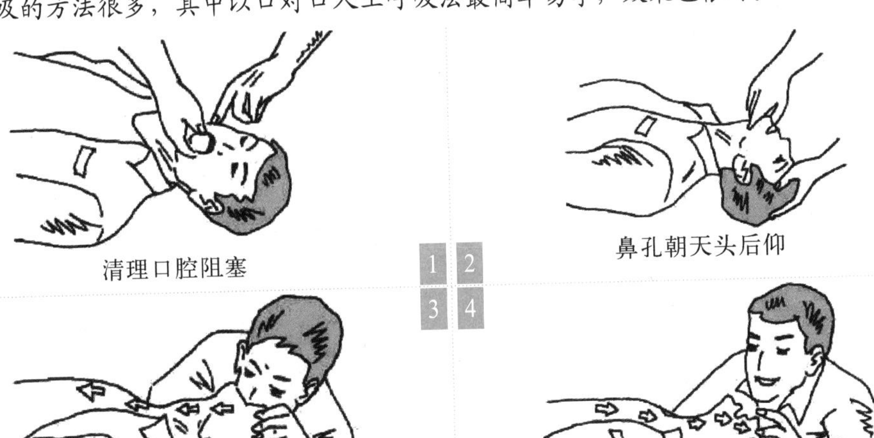

清理口腔阻塞

鼻孔朝天头后仰

贴嘴吹胸扩张

放开嘴鼻好换气

如此反复进行，每分钟约吹气 12 次。

如果无法把触电者的口张开，则改用口对鼻孔呼吸法，此时吹气压力应稍大，时间也应稍长，以利于气体进入肺内。

如果触电者是儿童，则只可小口吹气，以免触电者肺部受损。

体外心脏挤压法

体外心脏挤压法是指有节律地在体外对心脏进行挤压，用人工方法迫使心肌收缩与舒张，以求达到恢复血液循环的目的。

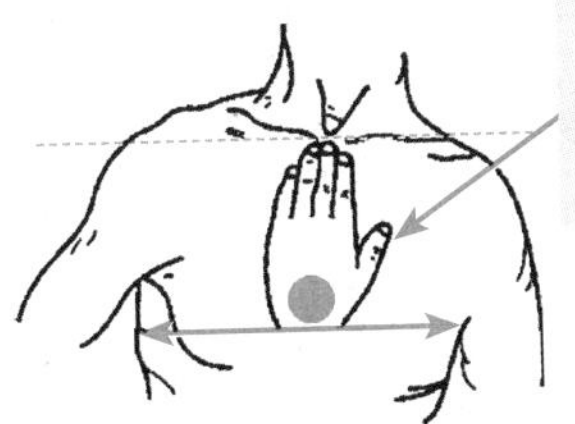

使触电者仰卧在硬板或地上，救护人跪在其腰部一侧或骑跪在其腰部两侧。

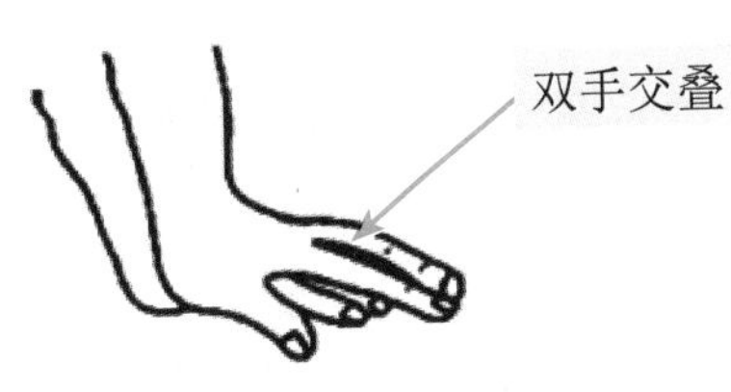

另一只手压在该手手背上。

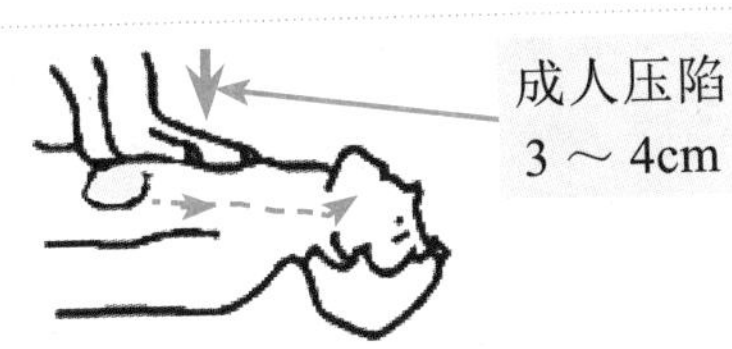

救护人掌根用力垂直向下（朝脊背方向）挤压，压出心脏里面的血液，对成人应压陷 3 ～ 4cm。每秒挤压 1 次，每分钟挤压约 60 次。

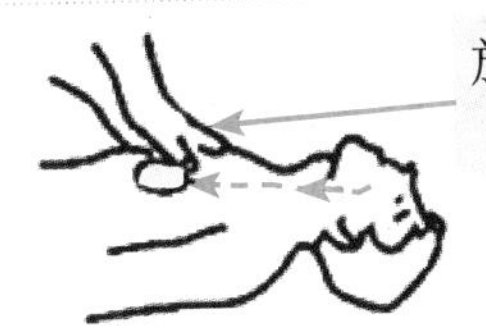

挤压后掌根迅速放松，依靠胸廓的弹性自然复位，使心脏舒张，让大静脉内的血液流入心脏。

1.3 电气消防

1.3.1 电气火灾的起因

引发电气火灾的原因主要有以下几个方面。

短路

发生短路时，线路中电流增加为正常时的几倍甚至几十倍、上百倍，而产生的热量又和电流的二次方成正比，使温度急剧上升，大大超过允许范围。如果达到可燃物的自燃点，即引起燃烧，从而可导致火灾。短路的主要原因如下。

短路原因：

- 绝缘层老化变质，受到高温、潮湿或腐蚀的作用而失去绝缘能力
- 由于磨损和铁锈腐蚀使绝缘层破坏
- 受到雷击电压的作用，绝缘层被击穿
- 管理不严使污物聚积、小动物钻入跨接等引起短路
- 选用设备的额定电压不符合工作电压的要求，绝缘层被击穿而短路
- 设备安装不当或工作疏忽，使电气设备绝缘层受到机械损伤
- 在安装和检修工作中，由于接线和操作的错误而造成短路

过载

电流通过导线，其发热温度在不超过规定的允许温度时，导线上允许通过的电流称为安全电流。超过安全载流量叫导线过负荷，即过载。其原因有

- 设计、选用线路或设备不合理，以致在额定负载下出现过热
- 设备故障运行（如三相电动机断相运行）造成过热
- 使用不合理或连接使用时间过长，超过线路或设备的设计能力，造成过热
- 电动机的过载

接触不良

接触不良原因：

- 不可拆卸的接头连接不牢、焊接不良或接头处混有杂质
- 活动或电刷接头处没有足够的压力，接触表面脏污、不光滑
- 可拆卸的接头连接不紧密或由于振动而松动
- 铜铝接头，由于铜和铝的电特性不同，接头处易因电解作用而腐蚀

火花与电弧

电火花是电极间的击穿放电现象。电火花的温度很高，可达3000～6000℃。因此，电火花不仅能引起可燃物的燃烧，还能使金属熔化、飞溅，构成危险的火花源。电火花主要包括工作火花和事故火花两类。

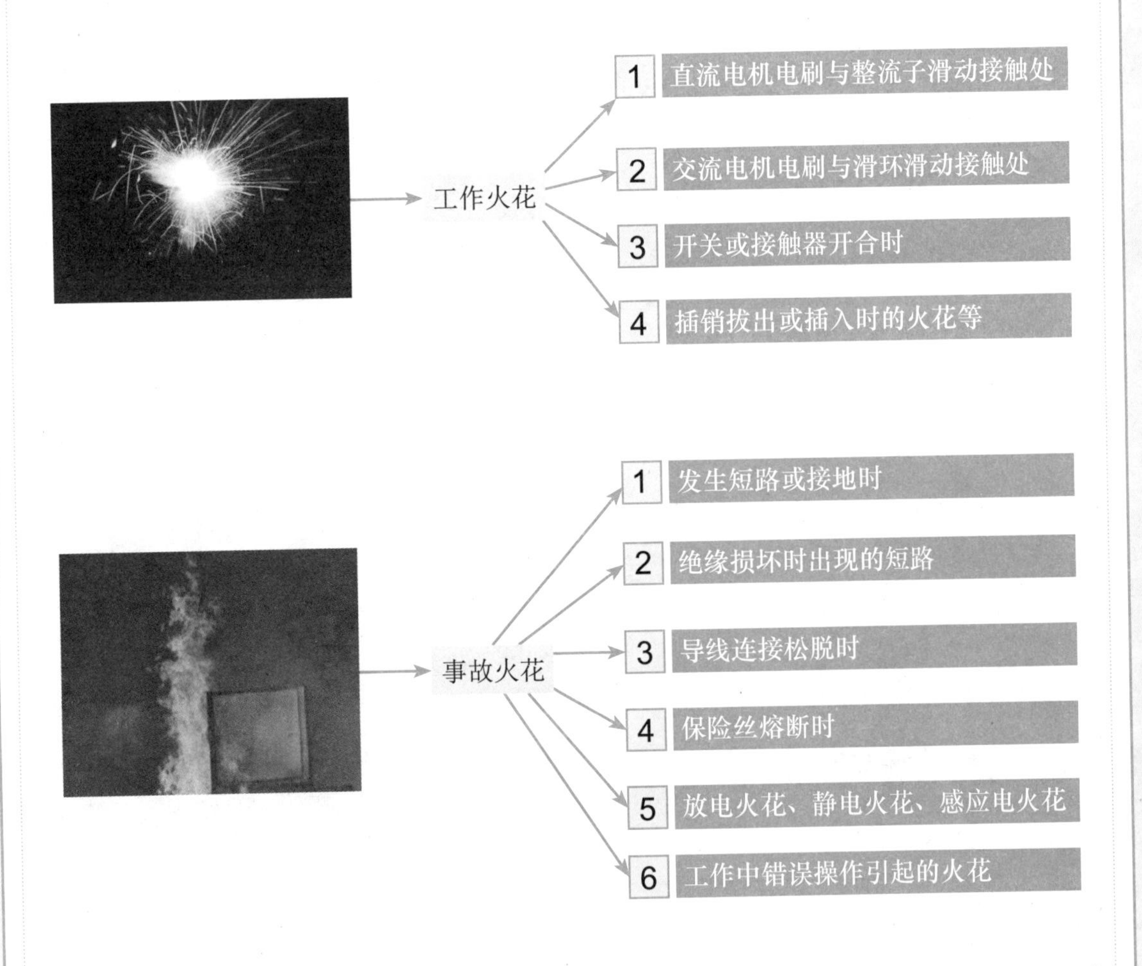

此外，机械性质的火花有电动机转子和定子发生摩擦或风扇与其他部件相碰的火花，还有白炽灯灯泡破碎时炽热灯丝出现的火花等。

电弧是由大量密集的电火花构成的，温度高达数千摄氏度，轻则损坏设备，重则产生爆炸，酿成火灾。

>> 提示

应当指出，电气设备本身事故一般不会出现爆炸事故。但在以下场合可能引起空间爆炸：周围空间有爆炸性混合物，在危险温度或电火花作用下引起空间爆炸；充油设备（如多油断路器、电气变压器、电力电容器和充油套管）的绝缘油在电弧作用下分解和汽化，喷出大量油雾和可燃气体引起空间爆炸；发电机氢冷装置漏气、酸性蓄电池排出氢气等都会形成爆炸性混合物引起空间爆炸。

1.3.2 电气火灾的扑救方法

电气设备发生火灾以后，掌握正确的扑救方法很重要，这对及时灭火起到关键作用。

应及时切断电源

个别电气设备短路起火	若仅个别电气设备短路起火，则可立即关闭设备的电源开关，切断电源。
整个线路燃烧	若整个线路燃烧，则必须及时断开总开关，切断总电源。如果离总开关太远，来不及拉断，则应果断采取措施将远离燃烧处的电线用正确方法切断。

使用安全合格的灭火器具

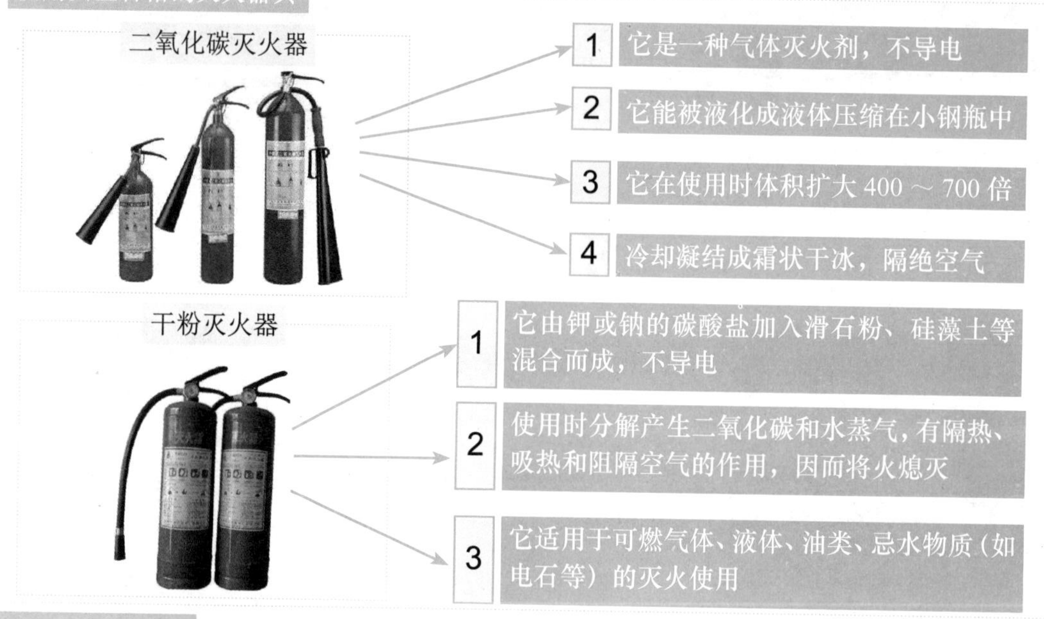

灭火器具的选择

项　目	二氧化碳灭火器	干粉灭火器	泡沫灭火器
规　格	2kg 以下、2～3kg、5～7kg	8kg、50kg	10L、65～130L
药　剂	装有压缩成液态的二氧化碳	装有钾盐或钠盐干粉，并备有盛装压缩气体的小钢瓶	装有碳酸氢钠、发泡剂和硫酸铝溶液
用　途	不导电，扑救电气精密仪器、油类和酸类火灾，不能扑救钾、钠、镁、铝等物质火灾	适用于可燃气体、液体、油类、忌水物质（如电石等）的灭火使用，可扑救电气设备火灾、但不宜扑救旋转电机火灾；可扑救石油产品、油漆、有机溶剂、天然气和天然气设备火灾	扑救油类或其他易燃液体火灾，不能扑救忌水和带电物体火灾
效　能	与着火地点保持 3m 距离	8kg 喷射时间 14～18s，射程 4.5m；50kg 喷射时间 50～55s，射程 6～8m	10L 喷射时间 60s，射程 8m；65L 喷射时间 170s，射程 13.5m
使用方法	一只手拿好喇叭筒对着火源，另一只手打开开关即可	提起圆环，干粉即可喷出	倒过来稍加摇动或打开开关，药剂即喷出
保管和检查方法	置于取用方程的地方；注意使用期限；防止喷管堵塞；冬季防冻，夏季防晒。二氧化碳灭火器每月测量一次，重量减少 1/10 时应充气	置于干燥通风处，防受潮、日晒。每年检查一次干粉是否受潮或结块；小钢瓶内的气体压力，每半年检查一次，重量减少 1/10 时应充气	一年检查一次，泡沫发生倍数低于 4 倍时，应换药

1.3.3 防火和防爆措施

进行工厂电气设计时，通常应采取防火和防爆措施。

防爆电气设备

这类设备根据其结构和防爆性能可分为 9 种类型，这 9 种类型的防爆电气设备及其字母代号如下。

类　型	字母代号	类　型	字母代号	类　型	字母代号
增安型	c	木质安全型	i	充油型	o
防爆型	d	浇封型	m	正压型	p
气密型	h	无火花型	n	充砂型	q

电气设备的选用

通常按危险场所的类别（如有爆炸性危险、火灾危险的场所）和等级选用电气设备。

危险场所的导线及安装方式

危险场所类型	导线及安装方式
干燥无尘	绝缘导线暗敷设或明敷设
潮湿	有保护的绝缘导线明敷设或绝缘导线穿墙敷设
高温	耐热绝缘导线穿瓷管、石棉管或沿低压绝缘子敷设
腐蚀性	耐腐蚀的绝缘导线（铅包导线）明敷设或耐腐蚀的穿管敷设

合理选用保护装置

合理选用保护装置是防火防爆的重要措施，也是提高防火防爆自动化程度的重要措施。除接地或接零装置外，火灾或爆炸性危险场所应有比较完善的短路、过载等保护装置。

保护防火间距

单位：m

建筑物、堆物名称	变压器总油量		
	≥5t，≤10t	＞10t，≤50t	＞50t
民用建筑	15～25	20～30	25～35
丙、丁、戊类生产厂房和库房	12～20	15～25	20～30
甲、乙类生产厂房	25		
稻草、麦秸、芦苇等易燃材料堆物	50		
易燃液体储罐	25～50		

第 2 章

电工基础知识和电工材料

2.1 电工基础知识

2.1.1 有关电的基本概念

电

自然界中的物质是由原子构成的，每个原子都是由一个带正电荷的原子核和一定数量带负电荷的电子所组成的。这些电子，分层围绕原子核做高速旋转，如下图所示。

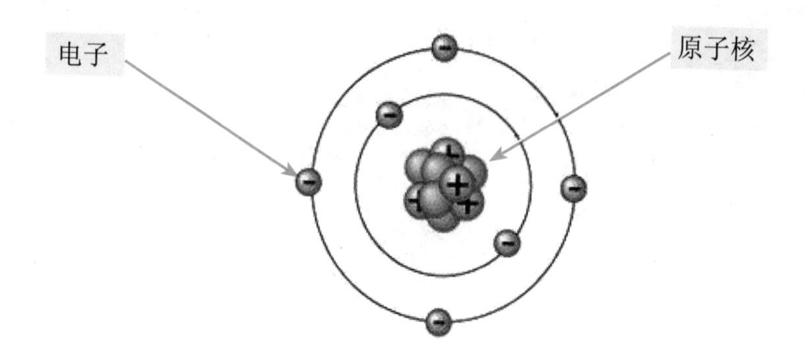

正电荷与负电荷有同性相斥、异性相吸的特性。不同的物质有不同的原子，它们所具有的电子数目也是不一样的。例如，钠原子有 11 个电子，原子结构如下图所示。在通常情况下，原子核所带的正电荷和电子所带的负电荷在数量上相等，所以物体就不显示带电现象。

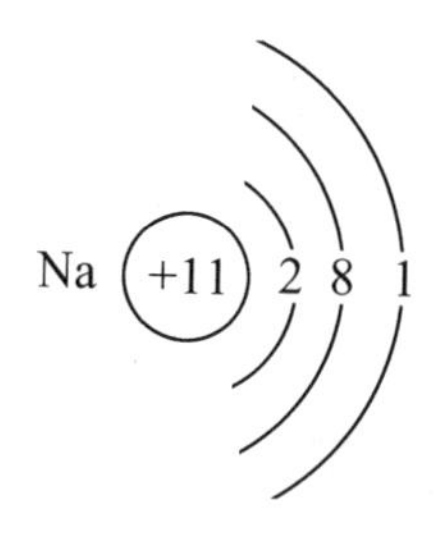

原子核吸引电子的吸力大小与距离的二次方成反比。如果由于某种外力的作用，使离原子核较远的外层电子摆脱原子核的束缚，跑到另一个物体上，那么这样就会使物体带电，失去电子的物体带正电，获得电子的物体带负电。

一个带电体所带电荷的多少可以用电子数目来表示，我们常以库仑（用 C 表示）作为电荷量的单位。

$$1C = 6.24\times10^{18} \text{ 个电子电荷量}$$

当电荷积聚不动时，这种电荷称为静电；如果电荷处在运动状态，则称为动电。

静电

静电是人类最早认识的、由摩擦起电现象所产生的电荷，分布在电介质表面或体积内及在绝缘导体表面；它相对于动电，是静止的，特性是电流小、不形成回路。

电位有时可高达几千伏或几万伏，放电后迅速消失，不能输送和分配。 ← 静电感应 → 只要有运动、有摩擦就会产生静电感应。

随着高分子聚合材料的广泛应用，静电危害问题日益突出。静电不仅可引起着火、爆炸，还可使产品质量受到影响、电子元器件损坏、数据丢失等。

防止静电通常的办法是接地。 ← 防止静电 → 运输油的车用铁链与大地相连接。 → 计算机房的接地。

电力输送过程和电路

电力输送过程

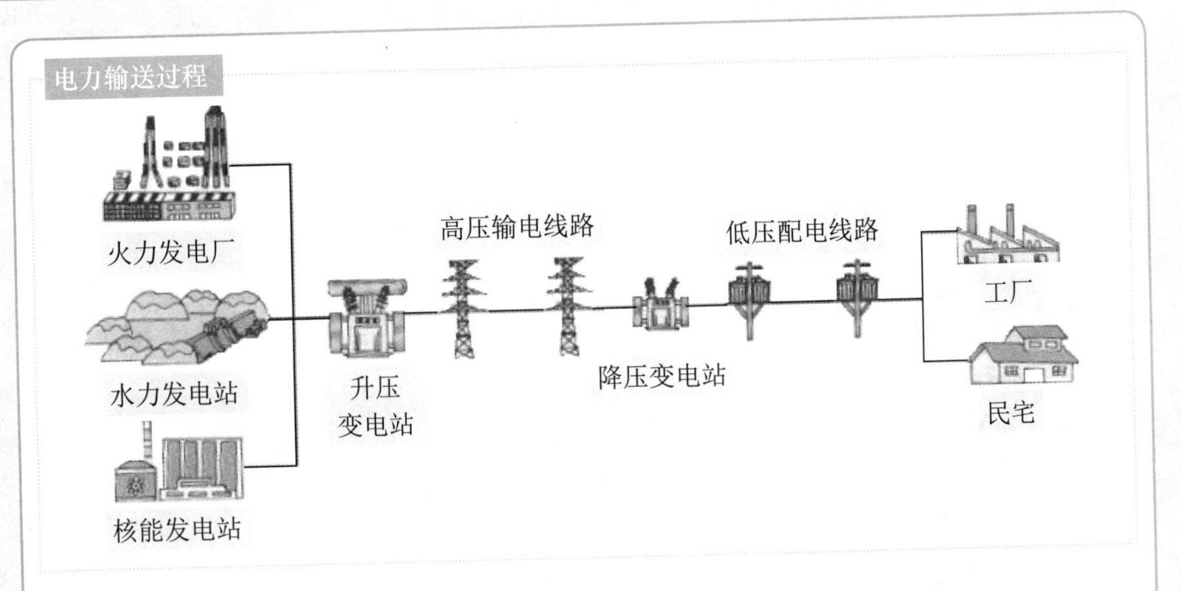

电路

电路是由相互连接的电子、电气元器件（如电阻、电容、电感、二极管、晶体管和开关等）构成的网络。

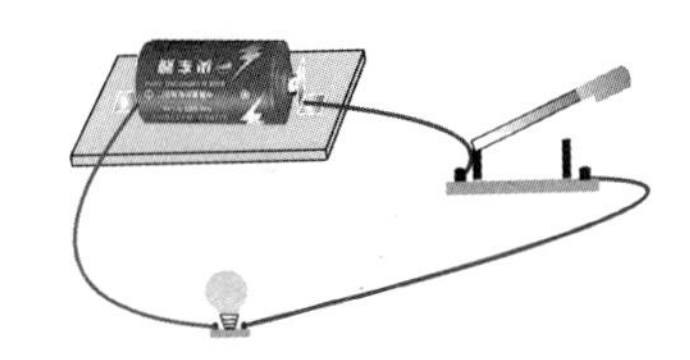

电形成电路，形成我们需要的各种动力。例如，手电筒用来在黑暗中照明，通过开关来控制灯泡的亮灭。

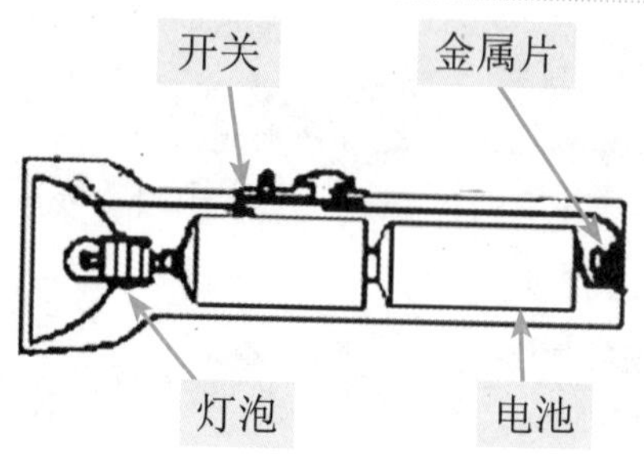

要实现灯泡的亮灭控制，需要以下4个条件。

（1）电池提供电能。→ 电源

（2）灯泡作为发光体，是消耗电能的装置。→ 负载

（3）开关控制灯炮的亮灭。→ 控制元件

（4）金属片或线把灯泡、电池、开关连接起来。→ 导线

电路图

用实物来表示电源、负载、控制元件等很麻烦。在电路技术应用中，我们把电源、负载、控制元件等用相应的符号表示出来，用相应符号表示的电路称为电路图。

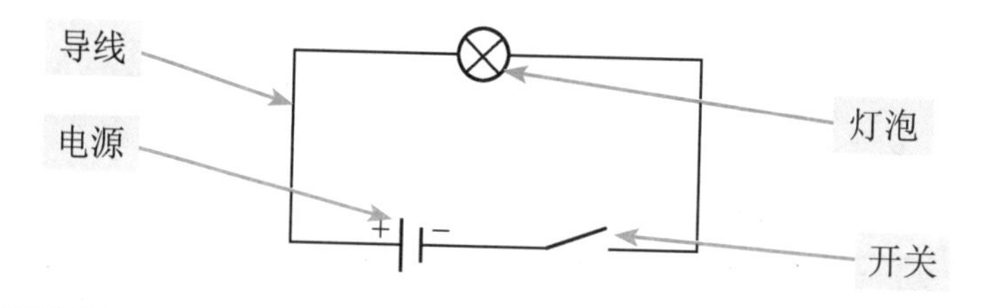

>> 提示

在各种各样的电路中提供电能的电源有很多种，经常用到的有交流电源、直流电源、高压电源、低压电源、稳压电源、UPS不间断电源等，如下图所示。

稳压电源

UPS不间断电源

发电机（交流电源）

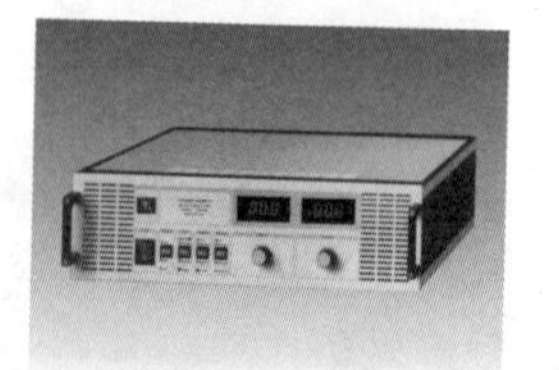

高压电源

电池（低压电源）

开关电源（直流电源）

相关元器件的实物与符号对照见下表。

实　物	名　称	符　号
	电池	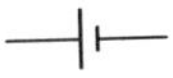
	电感	
	电阻	
	开关	
	电流表	 A
	灯泡	
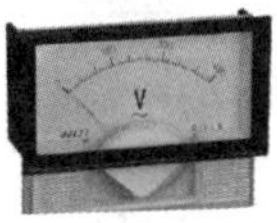	电压表	 V
	电容	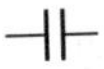

2.1.2　直流电路

电流

电荷在电路中沿着一定方向移动，电路中就有了电流。如同水管中的水流有大有小，根据产生的效应大小来判断电流的大小。电流通过灯泡时，灯丝变热而发光，这是电流的热效应。电流还可以发生磁效应。

电流 ➡ 国际上通常用字母 I 表示电流。电流 I 的单位是安培，简称安，符号是 A。

电荷量 ➡ 用 Q 表示通过导体横截面的电荷量。电荷量 Q 的单位用库仑，简称库，符号是 C。

时间 ➡ 时间 t 的单位用秒，符号是 s。

$$I=\frac{Q}{t}$$

如果在 1s 内通过导体横截面的电荷量是 1C，那么导体中的电流就是 1A，即

$$1\text{A}=\frac{1\text{C}}{1\text{s}}$$

在相同的时间里，通过导体横截面的电荷量小，电流就小；通过导体横截面的电荷量大，电流就大。如果在 10s 内通过导体横截面的电荷量是 20C，那么导体中的电流为

$$I=\frac{Q}{t}=\frac{20\text{C}}{10\text{s}}=2\text{A}$$

在实际生活中，安培是一个很大的单位。所以，常用的单位还有毫安（mA）和微安（μA）。换算关系为

$$1\text{A}=10^{3}\text{mA}=10^{6}\mu\text{A}$$

金属导体中正电荷不会流动，但金属导体中有大量的自由电子，靠自由电子的流动，会产生电流。历史上规定正电荷定向流动的方向为电流的方向，与负电荷流动的方向相反。所以，在电源外部，电流的方向是从电源正极流向负极的。

直流电和交流电

直流电

如果在一个电路中，电荷沿着一个不变的方向流动，那么这就是“直流电”。直流电是方向不随时间而改变的电流。直流电用 DC 表示。蓄电池、干电池、直流发电机及各种整流电源产生直流电，有固定的正、负极。

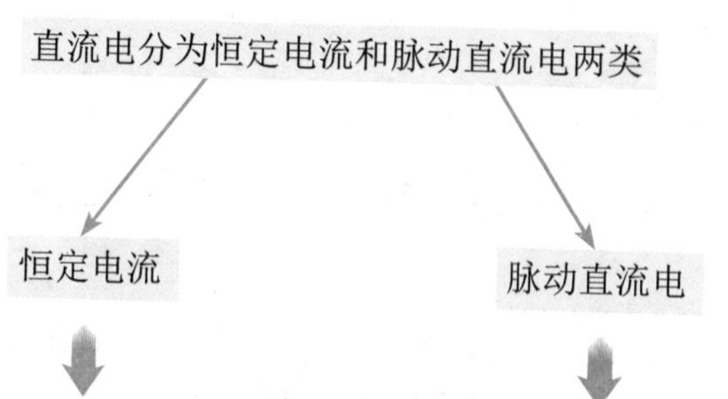

大小和方向都不随时间而改变的电流叫恒定电流。

方向不随时间改变而大小随时间改变的电流叫脉动直流电。

交流电

交流电是方向和大小都随时间做周期性变化的电流。交流电用 AC 表示。我们日常用的电就是交流电。

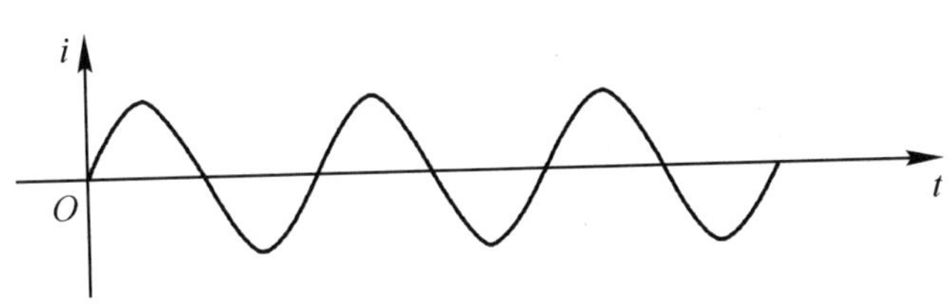

交流电的频率一般是50Hz。当然也有其他频率，如电子线路中有交流方波、交流三角波等，但这些波形的交流电不是导体切割磁力线产生的，而是电容充放电、开关晶体管工作时产生的。

电位

正电荷在电路中某点所具有的能量与电荷所带电荷量的比称为该点的电位。

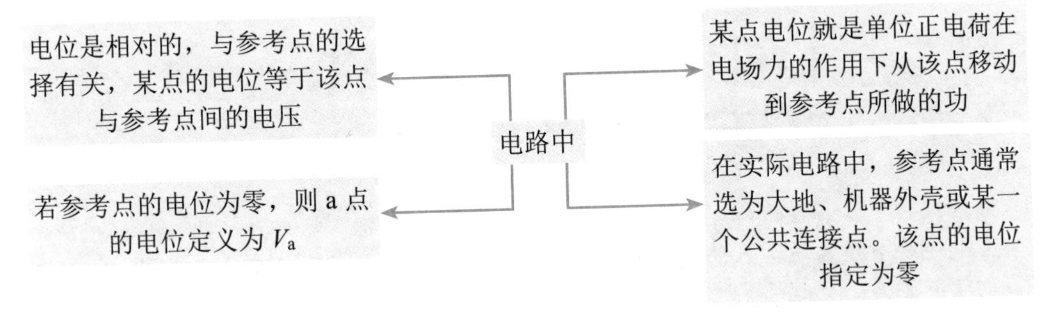

电路中选择不同的参考点，某点的电位是不同的。为了方便，把参考点的电位规定为零，高于参考点的电位为正，反之为负。

电位的单位是伏特，简称伏，用字母V来表示

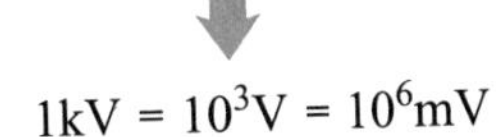

常用的单位还有千伏（kV）和毫伏（mV）

电位就像是河流的水位。

电压

电路中任意两点间的电位之差称为两点间的电压。

我们知道，水压越大，水流越急，水压越小，水流越缓。电压与水压相似，电压越高，灯泡越亮，电压越低，灯泡越暗。水压与电压的比较如下图所示。

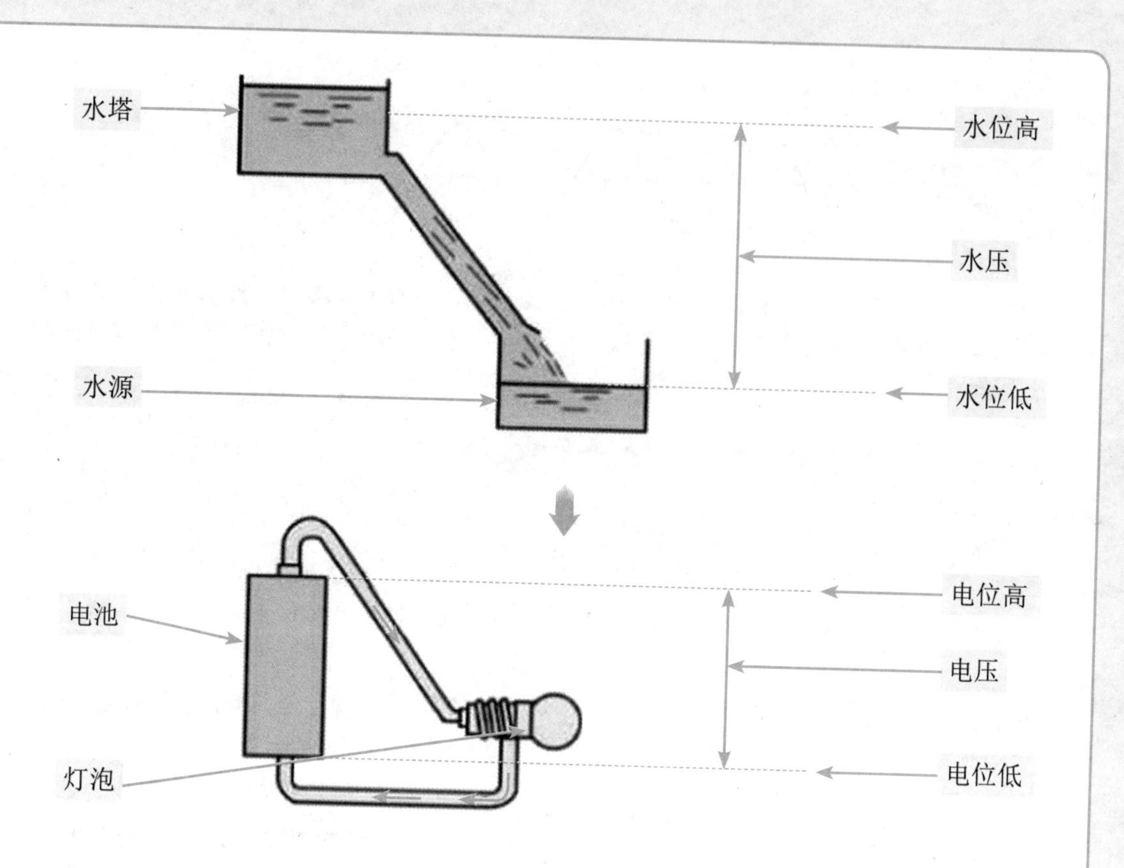

在电路分析中，电压的计算经常与电位的概念有关。通常，参考点的选取是任意的，电路中各点的电位数值与参考点的选取有关；而任意两点间的电压则等于这两点电位之差，与参考点的选取无关。

a、b 两点间电压 $U_{ab}=V_a-V_b$

1	电压的单位为伏特（V）
2	常用的单位有千伏（kV）
3	低电压可以用毫伏（mV）表示
4	弱电压可以用微伏（μV）表示

电动势

循环水路中维持水流连续的是水泵。电路中也一样，要想得到持续的电流，离不开电源，电源产生的电压称为电动势。

又可以说，电源内部非静电力移送单位正电荷，将其从电源的负极移至正极所做的功，叫作电源的电动势。

例如，在具有一定负载的直流电路中，若要维持电路中的电流恒定不变，就必须设法维持电路两端有恒定的电压。这就必须由非静电力不断对电荷做功来实现。

在外电路中，电流由正极流向负极

在电源内部，必须由非静电力将正电荷移到正极

电动势是反映电源把其他形式的能转化成电能本领的物理量。电动势使电源两端产生电压。

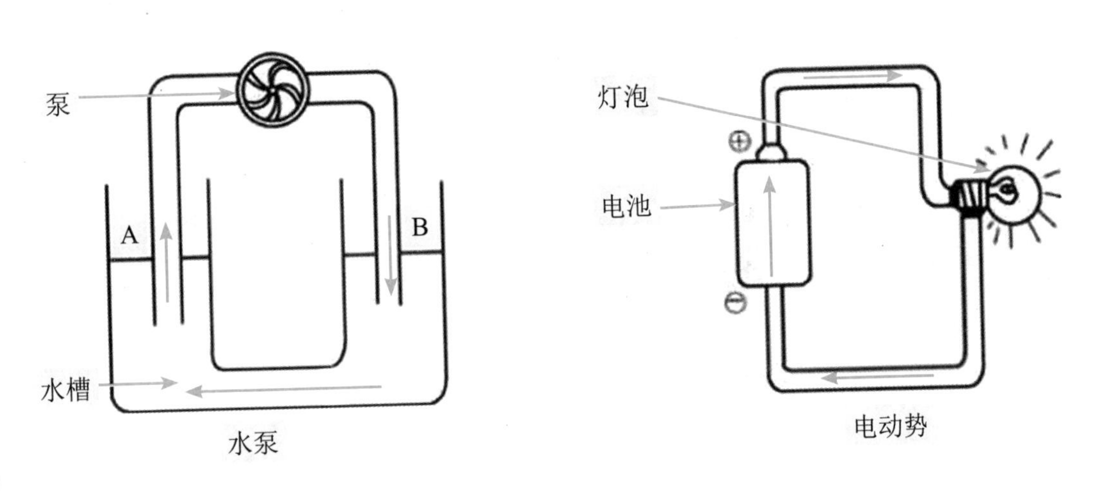

电动势的方向规定为在电源内部由低电位指向高电位的方向，与电压的方向相反。国际单位制中，电动势的单位为伏特（V），简称伏。其他常用的单位有千伏（kV）、毫伏（mV）、微伏（μV）。

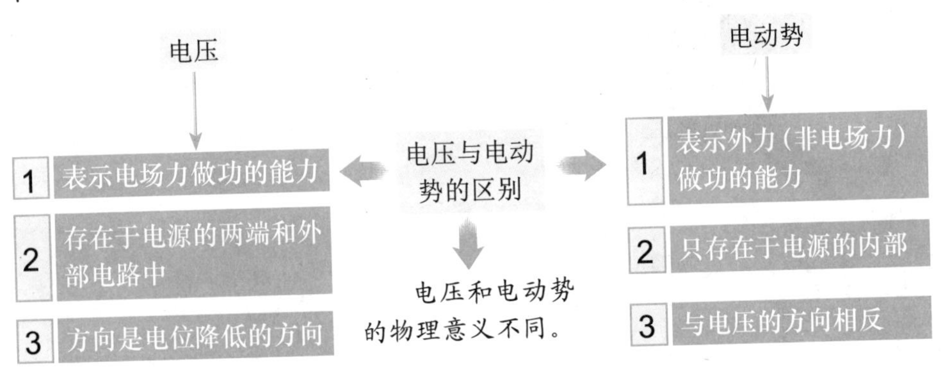

(1) 电池在新的时候做功能力很强，电能充足，使用久了之后做功能力大大下降，这时电压也低了。

(2) 电压存在于电源的两端，也存在于电源的外部电路中，即电路中的两点之间。

(3) 在电源内部，电动势的方向与电压的方向相反，电动势的方向是电位升高的方向。

电阻

任何导体都对电流通过具有一些阻碍作用，这就是电阻。在电路中用来限制电流、调节电压的元器件，则被称为电阻器，在日常生活中一般直接称为电阻。电阻器可分为固定电阻器和可变电阻器（也称电位器）。

在国际单位制中，电阻的单位是欧姆，简称欧，符号是Ω。如果导体两端的电压是1V，通过的电流是1A，那么该导体的电阻就是1Ω。

其他的电阻单位有千欧（kΩ）和兆欧（MΩ）。换算关系为

$$1\text{M}\Omega = 10^6\Omega,\ 1\text{k}\Omega = 10^3\Omega$$

电阻的分类

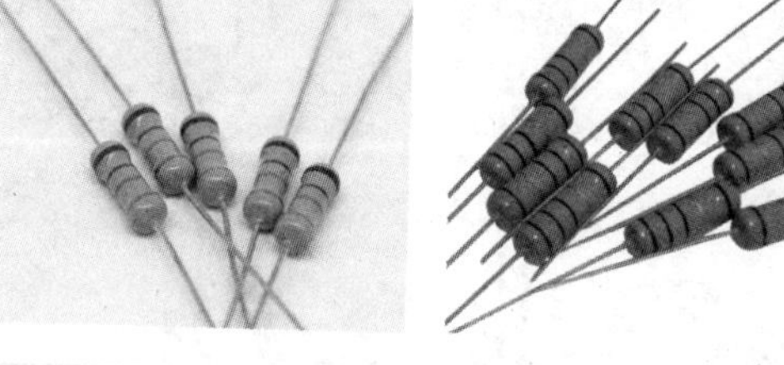

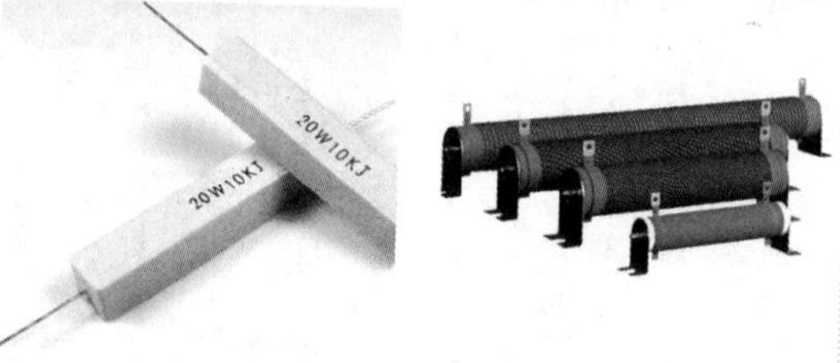

在实际应用中，还有一种滑动可变电阻器，它分为

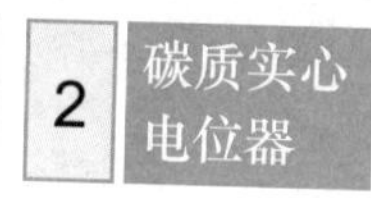

3 线绕电位器

常用的碳膜电位器是由炭黑与树脂混合物喷涂在马蹄形胶木板上烘干而成的。线绕电位器的电阻体是由电阻丝绕制而成的，先将电阻丝绕在胶木板上，然后分成马蹄形，装在外壳中。

电位器实物图

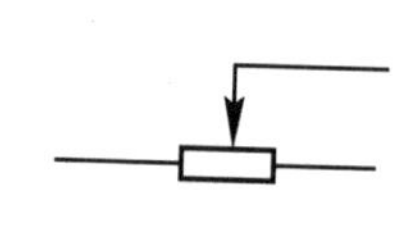

电位器符号

欧姆定律

欧姆定律研究的是电流、电压和电阻间的相互关系。这个关系可表示为两种形式：部分电路的欧姆定律和全电路（闭合电路）的欧姆定律。

部分电路的欧姆定律

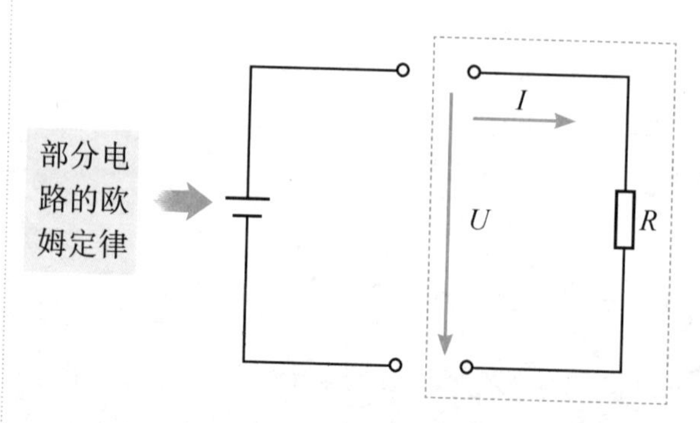

部分电路的欧姆定律：在一段电路中，流过电阻 R 的电流 I 与电阻两端的电压 U 成正比，而与这段电路的电阻 R 成反比，即

$$I = \frac{U}{R}$$

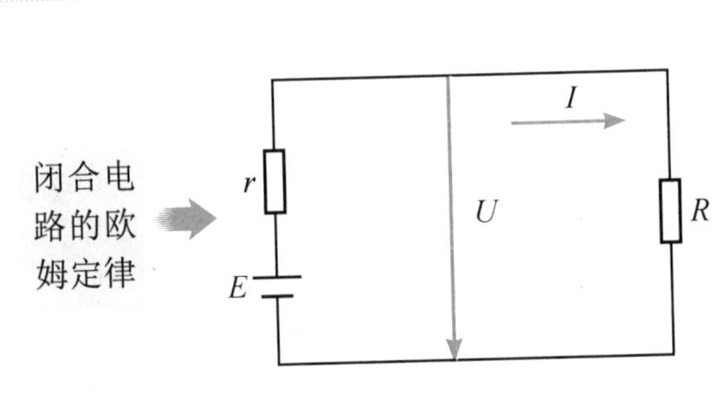

闭合电路的欧姆定律：闭合电路的电流 I 跟电源的电动势 E 成正比，跟内、外电路的电阻之和 $r+R$ 成反比，即

$$I=\frac{E}{r+R}$$

外电路电阻（R）

内电阻（r）

电路状态

在连接电路时，常听到有通路、断路、短路 3 种说法，这 3 种情况各不相同。

通路

通路是指闭合开关接通电路，电流流过用电器，使用电器进入工作的状态。

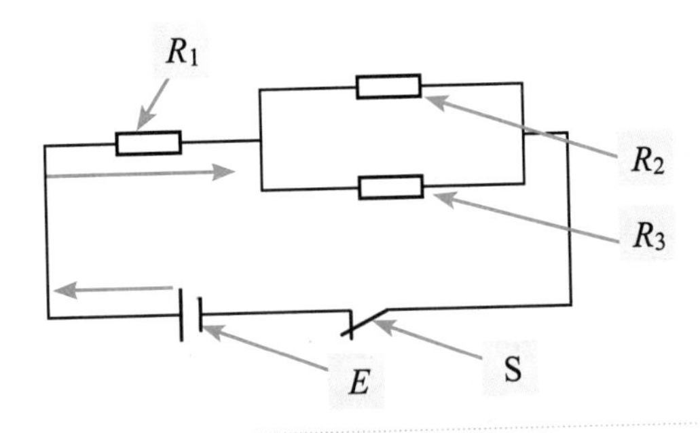

断路

断路是指电路被切断，电路中没有电流通过的状态。

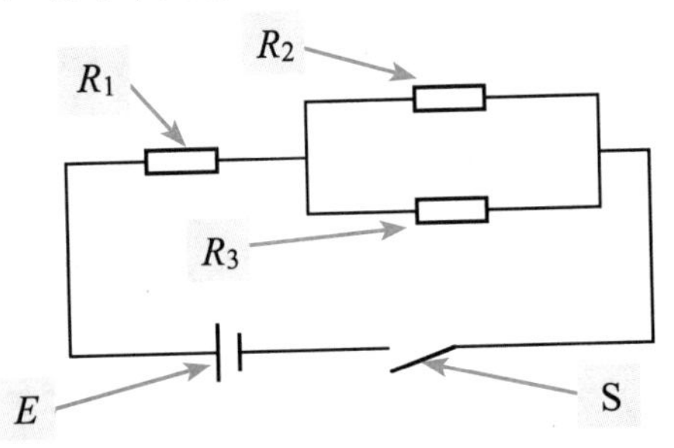

除正常地切断电源，使电路断开外，在下列情况下也会出现断路：用电器连接处接触不良；用电器内部断线；电路中电流过大，烧坏熔丝。

短路

短路是指电流不经用电器而直接构成回路。短路可分为整个电路短路和部分电路短路。

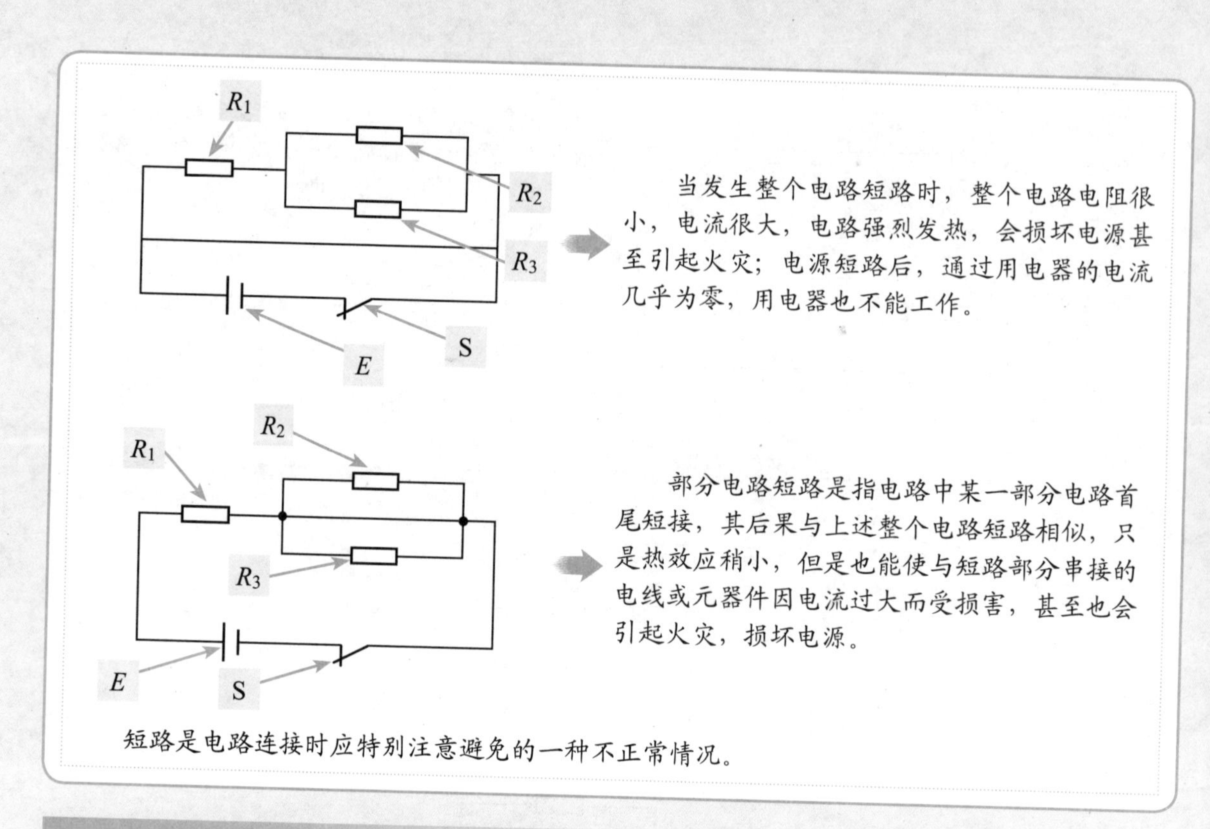

当发生整个电路短路时，整个电路电阻很小，电流很大，电路强烈发热，会损坏电源甚至引起火灾；电源短路后，通过用电器的电流几乎为零，用电器也不能工作。

部分电路短路是指电路中某一部分电路首尾短接，其后果与上述整个电路短路相似，只是热效应稍小，但是也能使与短路部分串接的电线或元器件因电流过大而受损害，甚至也会引起火灾，损坏电源。

短路是电路连接时应特别注意避免的一种不正常情况。

2.1.3 单相交流电路

交流电

电流有交流电流和直流电流之分，电压和电动势也有交流和直流之分。

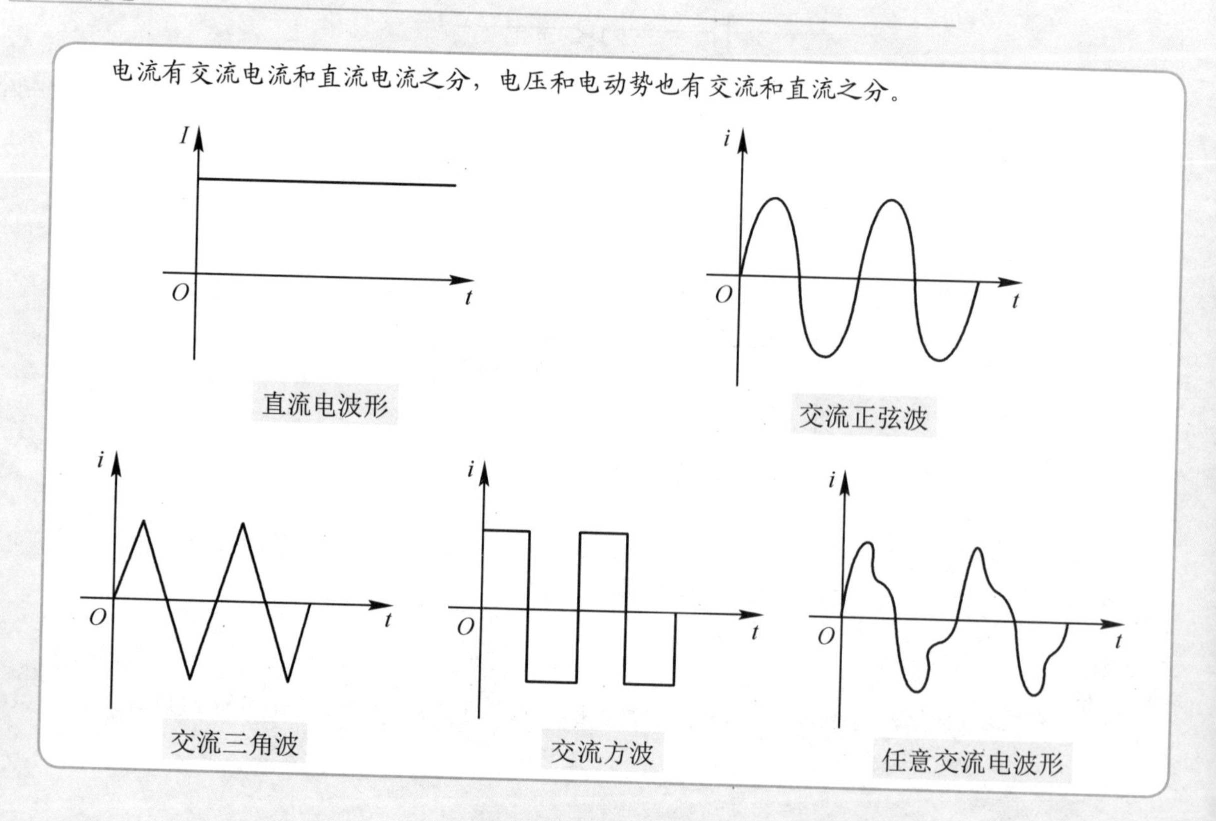

直流电波形

交流正弦波

交流三角波

交流方波

任意交流电波形

在工程上常把大小和方向随时间做周期性变化，并且在一个周期内平均值为零的电压、电流或电动势统称为交流电。

交流电的类型
- → 通过发电机直接产生的正弦交流电
- → 通过波形变换得到的交流三角波、交流方波

此外，还有其他一些满足大小和方向随时间做周期性变化，并且在一个周期内有正负变化的任意交流电。

正弦交流电

交流三角波、交流方波都有自己的变化规律。正弦交流电指的是电压、电流或电动势的变化规律符合正弦函数变化的一种交流电。

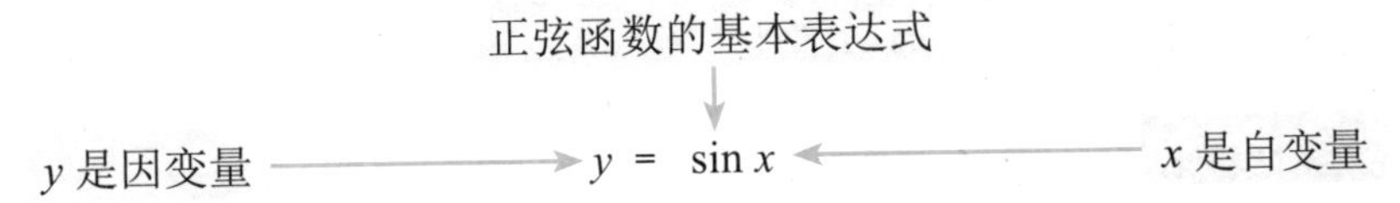

因变量 y 的大小随着自变量 x 的变化而变化，这是数学公式对于量值大小变化的一种规律性描述。

因变量自然是电压、电流或电动势。对于电压、电流或电动势，它们都是随时间做周期性变化的，其变化过程类似于正弦函数的变化规律，即这种变化规律和三角函数中的正弦函数相吻合

← 不同之处 →

交流电压、交流电流或交流电动势的大小和方向都是随时间变化的，所以自变量是时间，常用角速度与时间结合的参量 ωt 来表示

从数学角度讲，波形中任意时刻的数值所对应的方向是该点的切线方向，即在每一时刻，不同数值的变化的趋向是不同的。但是对交流电来说，有时说明量值的正负就足够了。

因为用量值的正负就能够表示出电流是从导线的哪端流进，哪端流出的 → 所以，用正弦交流电的正负来表示正弦交流电的方向。下图所示为正弦交流电的波形。

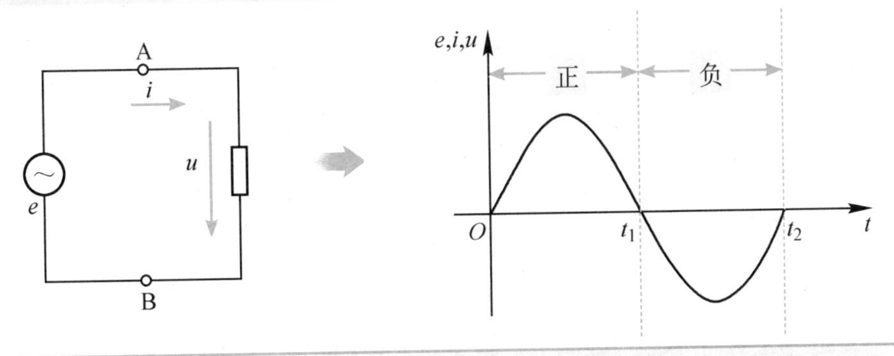

交流电路和直流电路的区别

电源、负载和连接导线等中间环节是构成电路的基本要素。交流电路和直流电路的很多区别就在于电源和负载。

直流电路中使用的是直流电源，流动的是恒定不变的直流电流

从电源上来看 两者区别

交流电路中使用的是交流电源，流动的是交流电流

电子电路中常用的元器件有电阻、电容和电感。在直流电路中只用到电阻，只研究电阻对电路电压、电流、功率的作用

从负载上来看 两者区别

在交流电路中，电子电路的 3 种元器件会分别或同时出现在电路中，它们对电路的电压、电流、总功率、有功功率、无功功率、相位等都会产生影响

总之，直流电路有直流电路的分析方法，交流电路不能用直流电路的分析方法进行分析，在定量的分析、计算中必须区别对待。

纯电阻交流电路

在交流电路中，只含有电阻元件的电路叫作纯电阻交流电路。纯电阻交流电路中不含电感和电容元件或设备。

在纯电阻交流电路中，电压与电流同相位，如下图所示。

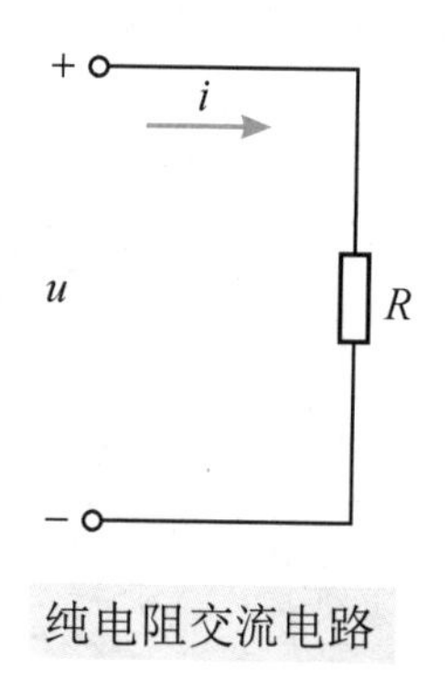

纯电阻交流电路

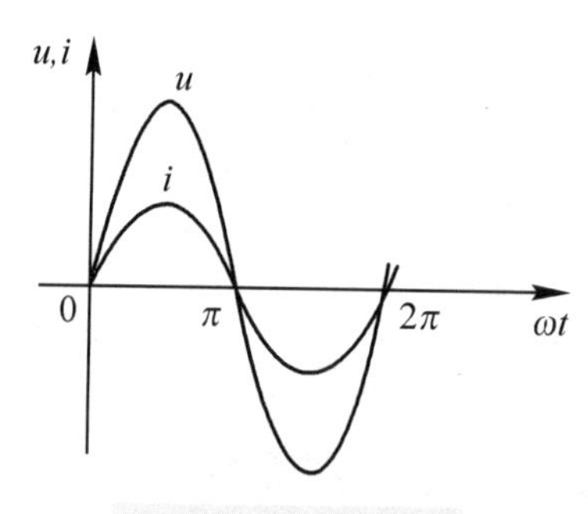

电压和电流的波形

下面对直流电路和纯电阻交流电路进行比较。

在直流电路中
- 电流增大，降落在电阻上的电压就增大；电流减小，降落在电阻上的电压就减小
- 电压和电流的方向始终同方向，电压降低的方向就是电流流动的方向

在纯电阻交流电路中
- 正弦交流电的电动势为零时，电路相当于从电源两端开路，电流为零，于是电阻上没有电压降
- 随着电动势的增大，电流随电动势的变化而增大，于是开始有电流流过电阻，在电流的方向上建立起电压降，其方向与电流同向。电流达到最大时，电压也达到最大；电流减小到零时，电压也减小到零
- 电动势变成反向，电流也反向，产生的电压降也反向（始终和电流流向一致）。交流电的电压和电流在任意时刻，都保持相同的大小比例关系和同步关系

如果交流电的电压和电流的变化很慢，慢到需要无穷长的时间才能变化一个周期 → 那么这种变化在有限的时间内是看不到的，这就是直流电了。所以，我们常把直流电也看成特殊的交流电。

纯电感交流电路

只含有纯电感元件的交流电路叫作纯电感交流电路，如下图所示。

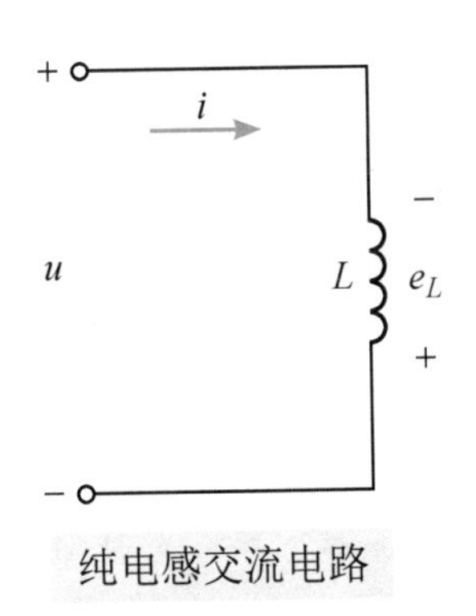

纯电感交流电路

当电路中的电流发生变化时，由于有某些元件的存在，电路可能要阻碍电流的这种变化。电路阻碍电流变化的性质称为电感。

电感是由电感性质的元件产生的。任何线圈都是由导线绕制而成的，而导线本身都具有电阻，所以严格来讲只产生电感而自身没有电阻的电感线圈实际上是不存在的。

但是，当电感元件产生的电感远远大于其自身电阻时，为了讨论问题方便，可以把电阻的影响忽略掉，认为某些电感元件是纯电感元件。所以，纯电感交流电路是一种理想化的电路模型。

此外，即使是自身电阻比较大的线圈，也可以根据等效变换的原则把电感线圈能够产生的电感和自身的电阻进行串联，这样得到的等效电路仍具有原电路的功能。这种电路的特点实际上也是纯电感交流电路和纯电阻交流电路的叠加作用，因此讨论纯电感交流电路，对讨论含有电感的电路有着重要的作用。

纯电容交流电路

通常把电路中存储电荷并送回电路中去的能力称为电容。

电容器的充电和放电

电荷聚集的过程称为电容器的充电过程。

当把电源去除（用短路线代替）时，电容器上存储的电荷会再次输送回电路，把电荷输送回电路的过程称为电容器的放电过程。

只含有电容性质元件的交流电路叫作纯电容交流电路，如右图所示。

纯电容交流电路只考虑电容元件的电容性对电路的作用。在实际的交流电路中，只有电容作为负载的电路基本不存在。

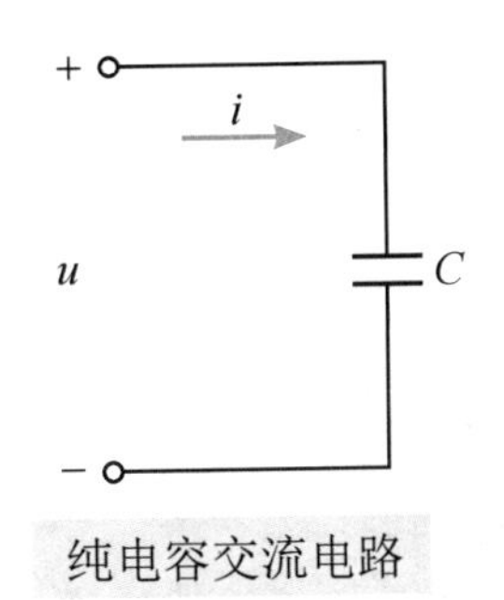

纯电容交流电路

电容元件是一种储存能量的元件，自身并不消耗电能。完全意义上的负载应该承担能量转化的作用，即把电能转化成其他形式的有用的能量。

在交流电路中，各种元器件对电路的综合作用很多情况下是分立元器件作用的叠加。也就是说，讨论纯电容交流电路是为学习 *RC* 或 *RLC* 等电路做准备的。

2.1.4 三相交流电路

三相交流电

三相交流电是三相交流电流、三相交流电压和三相交流电动势的总称。

在单相正弦交流电路中，单相交流电压、单相交流电流和单相交流电动势都是按照正弦规律变化的。可以形象地说，三相交流电就是 3 个单相交流电对电路的整体作用。

通常我们说的三相交流电指的是三相正弦交流电，如下图所示。

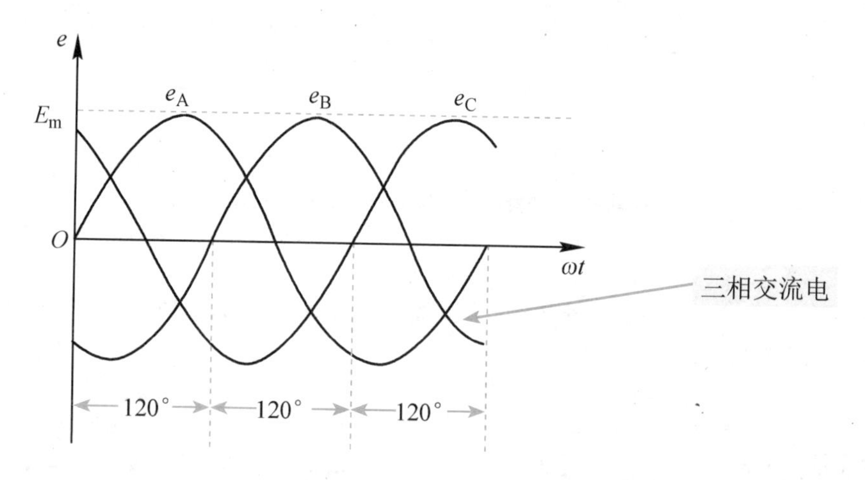

三相交流电是由 3 个频率相同、幅值相同但各相之间的相位互差 120° 的单相交流电组成的。三相交流电是由一台三相发电机产生的，三相交流电的大小和方向随时间一起周期性变化。

三相制体系

所谓三相制体系，是指由 3 个频率相同但相位不同的电动势（即三相电源）供电的体系。自从 1888 年世界上首次出现三相制以来，它几乎占据着电力系统的全部领域。这是因为三相输电线在输电距离、输送功率、功率因数、电压损失和功率损失都相同的条件下，比单相电经济得多。

1 制造三相发电机、变压器都比制造单相发电机、变压器省材料，而且构造简单，性能优良

2 用同样材料所制造的三相电机，其容量比单相电机大 50%

3 在输送同样功率的情况下，三相输电线较单相输电线，可节省有色金属 25%，而且电能损耗较单相输电时少

由于三相制系统在发电、输电、配电及电能转化为机械能方面都有明显的优越性，所以使得三相制得到了广泛的应用。

如下图所示，三相发电机示意图中的磁极是静止的，由线圈和铁芯组成的电枢是旋转的，这样是为了讨论问题方便，而实际的绝大多数发电机的电枢是静止的，磁极是旋转的。

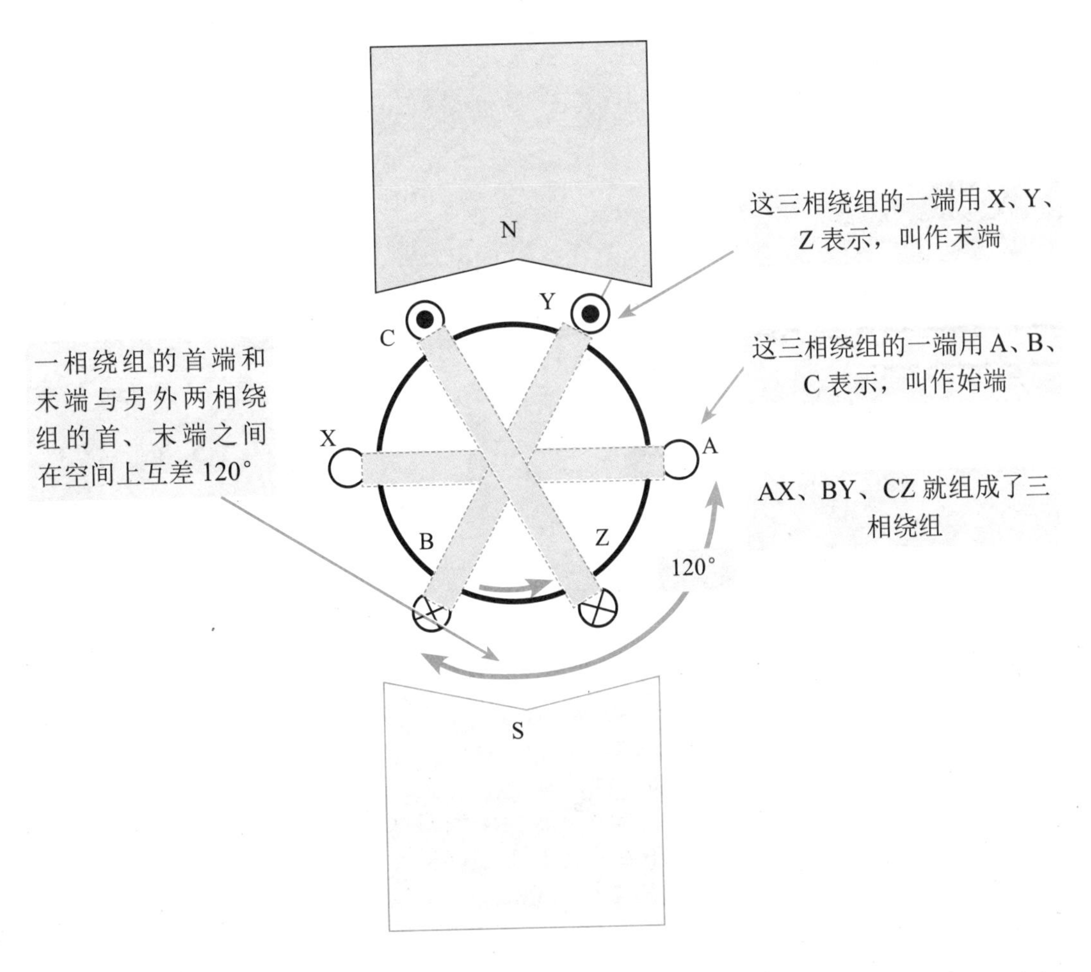

假设AX绕组在水平位置 → 在从A端按顺时针方向旋转120°的位置上，固定着BY绕组，首端A与B和末端X与Y之间在空间上都相隔120°。

在从B端按顺时针方向旋转 → 在从B端按顺时针方向旋转120°的位置上，固定着CZ绕组。

三相绕组固定在铁芯上，铁芯与绕组合称为电枢。

当电枢旋转时，线圈的有效长度就会以电枢旋转的角速度切割静止磁场的磁力线 →

- 在AX相绕组上产生感应电动势 e_A
- 在CZ相绕组上产生感应电动势 e_C
- 在BY相绕组上产生感应电动势 e_B

三相三线制

什么是三相三线制

三相三线制是电源和负载之间连接的一种方式。我们把供电系统中不引出中性线的星形连接和三角形连接，即电源和负载之间只有 3 根相线连接的接法，称为三相三线制。

三相三线制标准导线颜色为 ➡ A 相线黄色，B 相线绿色，C 相线红色。

三相三线制的排列

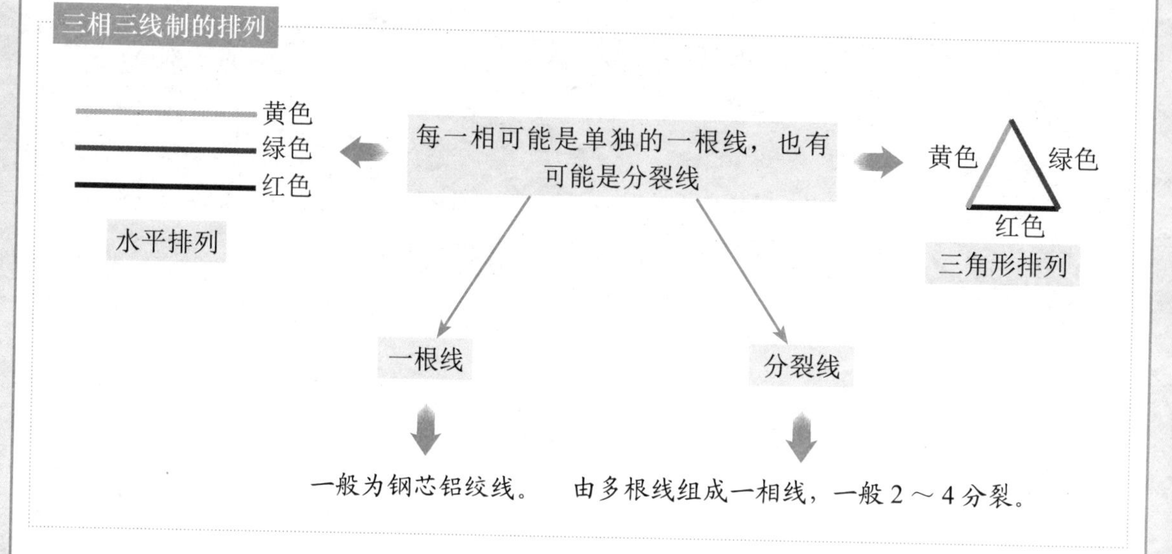

电力系统高压架空线路是典型的三相三线制接法。

三相三线制只包括三相交流电的 3 根相线（A 相、B 相和 C 相）。由于没有中性线（N 线）和地线（PE 线），所以这种供电方式不能用于三相不对称负载。

此外，三相三线制由于没有外壳接地保护，一般不作为民用；工厂车间里，除有些三相电动机和变压器外也较少使用。

三相四线制

什么是三相四线制

把电源的 3 根相线（电源的首端）与三相负载的首端相连，把电源的星接点与负载的星接点用一根线相连，就构成了三相四线制接法。我们把连接两个星接点的连线称为中性线。

三相四线制的构成

三相四线制是电源和负载均为星形连接时的一种供电方式。

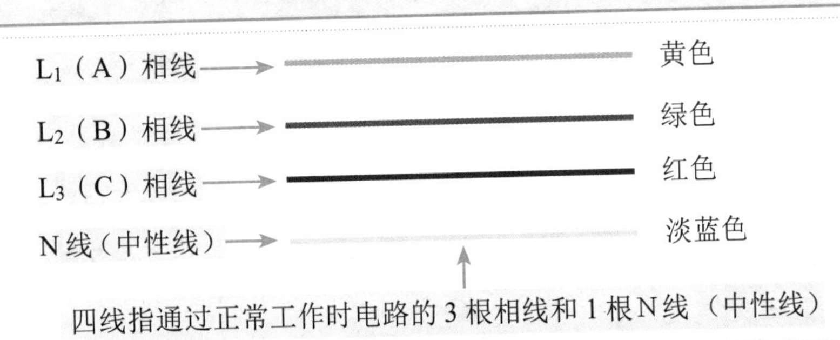

由于在三相四线制中有中性线存在，从而保证星形连接的各相负载上的电压始终接近对称，在负载不平衡时也不致发生某一相电压升高或降低。

此外，在三相四线制中，若一相断线，仍可以保证其他两相负载两端的电压不变，所以在低压供电线路上广泛采用三相四线制。

三相交流电源的星形连接

三相交流电源的连接

在发电厂中，发电机的引出端是由黄（A或U）、绿（B或V）、红（C或W）三色的3个汇流排经过断路器接到主变压器上的。

三相发电机的绕组共有6个端头 → 6个端头是A和X、B和Y、C和Z（对应的端头也可以用U_1和U_2、V_1和V_2、W_1和W_2表示）。

为什么只用3个汇流排接到变压器呢？ → 因为三相发电机的3个绕组不是分别单独向外送电的，而是按照一定的方式连接成一个整体对负载供电的。

三相交流电源的三相四线制星形连接

从三相绕组的始端$A(U_1)$、$B(V_1)$、$C(W_1)$也引出3根线，给负载供电时，这3根端线叫L_1、L_2、L_3相线，该3根相线和中性线（N线）构成4根供电线，如下图所示，这就是三相交流电源的三相四线制星形连接。

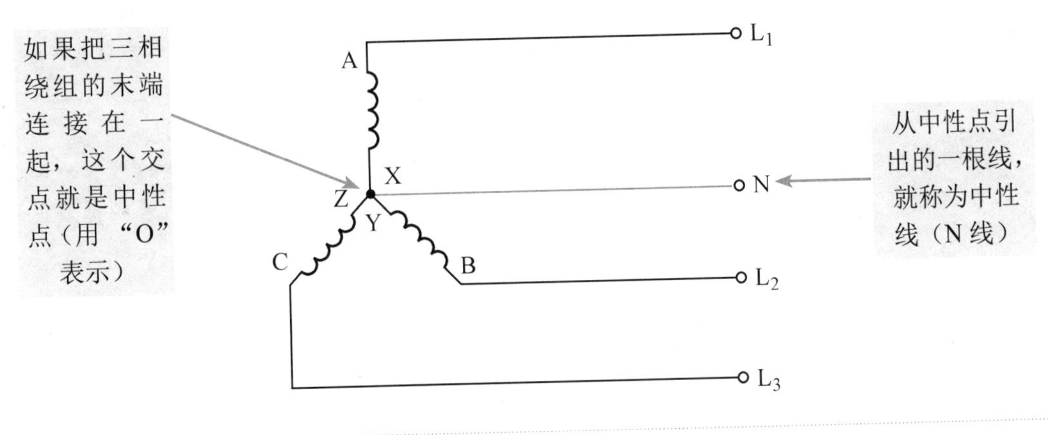

三相交流电源的星形连接有两种形式

→ 当负载是对称的三相负载时，中性线可以省略不接，电源采用三相三线制输出

→ 当三相负载不对称时，必须采用前述的三相四线制接法

由于负载在绝大多数情况下都是不对称负载，因此，低压三相负载的电源常采用三相四线制星形连接供电。

三相交流电源的三角形连接

三相交流电源的三角形连接就是把一个绕组的末端和另一个绕组的始端依次始末相连，构成一个闭合回路，如下图所示。

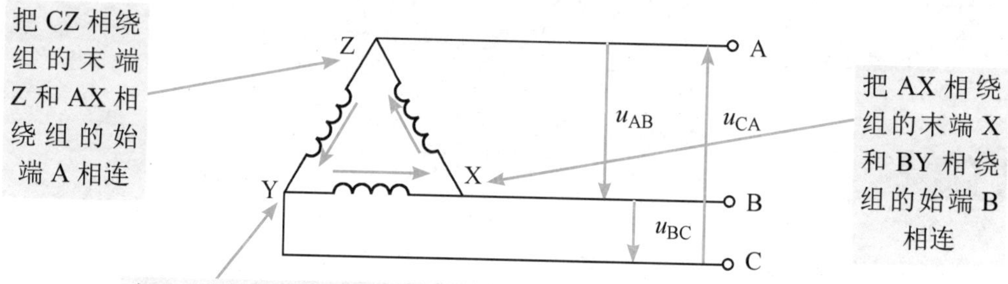

当电源采用三角形连接时，线路中只有一种电压供电，即端线之间的线电压 u_{AB}、u_{BC}、u_{CA}。

相电压 ＝ 线电压

若额定电压是220V的三相电源采用三角形连接，则只有一种电压供电，即线电压220V。

当三相电源只用3根线传输时，这种供电方式称为三相三线制，在低压供电系统中很少采用。

三相负载和单相负载

电力系统的负载，从它们接用的相数来看可以分成两类：一类是单相负载，另一类是三相负载。

单相负载

单向负载的两根线中的一根接到三相电源的一相相线上，另外一根接到三相电源的中性线上。

当然可以有若干的单相负载并联到三相电源的一相上使用。为了保证负载的对称，通常单相负载相对于三相电源的各相也要尽量对称分布。

三相负载

三相电源每相上的所有单相负载都可以等效看作一个负载，因此若干的单相负载也构成三相电源的三相负载。

由于每相电源上的单相负载数目可多可少，性质也可能发生变化，因此这种三相负载往往是三相不对称负载。而三相电动机的三相绕组直接使用三相电能，是三相负载。

单相负载　像下图中电灯这样的只有两根引出线的负载，叫作单相负载。

三相负载　像下图中工厂或矿山等大型用电设备的三相电动机的三相绕组，它们分别直接接到三相电源的三相相线上，这种负载叫作三相负载。

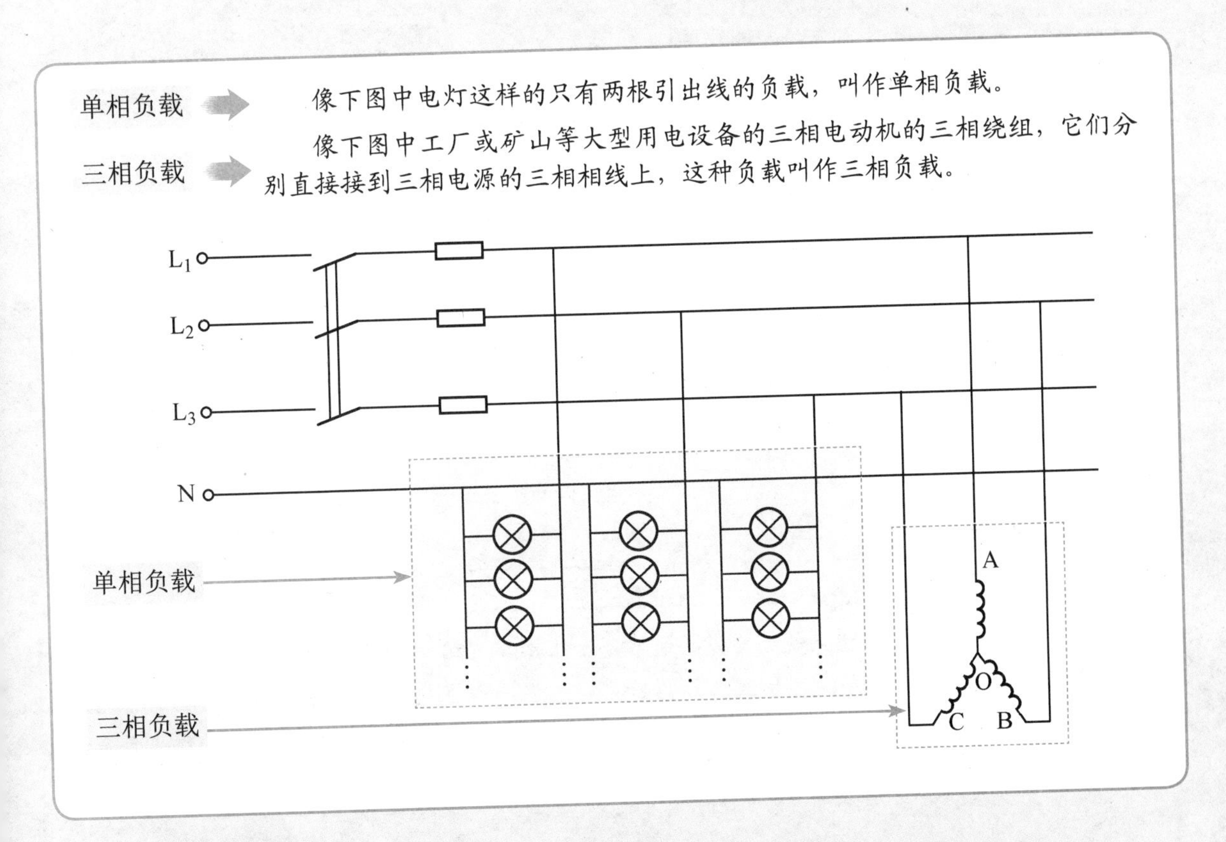

三相负载的星形连接

三相负载的星形连接有两种：一种是三相三线制接法，另一种是三相四线制接法。三相三线制接法如下图所示。

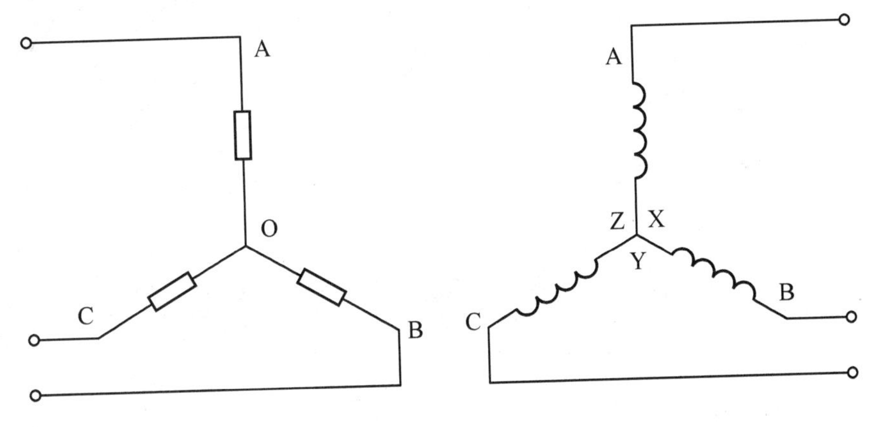

三相负载对称　对称的三相负载可以采用三相三线制接法，如中小功率的三相电动机。

三相负载不对称　不对称的三相负载通常只能采用三相四线制接法，如大功率的三相电动机（很难做到三相完全对称）、局部地区的用电网络、企业用电等。

以电动机为例，将电动机的三相绕组的末端连接起来，将电动机的三相绕组的始端和三相电源的端线连接起来，就构成了负载的三相三线制星形连接。

组成相电压是220V → 若电源的相电压是220V，电动机每相绕组的额定电压是220V，则电动机的绕组只能接成星形。

组成相电压是380V → 若把每相额定电压为220V的电动机的绕组接成三角形，则加到每相绕组上的电压就会达到380V，会导致线圈严重超额定电压工作，线圈极容易迅速烧坏。

三相负载的三角形连接

三相负载接成三角形连接的电力设备通常是变压器和三相电动机。

把电动机的三相绕组AX、BY、CZ的始端和末端依次连接起来，每相绕组便构成三角形的一条边，再从三角形的3个顶点引出3根导线与三相电源的三相相线相连，就构成了负载的三角形连接，如下图所示。

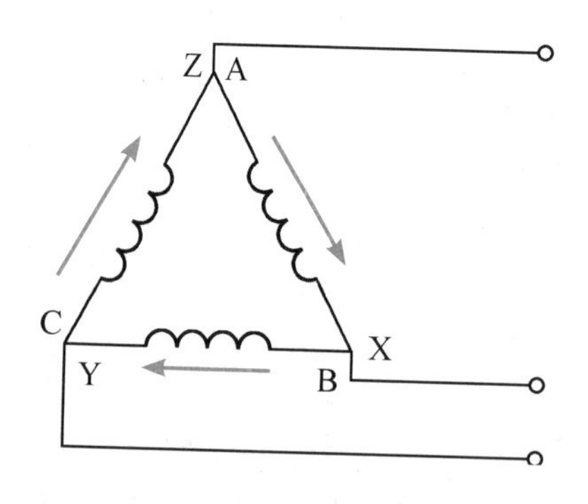

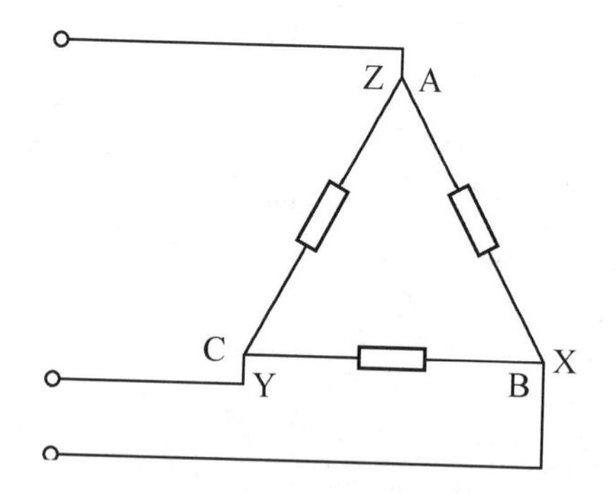

当三相负载成三角形连接时，每相负载上得到的电压等于三相电源的线电压 → 由于电源的线电压三相对称，三相负载的相电压又等于电源的线电压，也是对称的

三相负载对称 → 若三相负载对称，则三相负载上的电压在任意时刻的矢量和为零，各相负载上流过的电流也对称且数值相等。

三相负载不对称 → 若三相负载不对称，则各相负载上的电压仍为电源对称的线电压且数值相等，但各相负载上的电流就因各相负载的阻抗不同而有所不同。

2.2 导电材料

2.2.1 导线的种类和用途

导线是电路的最主要的组成部分，无论是供电线路、配电线路，还是电气设备的连接，都离不开导线。因此，导线是最常用也是使用量最大的电工材料。

1. 导线一般是由导电良好的金属材料（如铜、铝等）制成的线状物体
2. 导线可以是单股的金属线，也可以由多股较细的金属线绞合而成
3. 电缆是一种特殊形状的导线，是将若干根具有绝缘层的导线组合在一起构成的，它可以作为若干根导线使用，但又比使用若干根单独的导线方便

导线的种类

按制造材料 → 可分为铜导线、铝导线、钢芯铝绞线等。

按芯线形式 → 可分为单股导线（硬导线）和多股导线（软导线）。

按是否有绝缘层及绝缘层的材料与形式 → 可分为裸导线、漆包线、纱包线、橡胶绝缘导线、塑料绝缘导线、双绞线、双平行线、护套导线、电缆等。

对于护套线和电缆，还可以按芯线多少分为双芯线、三芯线、多芯线等。部分常用导线如下图所示。

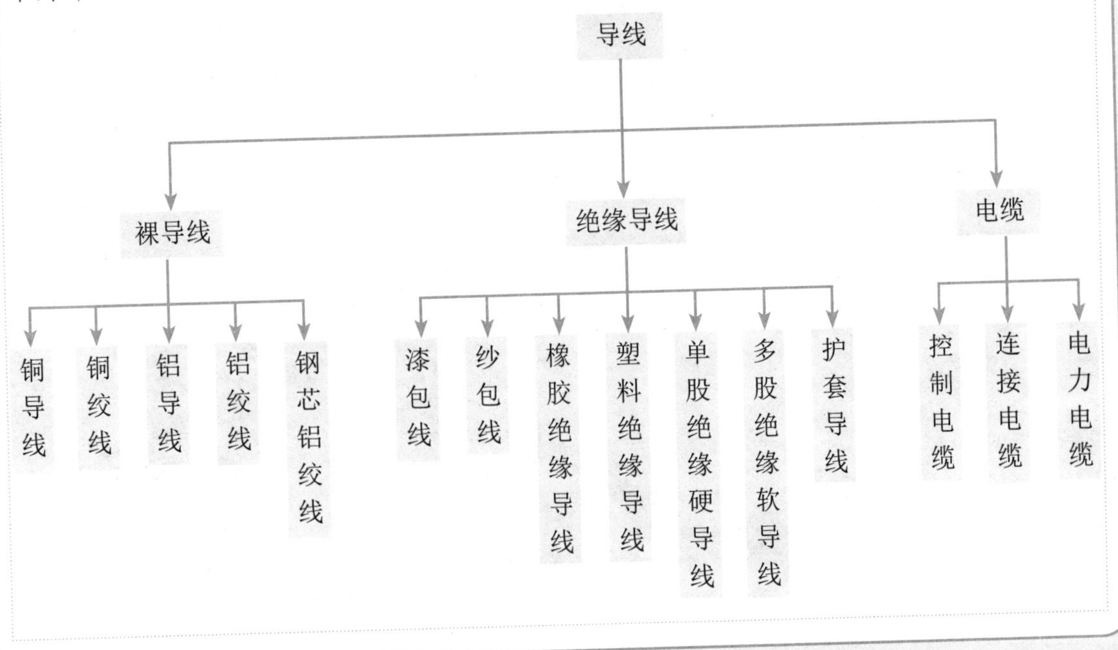

导线的用途

不同的导线适用于不同的场合。绝缘导线和电缆适用范围很广，在低压电工电路中大量使用。

裸导线 ➡ 主要作为架空明线使用。

漆包线 ➡ 主要用于绕制变压器和电动机绕组等。

绝缘硬导线 ➡ 主要用于室内外固定敷设。

绝缘软导线 ➡ 主要用于移动场合。

部分常用导线的主要用途如下表所示。

名　称	代表型号	主要用途
裸铝绞线	LJ、LGJ	架空线路
橡胶绝缘硬导线	BX、BLX、BXF	固定敷设
塑料绝缘硬导线	BV、BLV、BVV	
橡胶绝缘软导线	RX、RXS、RXH	移动接线
塑料绝缘软导线	RV、RVS、RVV	
塑料绝缘安装电线	AV、AVR、AVV	电气设备安装
通用电缆	YQ、YZ、YC	连接移动电气设备
控制电缆	KVV、KXV	室内敷设

2.2.2 裸导线

铝绞线

铝绞线用在受力不大、挡距较小的一般架空线路上。

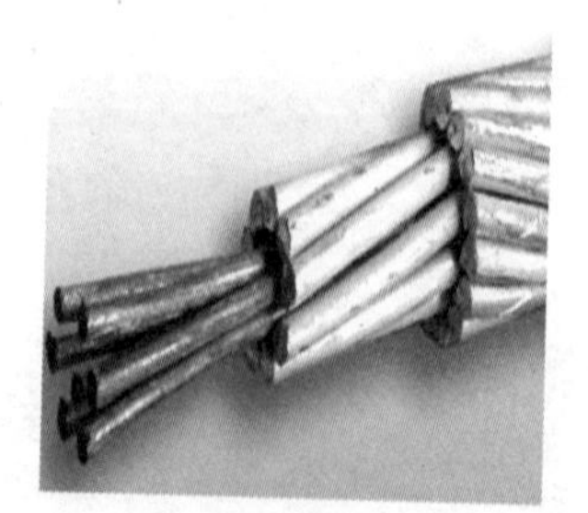

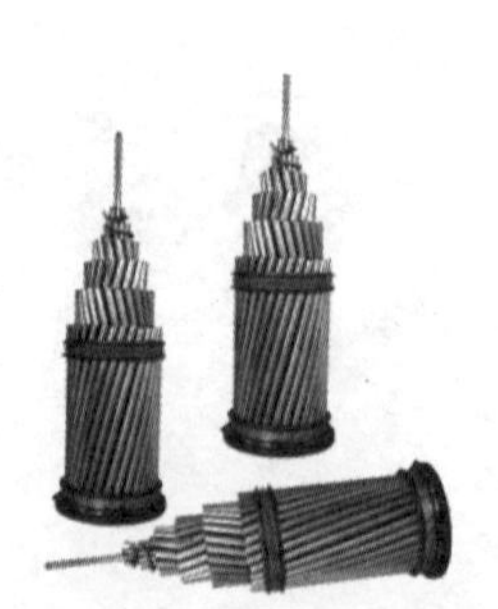

铝绞线的型号说明如下。

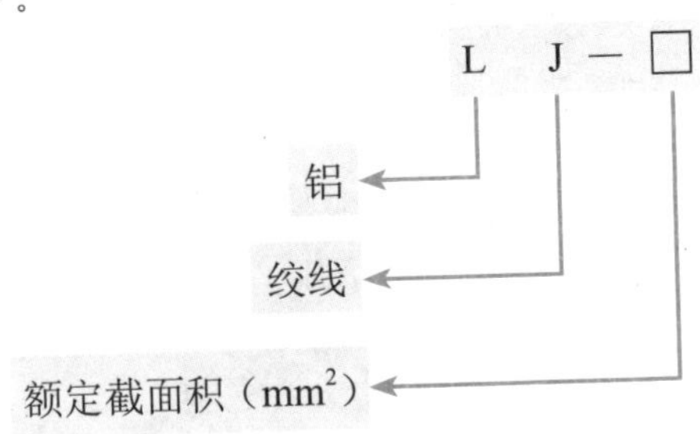

钢芯铝绞线

钢芯铝绞线用在受力大、挡距也较大的高压和超高压架空线路上。

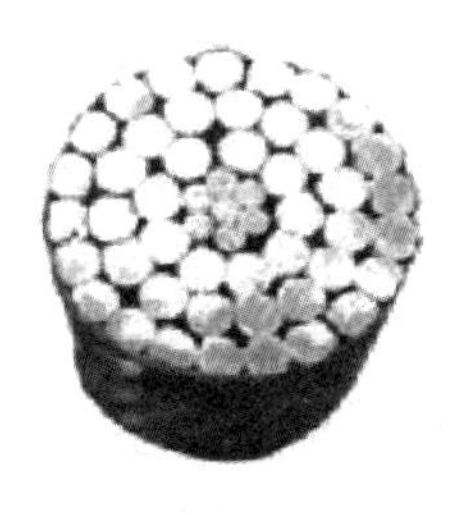

钢芯铝绞线的型号说明如下。

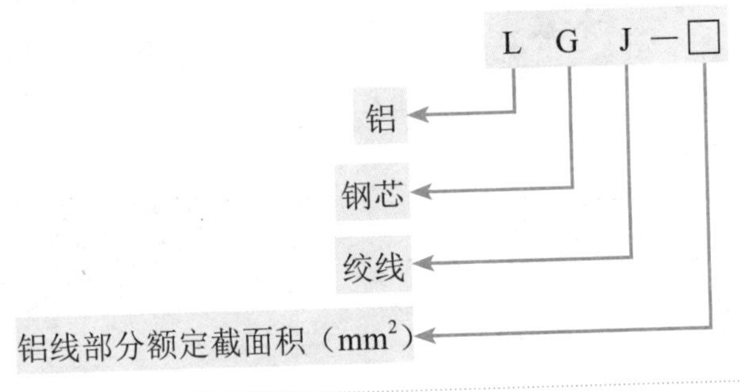

防腐钢芯铝绞线

防腐钢芯铝绞线用在沿海地区、咸水湖、化工及工业地区等周围有腐蚀性物质的高压及超高压架空线路上。

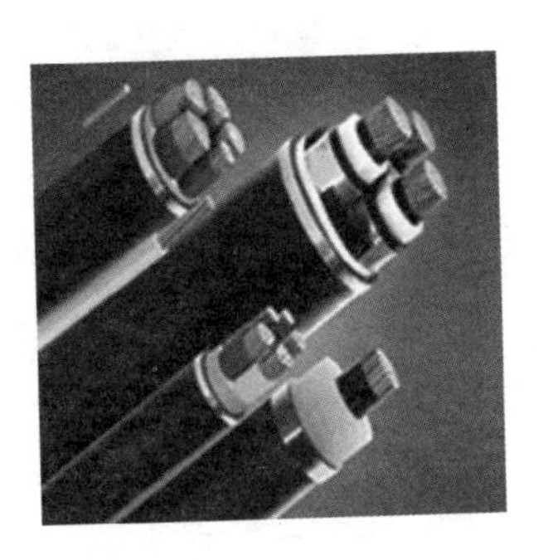

防腐钢芯铝绞线的型号说明如下。

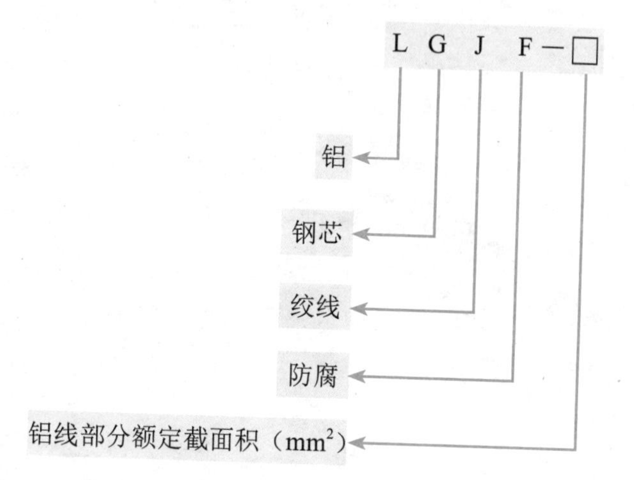

铜绞线

铜绞线用在低压及高压架空线路上。

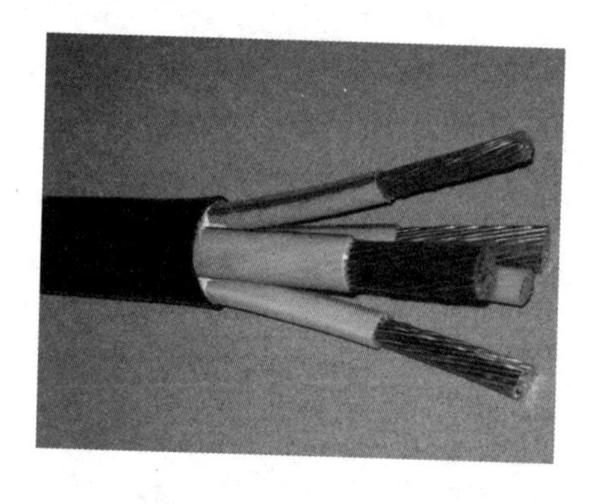

铜绞线的型号说明如下。

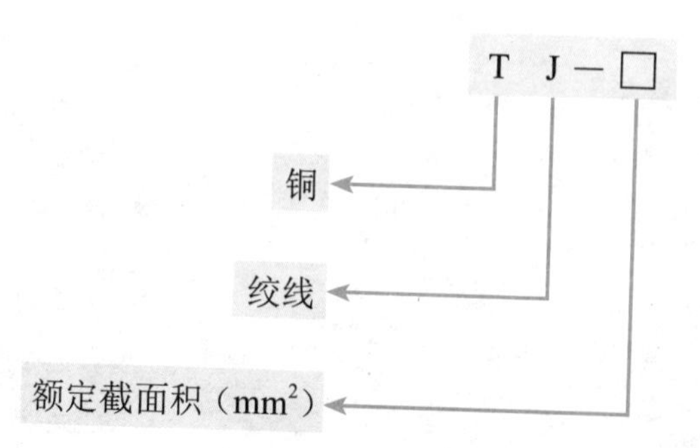

2.2.3 铝排与铜排

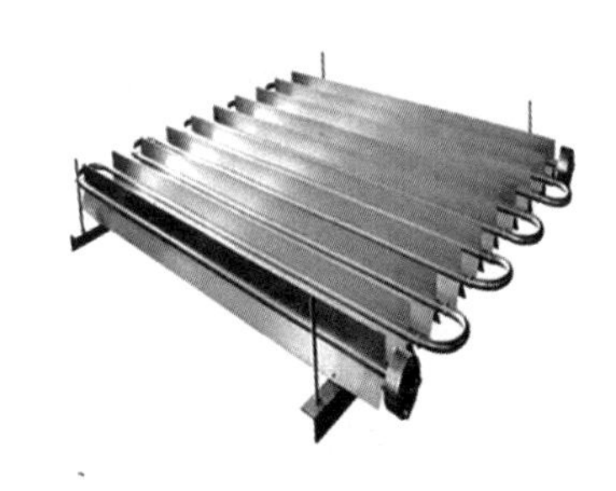

铝排的型号说明如下。

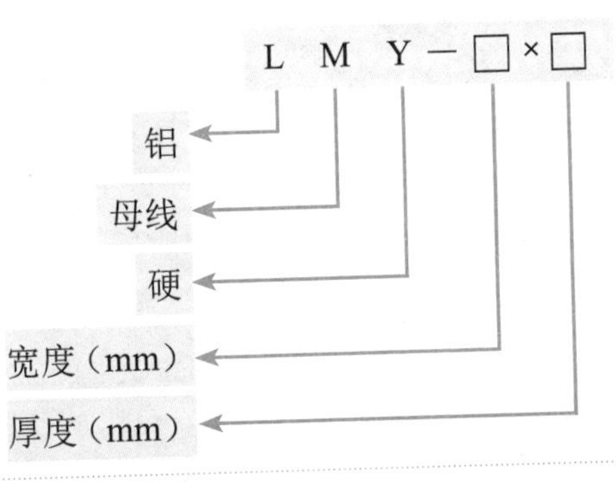

铜排

铜排的型号说明如下。

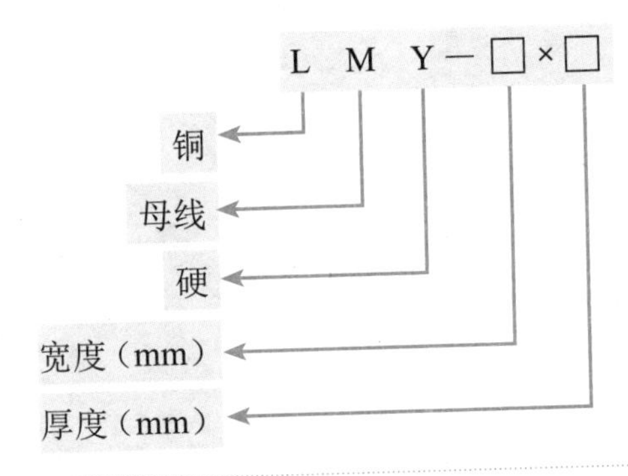

铜排、铝排的技术规格及允许电流表

断面尺寸/mm		铜排		铝排	
宽度	厚度	单位质量/(kg·m⁻¹)	允许电流/A	单位质量/(kg·m⁻¹)	允许电流/A
20	3	0.53	275	0.16	215
25	3	0.67	340	0.20	265
30	4	1.07	475	0.32	365
40	4	1.42	625	0.43	480
40	5	1.78	700	0.54	540
50	5	2.22	860	0.68	665
50	6	2.67	955	0.81	740
60	6	3.20	1125	0.97	870
80	6	4.27	1480	1.30	1150
100	6	5.33	1810	1.62	1425
60	8	4.27	1320	1.30	1025
80	8	5.69	1690	1.73	1320
100	8	7.11	2080	2.16	1625
60	10	5.33	1475	1.62	1150
80	10	6.71	1900	2.16	1480
100	10	8.89	2400	2.70	1900

2.2.4 绝缘电线

绝缘电线主要用于低压电网布线和电气设备接线。常用的绝缘电线主要有塑料绝缘电线、橡皮绝缘电线、架空绝缘电线及地埋电力线等。塑料（聚氯乙烯）绝缘电线主要供各种交直流电气装置、电工仪表、电信设备、电力及照明装置配线用。

聚氯乙烯绝缘硬线

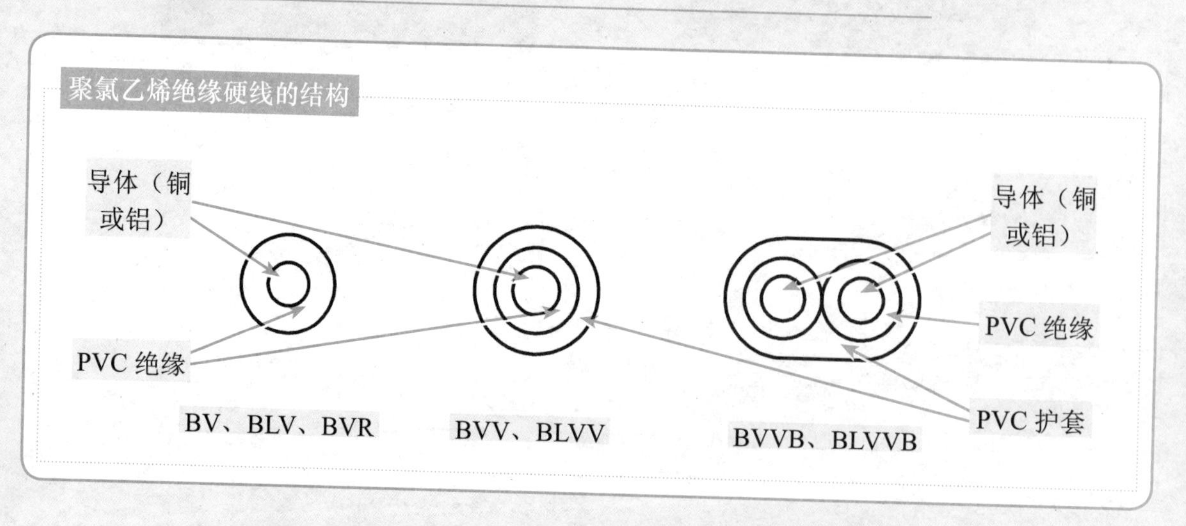

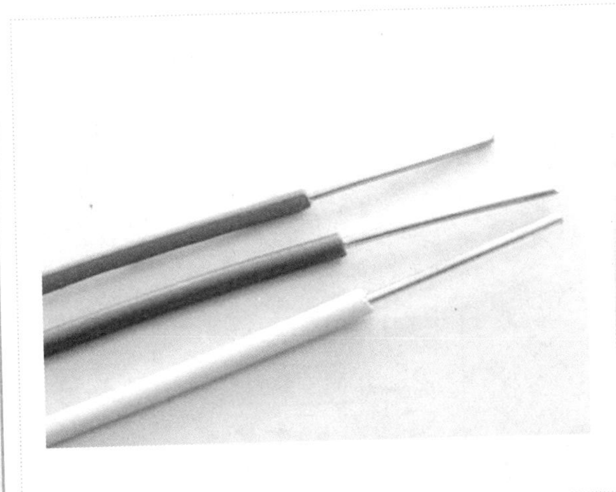

聚氯乙烯绝缘硬线的技术数据

<table>
<tr><th>型　　号</th><th>额定电压 U_0/U/V</th><th>芯　　数</th><th>标称截面积 /mm²</th><th>芯线根数/直径 /mm</th><th>最大外径/mm</th><th>单位质量 /(kg·km⁻¹)</th></tr>
<tr><td rowspan="27">BV</td><td rowspan="5">300/500</td><td rowspan="5">1</td><td>0.5</td><td>1/0.80</td><td>2.4</td><td>8.5</td></tr>
<tr><td>0.75</td><td>1/0.97</td><td>2.6</td><td>11.1</td></tr>
<tr><td>0.15</td><td>7/0.37</td><td>2.8</td><td>12.0</td></tr>
<tr><td>1.0</td><td>1/1.13</td><td>2.8</td><td>13.9</td></tr>
<tr><td>1.0</td><td>7/0.43</td><td>3.0</td><td>15.0</td></tr>
<tr><td rowspan="22">450/750</td><td rowspan="22">1</td><td>1.5</td><td>1/1.38</td><td>3.3</td><td>20.3</td></tr>
<tr><td>1.5</td><td>7/0.52</td><td>3.5</td><td>21.6</td></tr>
<tr><td>2.5</td><td>1/1.78</td><td>3.9</td><td>31.6</td></tr>
<tr><td>2.5</td><td>7/0.68</td><td>4.2</td><td>34.8</td></tr>
<tr><td>4</td><td>1/2.25</td><td>4.4</td><td>47.1</td></tr>
<tr><td>4</td><td>7/0.85</td><td>4.8</td><td>50.3</td></tr>
<tr><td>6</td><td>1/2.76</td><td>4.9</td><td>67.1</td></tr>
<tr><td>6</td><td>7/1.04</td><td>5.4</td><td>71.2</td></tr>
<tr><td>10</td><td>7/1.35</td><td>7.0</td><td>119</td></tr>
<tr><td>16</td><td>7/1.70</td><td>8.0</td><td>179</td></tr>
<tr><td>25</td><td>7/2.14</td><td>10.0</td><td>281</td></tr>
<tr><td>35</td><td>7/2.52</td><td>11.5</td><td>381</td></tr>
<tr><td>50</td><td>19/1.78</td><td>13.0</td><td>521</td></tr>
<tr><td>70</td><td>19/2.14</td><td>15.0</td><td>734</td></tr>
<tr><td>95</td><td>19/2.52</td><td>17.5</td><td>962</td></tr>
<tr><td>120</td><td>37/2.03</td><td>19.0</td><td>1180</td></tr>
<tr><td>150</td><td>37/2.25</td><td>21.0</td><td>1470</td></tr>
<tr><td>185</td><td>37/2.52</td><td>23.5</td><td>1810</td></tr>
<tr><td>240</td><td>61/2.25</td><td>26.5</td><td>2350</td></tr>
<tr><td>300</td><td>61/2.52</td><td>29.5</td><td>2930</td></tr>
<tr><td>400</td><td>61/2.85</td><td>33.0</td><td>3870</td></tr>
</table>

续表

型号	额定电压 U_0/U/V	芯数	标称截面积/mm²	芯线根数/直径/mm	最大外径/mm		单位质量/(kg·km⁻¹)
BLV	450/750	1	2.5	1/1.78	3.9		17
			4	1/2.25	4.4		22
			6	1/2.76	4.9		29
			10	7/1.35	7.0		62
			16	7/1.70	8.0		78
			25	7/2.14	10.0		118
			35	7/2.52	11.5		156
			50	19/1.78	13.0		215
			70	19/2.14	15.0		282
			95	19/2.52	17.5		385
			120	37/2.03	19.0		431
			150	37/2.25	21.0		539
			185	37/2.52	23.5		666
			240	61/2.25	26.5		857
			300	61/2.52	29.5		1070
			400	61/2.85	33.0		1390
BVR	450/750	1	2.5	19/0.41	4.2		34.7
			4	19/0.52	4.8		51.4
			6	19/0.64	5.6		73.6
			10	49/0.52	7.6		129
			16	49/0.64	8.8		186
			25	98/0.58	11.0		306
			35	133/0.58	12.5		403
			50	133/0.68	14.5		553
			70	189/0.68	16.5		264
					下限	上限	
BVV	300/500	1	0.75	1/0.97	3.6	4.3	23
			1.0	1/1.3	3.8	4.5	26.4
			1.5	1/1.8	4.2	4.9	34.6
			1.5	7/0.2	4.3	5.2	36.5
			2.5	1/1.8	4.8	5.8	46.4
			2.5	7/0.8	4.9	6.0	51.5
			4	1/2.25	5.4	6.4	65.9
			4	7/0.85	5.4	6.8	73.3
			6	1/2.76	5.8	7.0	91.6
			6	7/1.04	6.0	7.4	97.6
			10	7/1.35	7.2	8.8	152.0
		2	1.5	1/1.38	8.4	9.8	109
			1.5	7/0.52	8.6	10.5	123
			2.5	1/1.78	9.6	11.5	157
			2.5	7/0.68	9.8	12.0	172
			4	1/2.25	10.5	12.5	205
			4	7/0.85	10.5	13.0	222
			6	1/2.76	11.5	13.5	265
			6	7/1.04	11.5	14.5	286
			10	7/1.35	15.0	18.0	471

聚氯乙烯绝缘软线的结构

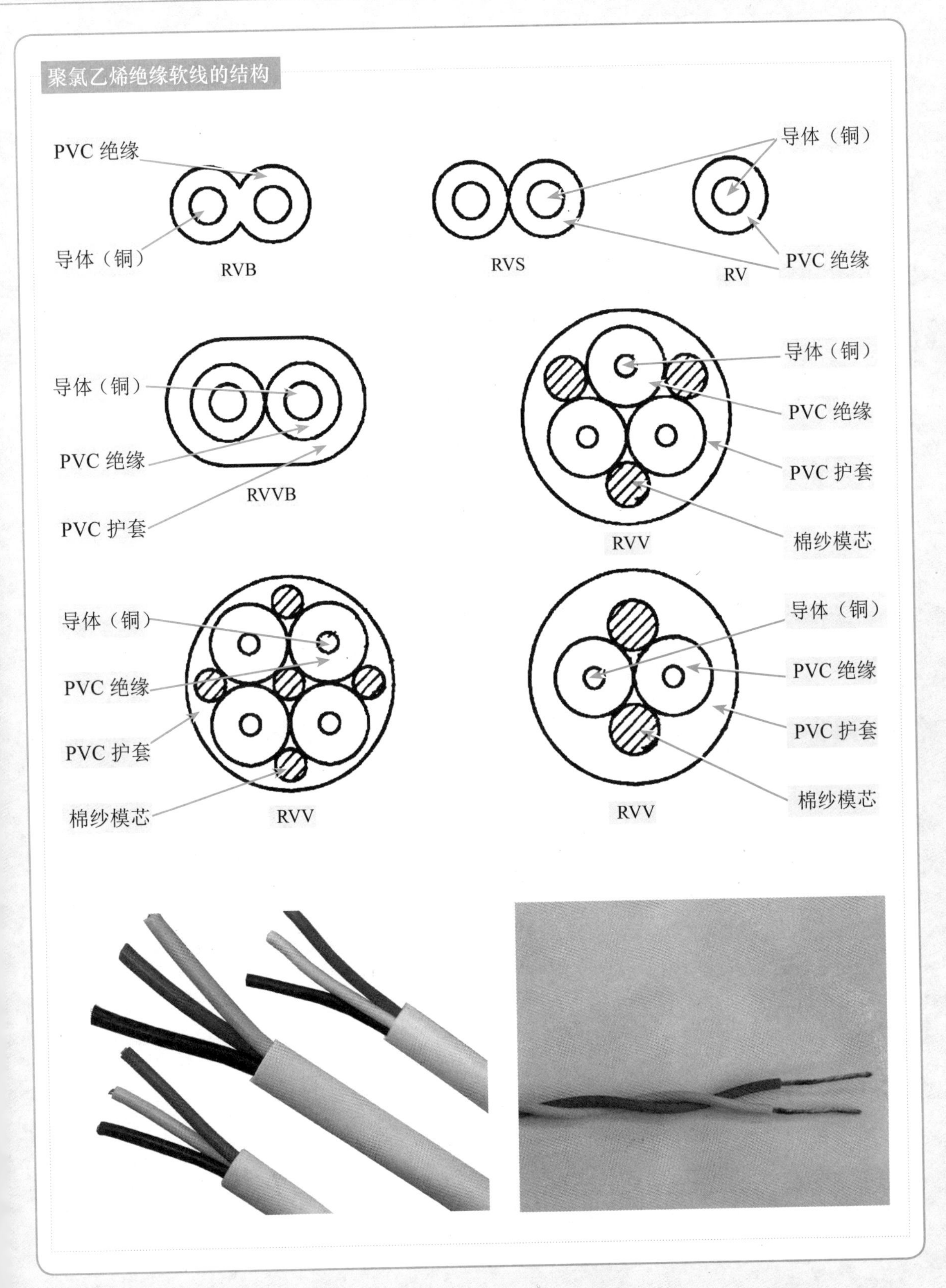

聚氯乙烯绝缘软线的技术数据

型　号	额定电压 U_0/U/V	芯　数	标称截面积 /mm²	芯线根数/直径 /mm	单位质量 /(kg·km⁻¹)
RV	300/500	1	0.3 0.4 0.5 0.75 1.0	16/0.15 23/0.15 16/0.2 24/0.2 32/0.2	6.4 8.1 9.1 12.1 15.1
	450/750		1.5 2.5 4 6 10	30/0.25 49/0.25 56/0.30 84/0.30 84/0.40	21.4 24.5 51.8 74.1 124
RVB	300/300	2	0.3 0.4 0.5 0.75 1.0	16/0.15 23/0.15 16/0.2 24/0.2 32/0.2	12.5 15.5 22.3 28.9 34.7
RVS	300/300	2	0.3 0.4 0.5 0.75	16/0.15 23/0.15 16/0.2 24/0.2	12.8 16.2 22.9 29.6
RVV	300/300	2	0.5 0.75	16/0.2 24/0.2	31.5 40.0
		3	0.5 0.75	16/0.2 24/0.2	40.6 51.8
	300/500	2	0.75 1.0 1.5 2.5	24/0.2 32/0.2 30/0.25 49/0.25	50 57.8 74.7 120
		3	0.75 1.0 1.5 2.5	24/0.2 32/0.2 30/0.25 49/0.25	63.1 74.0 102.0 162.0
		4	0.75 1.0 1.5 2.5	24/0.2 32/0.2 30/0.25 49/0.25	78.5 97.2 133.0 204.0
		5	0.75 1.0 1.5 2.5	24/0.2 32/0.2 30/0.25 49/0.25	96.9 115 158 249
RVVB	300/300	2	0.5 0.75	16/0.2 24/0.2	27.7 34.5
	300/500	2	0.75	24/0.2	43.3

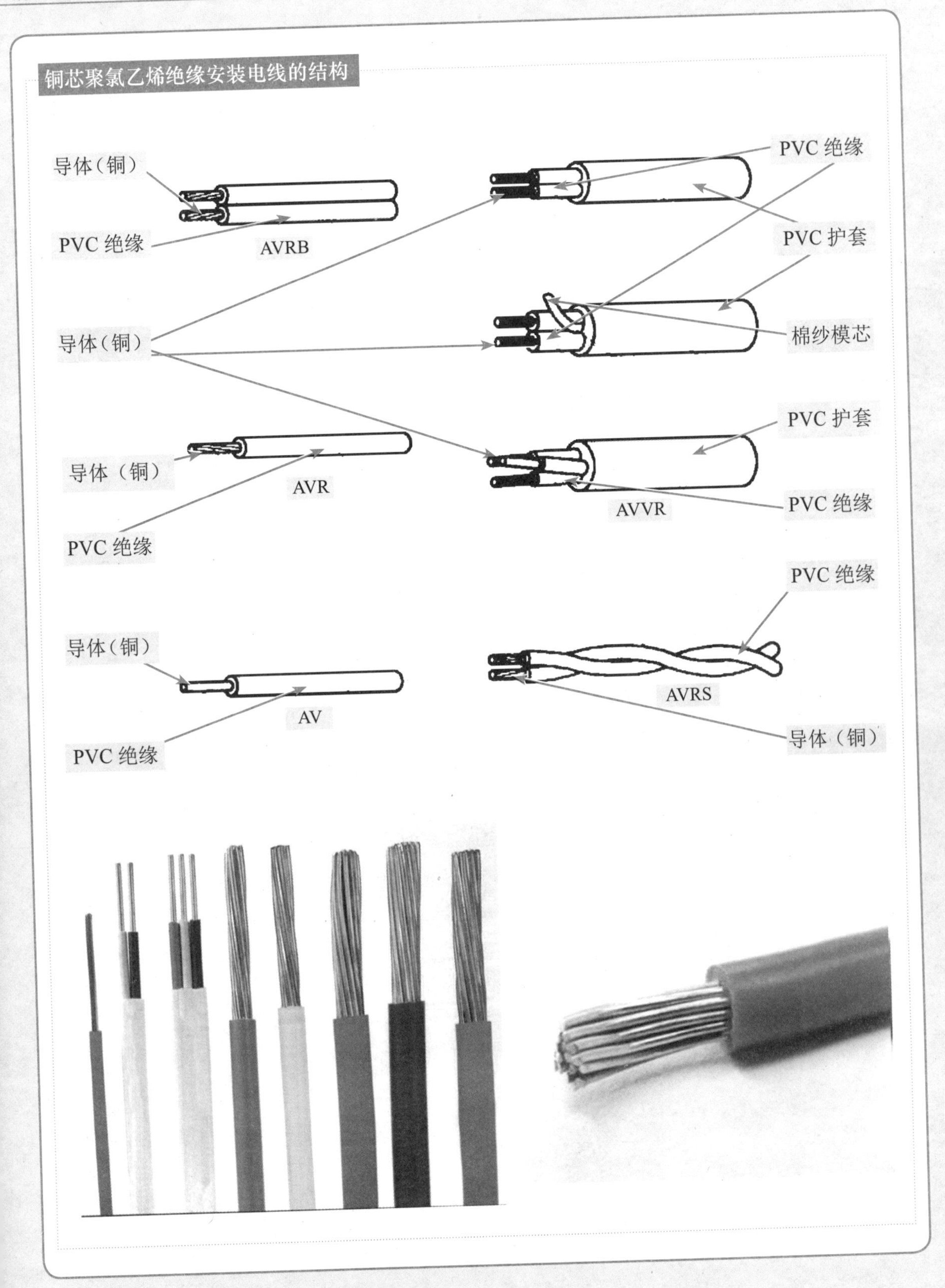
铜芯聚氯乙烯绝缘安装电线的结构
导体(铜)
PVC 绝缘
AVRB
PVC 绝缘
PVC 护套
导体(铜)
棉纱模芯
PVC 护套
导体(铜)
AVR
PVC 绝缘
AVVR
PVC 绝缘
PVC 绝缘
导体(铜)
AV
PVC 绝缘
AVRS
导体(铜)

铜芯聚氯乙烯绝缘安装电线的技术数据

型号	额定电压 U_0/U/V	芯数	标称截面积 /mm^2	最大外径 /mm	单位质量 /(kg·km^{-1})	芯线根数/直径 /mm
AV AV—105	300/300	1	0.06 0.08 0.12 0.2 0.3 0.4	1.0 1.1 1.1 1.5 1.6 1.7	1.5 1.6 2.1 3.5 4.4 5.5	1/0.30 1/0.32 1/0.40 1/0.50 1/0.60 1/0.70
AVR AVR—105	300/300	1	0.035 0.06 0.08 0.12 0.2 0.3 0.4	1.0 1.1 1.3 1.4 1.6 1.9 2.1	1.1 1.4 2.2 2.8 4.0 5.6 7.2	7/0.08 7/0.10 7/0.12 7/0.15 12/0.15 16/0.15 23/0.15
AVRB	300/300	2	0.12 0.2	1.9×3.4 2.2×4.1	6.9 11.0	7/0.15 12/0.15
AVRS	300/300	2	0.12 0.2	3.5 4.2	7.1 11.3	7/0.15 12/0.15
AVVR (椭圆形)	300/300	2	0.08 0.12 0.2 0.3 0.4	2.7×4.1 2.9×4.3 3.1×4.6 3.4×5.2 3.5×5.6	10.5 12.2 15.3 19.7 23.8	7/0.12 7/0.15 12/0.15 16/0.15 23/0.15
AVVR (圆形)	300/300	2	0.08 0.12 0.2 0.3 0.4	4.2 4.2 4.7 5.4 5.6	11.9 15.0 18.4 23.4 28.0	7/0.12 7/0.15 12/0.15 16/0.15 23/0.15
		3	0.12 0.2 0.3 0.4	4.6 4.9 5.6 6.0	18.4 23.1 29.9 36.2	7/0.15 12/0.15 16/0.15 23/0.15
		4	0.12 0.2 0.3 0.4	4.9 5.4 6.2 6.6	22.3 28.4 37.0 45.2	7/0.15 12/0.15 16/0.15 23/0.15
		5	0.12 0.2 0.3 0.4	5.4 5.8 6.6 7.0	26.2 34.5 43.7 53.7	7/0.15 12/0.15 16/0.15 23/0.15
		6	0.12 0.2 0.3 0.4	5.8 6.2 7.2 7.6	30.2 39.0 51.4 63.4	7/0.15 12/0.15 16/0.15 23/0.15

2.3 绝缘材料

2.3.1 绝缘材料的分类、产品型号和应用

绝缘材料都具有很高的绝缘电阻、很好的耐热性和耐潮性，固体绝缘材料还具有一定的机械强度。

绝缘材料的分类

绝缘材料的品种繁多，性能各异。绝缘材料按形态结构、组成或生产工艺特征划分为八大类，各大类绝缘材料按应用范围、应用工艺特征或组成划分小类，如下表所示。大类代号和小类代号应符合表中规定，各用一位阿拉伯数字表示。

大类代号	大类名称	小类代号	小类名称
1	漆、可聚合树脂和胶类	0	有溶剂漆
		1	无溶剂可聚合树脂
		2	覆盖漆、防晕漆、半导电漆
		3	硬质覆盖漆、瓷漆
		4	胶黏漆、树脂
		5	熔敷粉末
		6	硅钢片漆
		7	漆包线漆、丝包线漆
		8	灌注胶、包封胶、浇铸树脂、胶泥、腻子
		9	—
2	树脂浸渍纤维制品类	0	棉纤维漆布
		1	—
		2	漆绸
		3	合成纤维漆布、上胶布
		4	玻璃纤维漆布、上胶布
		5	混织纤维漆布、上胶布
		6	防晕漆布、防晕带
		7	漆管
		8	树脂浸渍无纬绑扎带
		9	树脂浸渍适形材料
3	层压制品、卷绕制品、真空压力浸胶制品和引拔制品类	0	有机底材层压板
		1	真空压力浸胶制品
		2	无机底材层压板
		3	防晕板及导磁层压板
		4	—
		5	有机底材层压管

大类代号	大类名称	小类代号	小类名称
3	层压制品、卷绕制品、真空压力浸胶制品和引拔制品类	6	无机底材层压管
		7	有机底材层压棒
		8	无机底材层压棒
		9	引拔制品
4	模塑料类	0	木粉填料为主的模塑料
		1	其他有机填料为主的模塑料
		2	石棉填料为主的模塑料
		3	玻璃纤维填料为主的模塑料
		4	云母填料为主的模塑料
		5	其他有机填料为主的模塑料
		6	无填料塑料
		7	—
		8	—
		9	—
5	云母制品类	0	云母纸
		1	柔软云母板
		2	塑型云母板
		3	—
		4	云母带
		5	换向器云母板
		6	电热设备用云母板
		7	衬垫云母板
		8	云母箔
		9	云母管
6	薄膜、黏带和柔软复合材料类	0	薄膜
		1	薄膜上胶带
		2	薄膜黏带
		3	织物黏带
		4	树脂浸渍柔软复合材料

大类代号	大类名号	小类代号	小类名称
6	薄膜、黏带和柔软复合材料类	5	薄膜绝缘纸柔软复合材料、薄膜漆布柔软复合材料
		6	薄膜合成纤维纸柔软复合材料、薄膜合成纤维非织布柔软复合材料
		7	多种材质柔软复合材料
		8	—
		9	—
7	纤维制品类	0	非织布
		1	合成纤维纸
		2	绝缘纸
		3	绝缘纸板
		4	玻璃纤维制品
		5	纤维毡
		6	—
		7	—
		8	—
		9	—
8	绝缘液体类	0	合成芳香烃绝缘液体
		1	有机硅绝缘液体
		2	—
		3	—
		4	—
		5	—
		6	—
		7	—
		8	—
		9	—

对于上表所列第 5 大类中的第 0 小类（云母纸）及第 6 小类（电热设备用云母板）、第 7 大类中的第 2 小类（绝缘纸）及第 3 小类（绝缘纸板）、第 8 大类等绝缘材料允许不按温度指数分类，其余绝缘材料应按温度指数分类，温度指数代号如下表所示。

代　　号	温度指数/℃
1	不低于105
2	不低于120
3	不低于130
4	不低于155
5	不低于180
6	不低于200
7	不低于220

绝缘材料的产品型号

对于应按温度指数分类的绝缘材料，产品型号用4位阿拉伯数字来编制。其中，第1位数字为大类代号；第2位数字为小类代号；第3位数字为温度指数代号；第4位数字为该类产品的品种代号。

对于允许不按温度指数分类的绝缘材料，产品型号用3位阿拉伯数字来编制。其中，第1位数字为大类代号；第2位数字为小类代号；第3位数字为该类产品的品种代号。

根据产品划分品种的需要，可以在型号后附加英文字母或用连字符后接阿拉伯数字来表示不同的品种，其含义应在产品标准中规定。

绝缘材料的应用

不同的绝缘材料具有不同的特性，应用在不同的场合。

浸渍绝缘漆 → 用于浸渍电机、变压器等的线圈绕组，在线圈绕组表面形成完整的漆膜，起到防潮、隔热、防短路、提高绝缘性能和机械强度的作用。

覆盖绝缘漆 → 用于涂覆铁芯、硅钢片等的表面，起到防锈、防腐蚀、减少涡流的作用。

绝缘板、绝缘棒、绝缘管 → 用作电气设备中的绝缘结构件，如线圈框架、接线端子支架、绝缘垫等。

绝缘套管 → 常用作电气设备引出线的绝缘护套。

绝缘薄膜和黏带 → 常用于包扎线圈、导线接头及电气设备的带电裸露部分。

2.3.2 绝缘黏带

绝缘黏带也叫绝缘胶带或绝缘胶布，是在常温下稍加压力即能自黏成形的带状绝缘材料，可分为薄膜黏带、织物黏带、无底材黏带三大类。

薄膜黏带

薄膜黏带是在薄膜的一面或两面涂覆胶黏材料，经过烘焙后制成带状而成的。

名　称	耐热等级	特点与用途
聚乙烯薄膜黏带	Y	具有一定的电气性能和机械性能，柔软性好，黏结力较强，但耐热性较差，主要用于一般导线接头的绝缘包扎
聚乙烯薄膜纸黏带	Y	柔软性和黏结力较好，使用方便，主要用于一般导线接头的绝缘包扎
聚氯乙烯薄膜黏带	Y	性能与聚乙烯薄膜黏带类似，主要用于6000V以下电压的导线接头的绝缘包扎
聚酯薄膜黏带	E、B	耐热性较好，机械强度高，主要用于电机线圈绝缘、对地绝缘、密封绝缘等
聚酰亚胺薄膜黏带	H	电气性能和机械性能均较好，耐热性好，主要用于电机线圈绕组绝缘和线槽绝缘等

织物黏带

织物黏带是以无碱玻璃布或棉布为底材，涂覆胶黏材料后经过烘焙并制成带状而成的。

名　称	耐热等级	特点与用途
环氧玻璃黏带	B	电气性能和机械性能均较好，主要用于变压器铁芯及电机线圈绕组的固定包扎等
硅橡胶玻璃黏带	B	电气性能和机械性能均较好，柔软性较好，主要用于变压器铁芯及电机线圈绕组的固定包扎等
有机硅玻璃黏带	H	耐热性、耐寒性和耐潮性都较好，电气性能和机械性能较好，主要用于电机和电器线圈绕组的绝缘、导线的连接绝缘等

无底材黏带

无底材黏带是由硅橡胶或丁基橡胶加上填料和硫化剂等，经过混炼后挤压成型而制成的。

名　　称	耐热等级	特点与用途
自黏性硅橡胶三角带	H	耐热、耐潮、耐腐蚀，抗振动特性好，但抗张强度较低，主要用于高压电机线圈绕组的绝缘等
自黏性丁基橡胶带	H	弹性好，伸缩性大，包扎紧密性好，主要用于导线接头和端头的绝缘包扎

绝缘黏带自身具有黏性，因此使用十分方便，常用于包扎导线接头和端头、电气设备接线连接处，以及电机和变压器等的线圈绕组绝缘等。

2.3.3 绝缘漆管

绝缘漆管是浸润绝缘漆后烘干制成的，主要用于导线端头及变压器、电机、低压电器等电气设备引出线的护套绝缘等。

由于绝缘漆管成管状，可以直接套在需要绝缘的导线或细长型引线端上，使用很方便。不同材质的绝缘漆管具有不同的特性，适用于不同的场合。

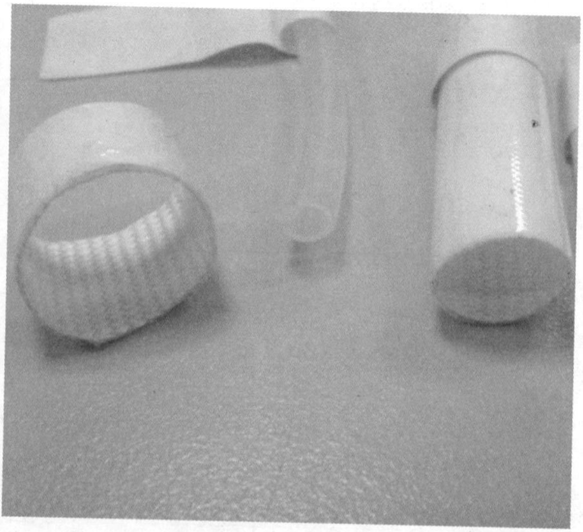

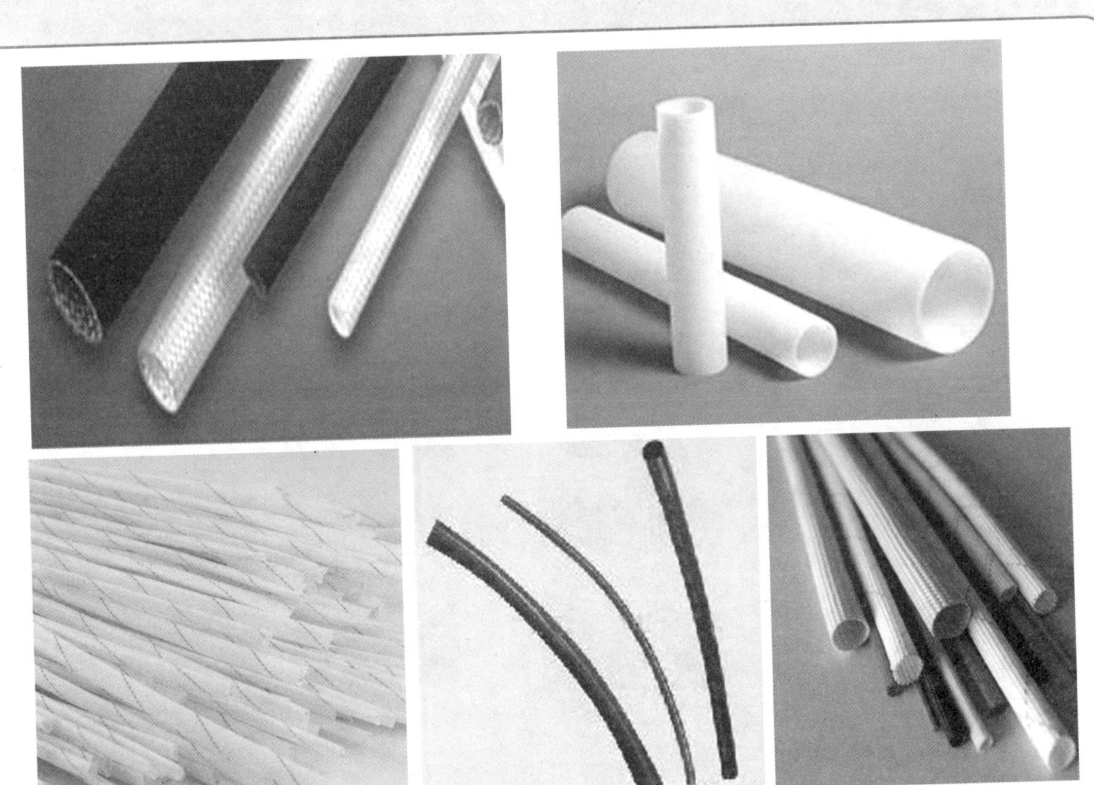

名　　称	耐热等级	特点与用途
油性漆管	A	具有良好的电气性能和弹性，但耐热性、耐潮性和耐霉性差，主要用于仪器仪表、电机等电气设备的引出线与连接线的绝缘
油性玻璃漆管	E	具有良好的电气性能和弹性，但耐热性、耐潮性和耐霉性较差，主要用于仪器仪表、电机等电气设备的引出线与连接线的绝缘
聚氨酯涤纶漆管	E	具有优良的弹性，具有较好的电气性能和机械性能，主要用于仪器仪表、电机等电气设备的引出线与连接线的绝缘
醇酸玻璃漆管	B	具有良好的电气性能和机械性能，耐油性、耐热性好，但弹性稍差，主要用于仪器仪表、电机等电气设备的引出线与连接线的绝缘
聚氯乙烯玻璃漆管	B	具有优良的弹性，具有较好的电气性能、机械性能和耐化学性，主要用于仪器仪表、电机等电气设备的引出线与连接线的绝缘
有机硅玻璃漆管	H	具有较好的耐热性、耐潮性和柔软性，具有良好的电气性能，用于H级电机等电气设备的引出线与连接线的绝缘
硅橡胶玻璃漆管	H	具有优良的弹性、耐热性和耐寒性，具有良好的电气性能和机械性能，用于在严寒或180℃以下高温等特殊环境下的电气设备的引出线与连接线的绝缘

2.3.4 绝缘薄膜

绝缘薄膜包括一般电工薄膜和复合薄膜两类。

电工薄膜

电工薄膜厚度薄、柔软、耐潮，具有良好的电气性能和机械性能，主要用于电机和电器线圈绕组的绝缘包扎、电线和电缆的绝缘包扎等，还可作为电容器介质。

名　称	耐热等级	特点与用途
聚苯乙烯薄膜	Y	具有良好的电气性能，介质损耗小，但耐热性和柔软性差，机械强度低，主要用于电信电缆绝缘，可作为电容器介质
聚酯薄膜(涤纶薄膜)	E	具有较高的抗拉强度、绝缘电阻和抗击穿强度，但耐电晕性差，主要用于低压电机线圈的匝间和端部包扎绝缘、衬垫绝缘、电磁线绕包绝缘、E级电机槽绝缘，可作为电容器介质
聚萘酯薄膜	F	耐气候性和化学稳定性优良，弹性好，主要用于F级电机槽绝缘、线圈绕包绝缘和端部绝缘等
芳香族聚酰胺薄膜	H	耐溶剂性好，耐变压器油性能好，具有一定的电气性能和机械性能，主要用于F、H级电机槽绝缘等
聚酰亚胺薄膜	C	能耐所有的有机溶剂和酸，具有优良的耐热性和耐寒性，有较好的耐磨、耐电弧和抗辐射性能，主要用于H级电机槽绝缘、电器线圈绕组外包绝缘、导线绕包绝缘等
聚四氟乙烯薄膜	C	具有很好的耐热性和耐寒性，具有优良的介电性能和化学稳定性，可作为高温与低温环境下的电容器介质，主要用于电器、仪表等的层间衬垫绝缘，耐热电磁铁、安装线、耐油电缆、耐热导线的绝缘等
全氟乙丙烯薄膜	C	具有优良的高频特性，介质损耗小，吸湿性小，化学稳定性好，主要用于电线、同轴电缆的包裹层和印制电路板等

复合薄膜

复合薄膜是在薄膜的一面或双面黏合绝缘纸或漆布等纤维材料制成的，其作用是增强薄膜的机械性能，提高抗拉强度，主要用于中小型电机的槽绝缘和相间绝缘。

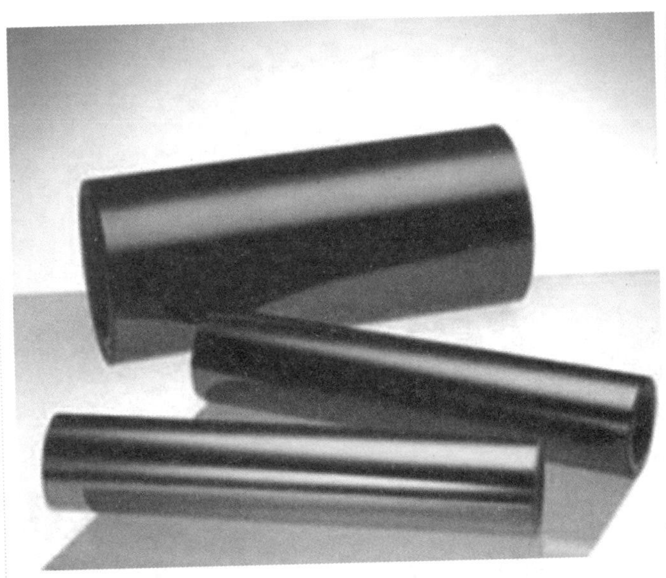

名　称	耐热等级	用　途
聚酯薄膜绝缘纸复合箔	E	主要用于 E 级电机的槽绝缘、端部绝缘、层间绝缘
聚酯薄膜玻璃漆布复合箔	B	主要用于 B 级电机的槽绝缘、端部绝缘、层间绝缘、匝间绝缘和衬垫绝缘，并可用于湿热环境
聚酯薄膜聚酯纤维纸复合箔	B	主要用于 B 级电机的槽绝缘、端部绝缘、层间绝缘、匝间绝缘和衬垫绝缘，并可用于湿热环境
聚酯薄膜芳香族聚酰胺纤维纸复合箔	F	主要用于 F 级电机的槽绝缘、端部绝缘、层间绝缘、匝间绝缘和衬垫绝缘
聚酰亚胺薄膜芳香族聚酰胺纤维纸复合箔	H	主要用于 H 级电机的槽绝缘、端部绝缘、层间绝缘、匝间绝缘和衬垫绝缘

2.3.5 绝缘漆布

绝缘漆布是由天然纤维或合成纤维纺织成的布料浸覆绝缘漆经烘干制成的，可切成不同宽度的带状使用。

绝缘漆布常用于电机和电器的包扎绝缘和衬垫绝缘。

名　　称	耐热等级	特点与用途
油性漆布（黄漆布）	A	柔软性好。其中，2010型不耐油，用于一般电机和电器的衬垫绝缘和线圈绝缘；2012型耐油性好，可用于变压器油或汽油侵蚀环境中的电机和电器的衬垫绝缘和线圈绝缘
油性漆绸（黄漆绸）	A	具有较好的电气性能和柔软性，用于电机和电器的薄层衬垫绝缘和线圈绝缘
油性玻璃漆布（黄玻璃漆布）	E	耐热性较好，用于一般电机和电器的衬垫绝缘和线圈绝缘，以及在油中工作的变压器和电器的线圈绝缘
沥青醇酸玻璃漆布	B	耐潮性较好，但耐苯和耐变压器油的性能差，用于一般电机和电器的衬垫绝缘和线圈绝缘
醇酸玻璃漆布	B	耐油性较好，并且具有一定的防霉性能，用于油浸变压器、断路器等线圈的包扎绝缘和衬垫绝缘
环氧玻璃漆布	B	具有较好的电气性能和机械性能，具有良好的耐化学药品和耐湿热性能，用于需要耐化学腐蚀的电机和电器的槽绝缘、包扎绝缘和衬垫绝缘
有机硅玻璃漆布	H	具有较好的耐热性、耐霉性、耐油性、耐寒性和柔软性，用于H级电机和电器的包扎绝缘、衬垫绝缘和线圈绝缘
聚酰亚胺玻璃漆布	C	具有很好的耐热性和良好的电气性能，具有优良的耐潮性、防辐射性和耐溶剂性，用于在较高环境温度中工作的电机和电器的槽绝缘、包扎绝缘、衬垫绝缘和线圈绝缘

2.3.6 绝缘漆

绝缘漆一般是以树脂、沥青等为漆基，添加某些辅助材料而制成的。绝缘漆具有很高的电阻率、抗击穿强度和耐热性，干燥后具有一定的机械强度和弹性。根据用途不同，绝缘漆可分为浸渍漆、覆盖漆、硅钢片漆、漆包线漆、防晕漆等种类。

浸渍漆

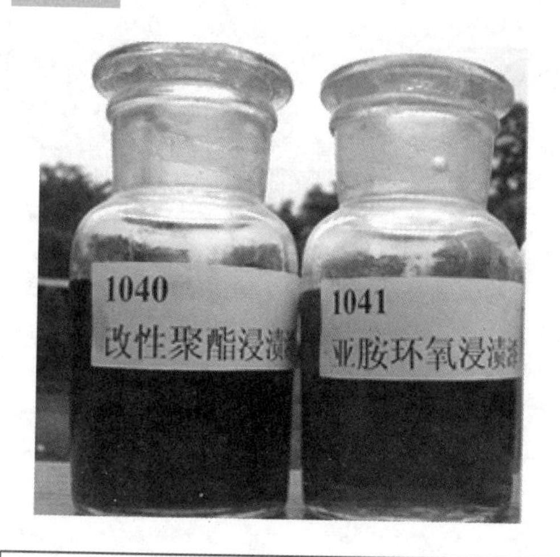

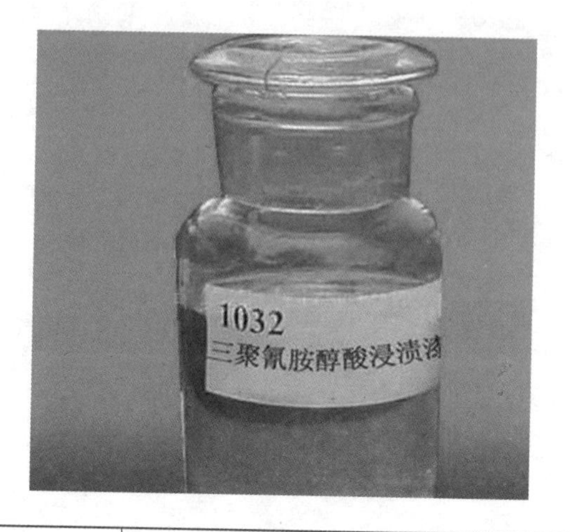

名　称	耐热等级	特点与用途
沥青绝缘漆	A	耐潮性好，供浸渍不要求耐油的电机和变压器的线圈等
油改性醇酸漆	B	耐油性和弹性好，供浸渍在油中工作的线圈和绝缘零部件
丁基酚醛醇酸漆	B	耐潮性和内干性较好，机械强度较高，供浸渍线圈，可用于湿热环境
三聚氰胺醇酸漆	B	耐油性、耐潮性和内干性较好，机械强度较高，并且耐电弧，供浸渍在湿热环境下使用的线圈
环氧酯漆	B	耐油性、耐潮性和内干性较好，机械强度高，黏结力强，供浸渍在湿热环境下使用的线圈
环氧醇酸漆	B	耐油性、耐热性和耐潮性较好，机械强度高，黏结力强，供浸渍在湿热环境下使用的线圈
聚酯绝缘漆	F	耐热性和电气性能较好，黏结力强，供浸渍F级电机和电器的线圈
有机硅浸渍漆	H	耐热性和电气性能好，在高温和受潮后仍有良好的绝缘性能，供浸渍H级电机和电器的线圈与零部件等
聚酯改性有机硅漆	H	黏结力较强，耐潮性和电气性能好，具有较好的耐热性，供浸渍H级电机和电器的线圈与零部件等
环氧无溶剂浸渍漆	B	黏度低，抗击穿强度高，具有良好的耐潮性、耐霉性、机械性能和电气性能，供浸渍低压电机和电器的线圈等
环氧聚酯无溶剂漆	F	黏度低，挥发物少，储存稳定性好，供浸渍F级电机和电器的线圈等
聚酰胺酰亚胺浸渍漆	H	耐热性好，黏结力强，电气性能优良，防辐射性好，供浸渍耐高温或在特殊条件下工作的电机和电器的线圈

覆盖漆

名　　称	耐热等级	特点与用途
晾干醇酸漆	B	晾干或低温干燥，漆膜的弹性、耐气候性、耐油性及电气性能较好，用于电器和零部件的覆盖绝缘
晾干醇酸灰瓷漆	E	晾干或低温干燥，漆膜的硬度较高，耐电弧性和耐油性好，用于电机、电器和零部件的覆盖绝缘
醇酸灰瓷漆	E	烘焙干燥，漆膜坚硬，机械强度高，耐电弧性和耐油性好，用于电机和电器线圈的覆盖绝缘
晾干环氧酯漆	B	晾干或低温干燥，干燥快，漆膜附着力强且有弹性，耐潮性、耐油性、耐气候性好，用于湿热环境下电机和电器线圈与零部件的覆盖绝缘
环氧酯灰瓷漆	B	烘焙干燥，漆膜的硬度高，耐潮性、耐油性、耐霉性好，用于湿热环境下电机和电器线圈与零部件的覆盖绝缘
晾干有机硅红瓷漆	H	晾干或低温干燥，漆膜耐热性好，电气性能好，用于高温环境下电机和电器线圈与零部件的覆盖绝缘
有机硅红瓷漆	H	烘焙干燥，漆膜坚硬，耐热性、耐油性好，电气性能很好，用于高温环境下电机和电器线圈与零部件的覆盖绝缘

硅钢片漆

名　　称	耐热等级	特点与用途
油性漆	A	漆膜厚度均匀、坚硬、耐油，用于小型电机和电器用硅钢片的涂覆
醇酸漆	B	漆膜有较好的耐热性和耐电弧性，供涂覆一般电机和电器用硅钢片，适宜涂覆磷酸盐处理的硅钢片
环氧酚醛漆	F	漆膜附着力强，有较好的耐热性、耐潮性、耐腐蚀性，电气性能较好，用于涂覆大型电机和电器用硅钢片，适宜涂覆磷酸盐处理的硅钢片
聚酰胺酰亚胺漆	H	涂覆工艺性和干燥性好，漆膜附着力强，耐热性、耐溶剂性优越，用于涂覆高温电机和电器用硅钢片
有机硅漆	H	漆膜耐热性和电气性能优良，供涂覆高温电机和电器用硅钢片，但不宜涂覆磷酸盐处理的硅钢片

第 3 章

常用工具和测量仪表

3.1 一般工具

3.1.1 低压验电器

验电器又称验电笔，是用来检测电路和设备是否带电的工具，它有高压和低压两种类型。

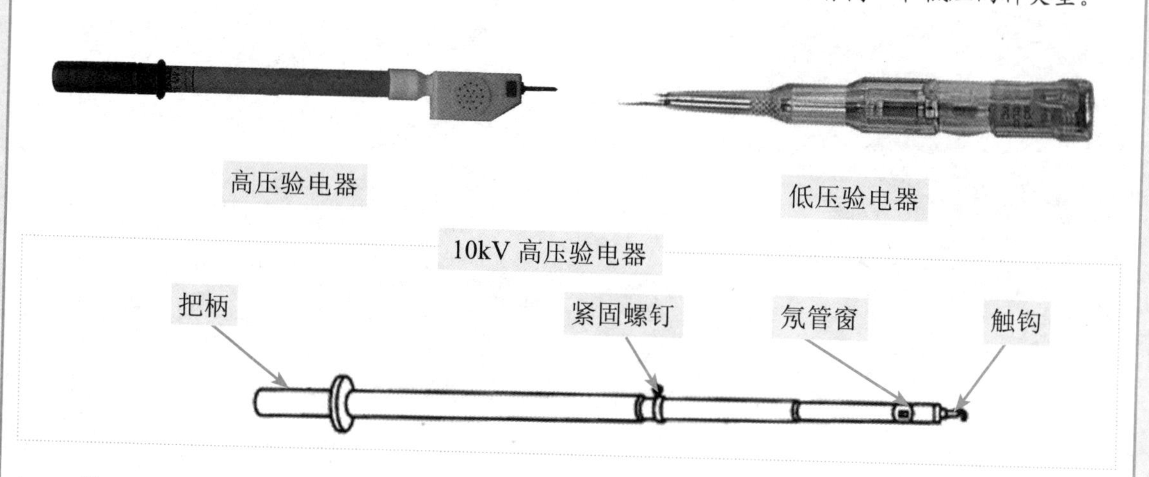

低压验电器又称试电笔、测电笔，简称电笔，是检测导线和电气设备是否带电的一种常用工具，检测范围为 60 ～ 500V，有钢笔式和螺钉旋具式两种。

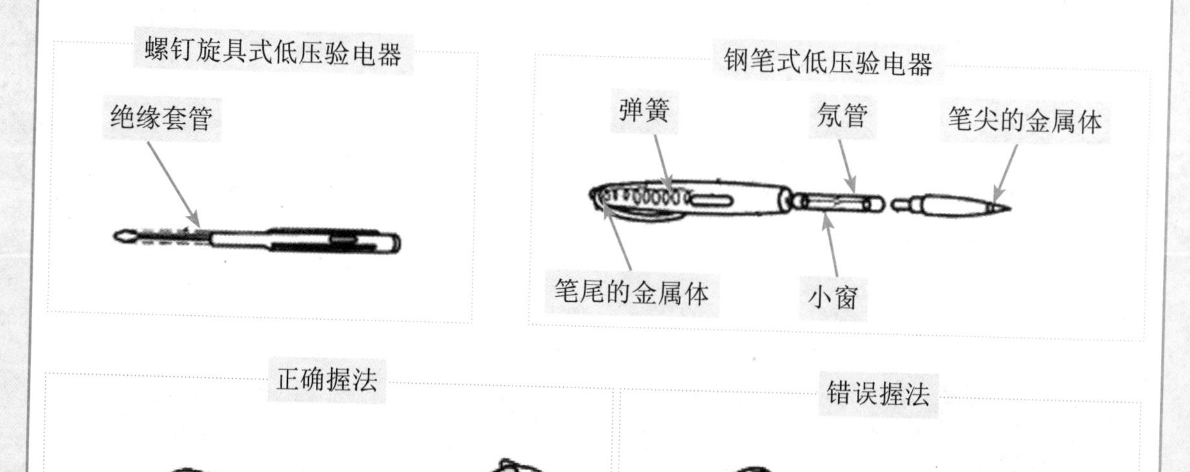

用低压验电器识别相线接地故障时，在三相四线制电路中，发生单相接地后，用验电器测试中性线，氖管会发亮；在三相三线制星形连接的线路中，用验电器测试 3 根相线，如果两根相线验电器氖管很亮，另一相不亮，则说明这相可能有接地故障。

3.1.2 螺钉旋具

螺钉旋具又称螺丝刀、起子，是用来紧固或拆卸带槽螺钉的常用工具。螺钉旋具分为一字形和十字形两种，以配合不同槽型的螺钉使用。常用的规格有50mm、100mm、150mm、200mm等。

一字形螺钉旋具　　　　十字形螺钉旋具

螺钉旋具的结构如下图所示。

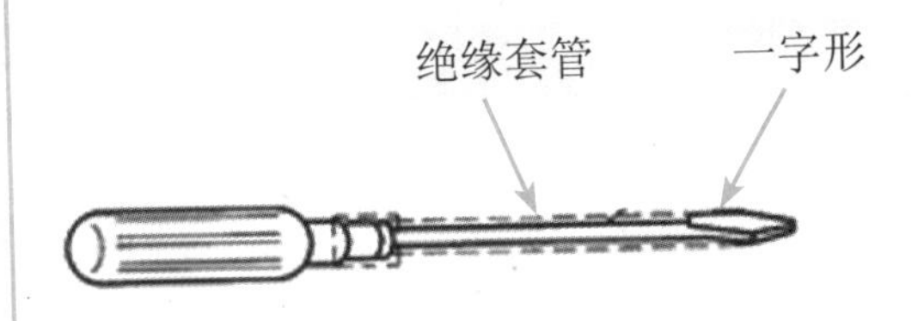

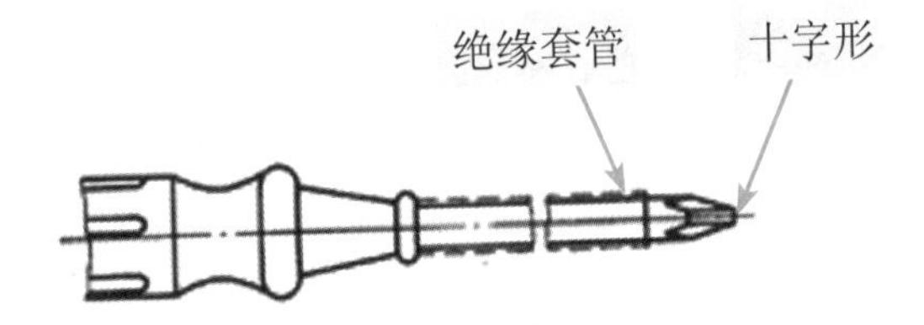

1	电工不得使用金属杆直通柄顶的螺钉旋具，否则容易造成触电事故
2	为了避免螺钉旋具的金属杆触及皮肤或邻近带电体，应在金属杆上套绝缘套管
3	螺钉旋具头部厚度应与螺钉尾部槽形相配合，斜度不宜太大，头部不应该有倒角，否则容易打滑
4	螺钉旋具在使用时应使头部顶牢螺钉槽口，防止因打滑而损坏槽口。同时注意，不要用小螺钉旋具去拧旋大螺钉。否则，一是不容易旋紧，二是螺钉尾槽容易拧豁，三是会使螺钉旋具头部受损。反之，如果用大螺钉旋具拧旋小螺钉，也容易造成因力矩过大而导致小螺钉乱牙的现象

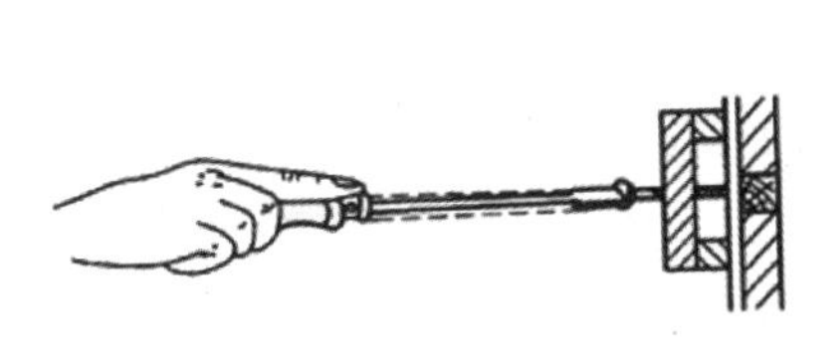

大螺钉旋具的用法

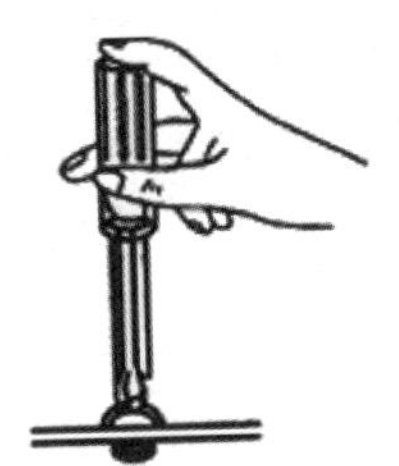

小螺钉旋具的用法

3.1.3 钳类

钢丝钳

钢丝钳是钳夹和剪切工具，由钳头和钳柄两个部分组成。钳头包括钳口、齿口、刀口和铡口。钳口用来夹持物件，也可用来弯绞或钳夹导线线头；齿口用来紧固或拧松螺母；刀口用来剪切导线，也可用来剥离绝缘层；铡口用来铡切电线线芯和钢丝、铅丝等较硬金属线。常用的规格有150mm、175mm、200mm三种。

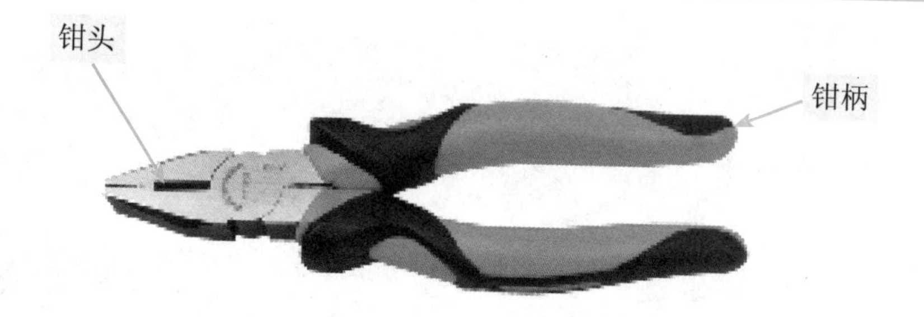

钳钢丝握法

紧固螺母握法

钳夹导线线头

剪切导线

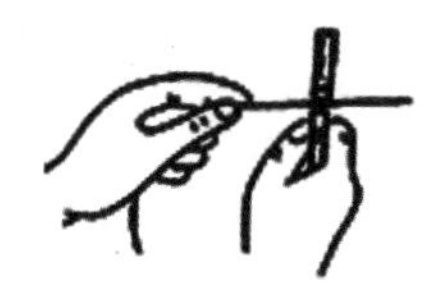

铡切钢丝

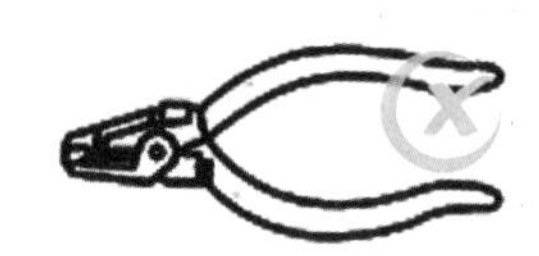

裸柄钢丝钳（电工禁用）

1	使用电工钢丝钳前，必须检查绝缘柄的绝缘是否完好。在钳柄上应套有耐压为 500V 以上的绝缘管。如果绝缘管损坏，则不得带电操作
2	使用时的握法如上图所示，刀口朝向自己面部。钢丝钳头部不可代替锤子作为敲打工具使用
3	用电工钢丝钳剪切带电导线时，不得用刀口同时剪切相线和零线或同时剪切两根相线，以免发生短路故障

尖嘴钳

目前常见的尖嘴钳多数是带刃口的，既可夹持零件又可剪切细金属丝。常用的规格（全长）有 130mm、160mm、180mm、200mm 四种。

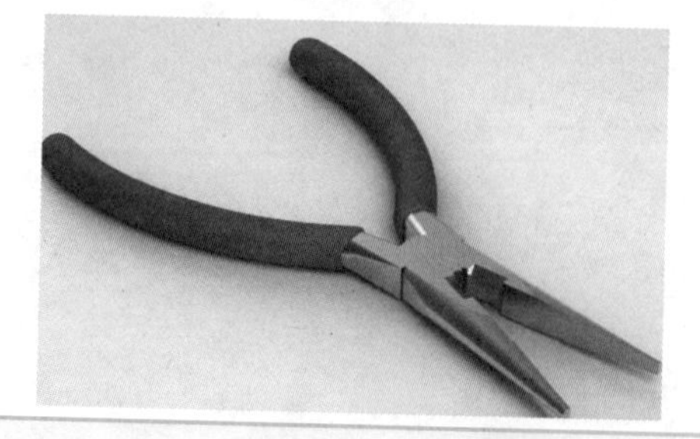

尖嘴钳适合在较狭小的工作空间操作，可以用来弯扭和钳断直径在1mm以内的导线。有铁柄和绝缘柄两种，绝缘柄的为电工所用，绝缘柄的耐压为500V以上。

夹持零件

剪切细金属丝

斜口钳

斜口钳是用于剪切金属薄片及细金属丝的一种专用剪切工具，其特点是剪切口与钳柄成一个角度，适合在比较狭窄和有斜度的工作场所使用。常用的规格有130mm、160mm、180mm、200mm四种。

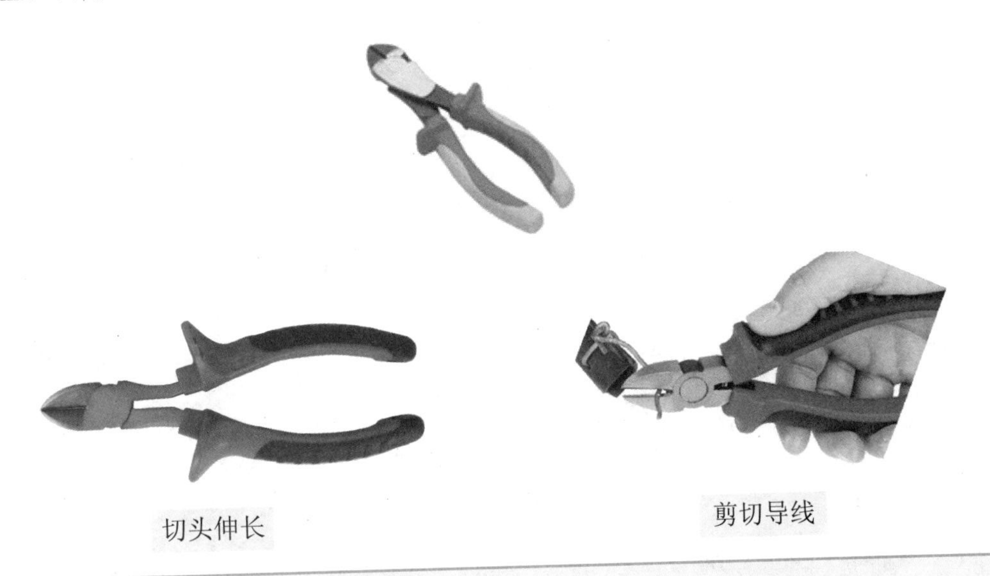

切头伸长

剪切导线

剥线钳

剥线钳多用来剥离截面积在$6mm^2$以下塑料或橡胶绝缘导线的绝缘层。

刀口

钳柄

压线口

使用剥线钳时，将要剥离的绝缘长度用标尺定好以后，即可把导线放在相应的刃口上（比导线直径稍大），用手将钳柄一握，导线的绝缘层即被割破自动弹出。

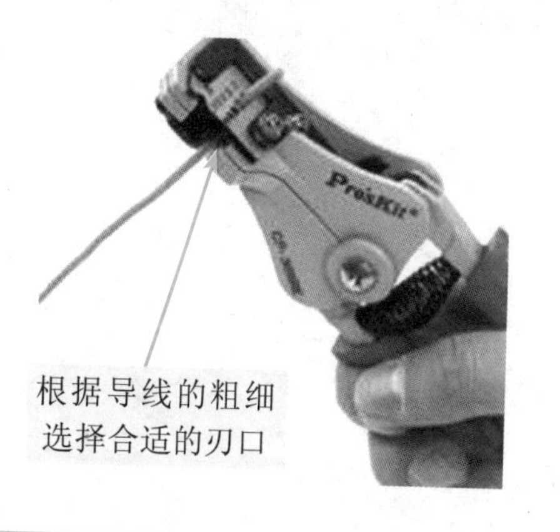

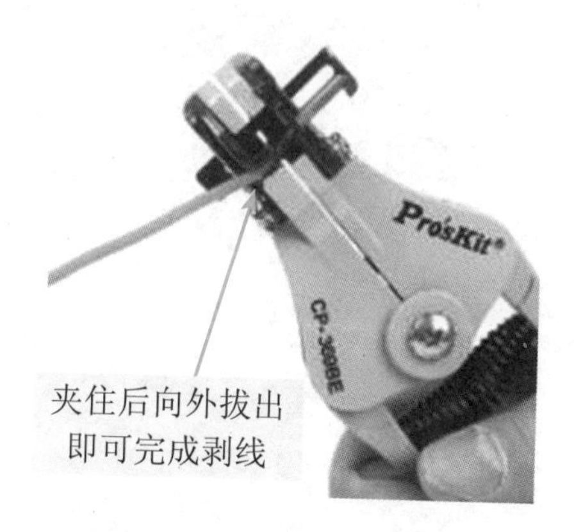

3.1.4 活络扳手

活络扳手由头部和柄部组成，头部由定扳唇、动扳唇、蜗轮和轴销等构成。旋动蜗轮可以调节扳口的大小。

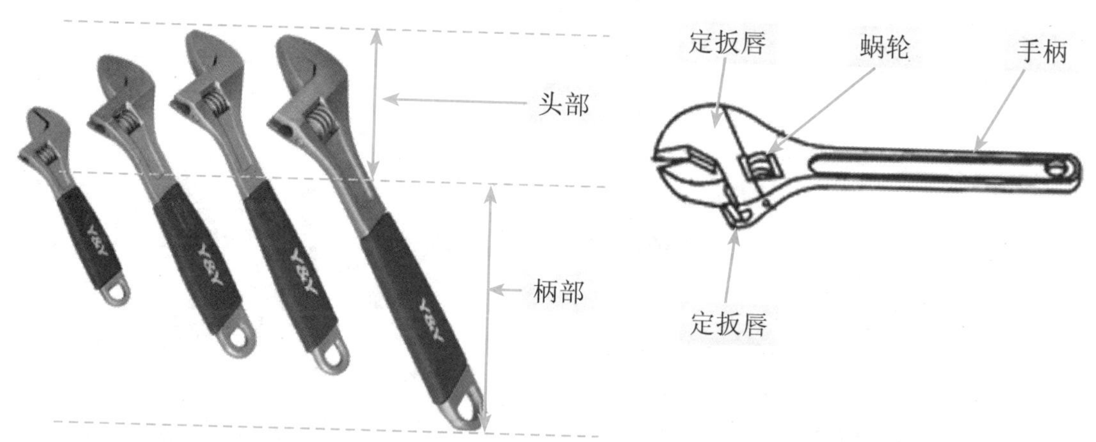

常用的规格有 150mm、200mm、250mm、300mm 等，按螺母大小选用适当规格。

扳拧较大螺母时，需用较大力矩，手应握在近柄尾处

扳拧较小螺母时，需用力矩不大，但螺母过小容易打滑

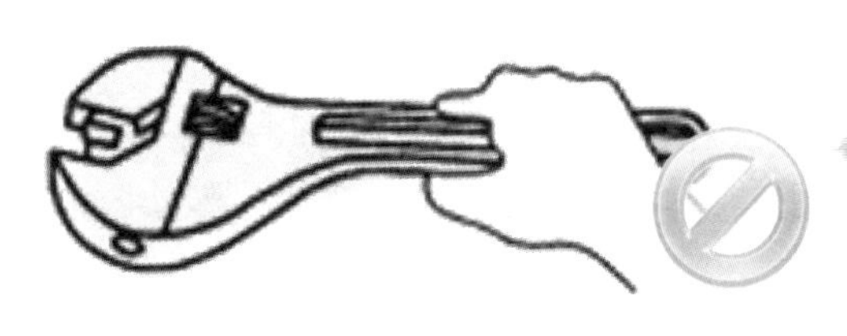

活络扳手不可反用，即动扳唇不可作为重力点使用，也不可用钢管接长柄部来施加较大的扳拧力矩。

3.1.5 电工刀

电工刀是用来切削导线线头、切割木台缺口、削制木材的专用工具。

电工刀

电工刀握法

禁止用电工刀切削带电的绝缘导线，在切削导线时，刀口一定朝向人体外侧，不准用锤子敲击。

1	根据所需的长度用电工刀以45°角斜切入绝缘层	2	将刀面与芯线保持15°角左右，用力向线端推削，不可切入芯线，削去上面一层绝缘层	3	将下面的绝缘层向后扳翻，最后用电工刀齐根切去

3.1.6 登高工具

电工工具夹与电工工具包

电工工具夹是户内外操作时必备的用品，用来插装活络扳手、钢丝钳、螺钉旋具和电工刀等工具。

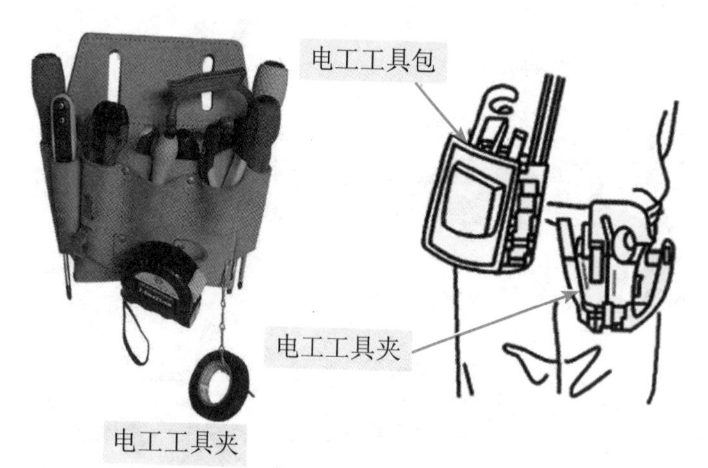

电工工具夹

电工工具包

电工工具夹用皮带系在腰间，置于右臀部，将常用工具插入工具套中，便于随手取用。

电工工具包用来放置随身携带的零星电工器材（如灯头、开关、螺钉、熔丝和胶布等）及辅助工具（如铁锤、钢锯）等。

梯子

电工常用的梯子有直梯和人字梯两种。直梯通常用于户外登高作业，人字梯通常用于户内登高作业。

人字梯

直梯

人字梯应在中间绑扎两道防自动滑开的安全绳。

直梯的两脚应各绑扎橡胶之类防滑材料，靠在墙上的角度，即直梯与地面的夹角应为66°～75°。

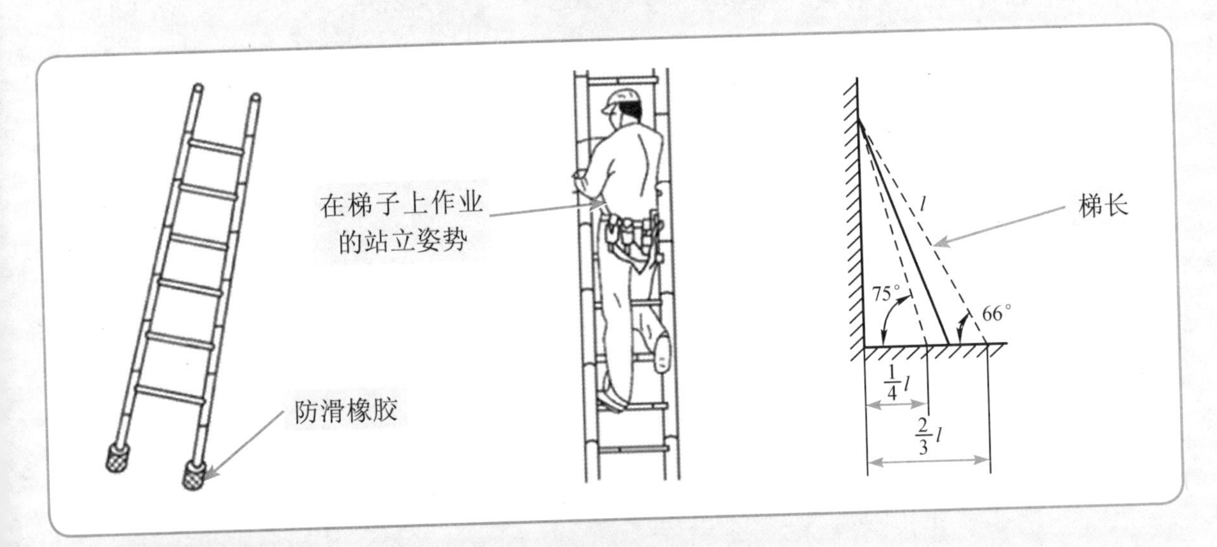

腰带、保险绳和腰绳

腰带用来系挂保险绳、腰绳和吊物绳，使用时应系在臀部，而不是系在腰间，否则操作时既不灵活又容易扭伤腰部。保险绳用来防止失足造成人体坠地摔伤。

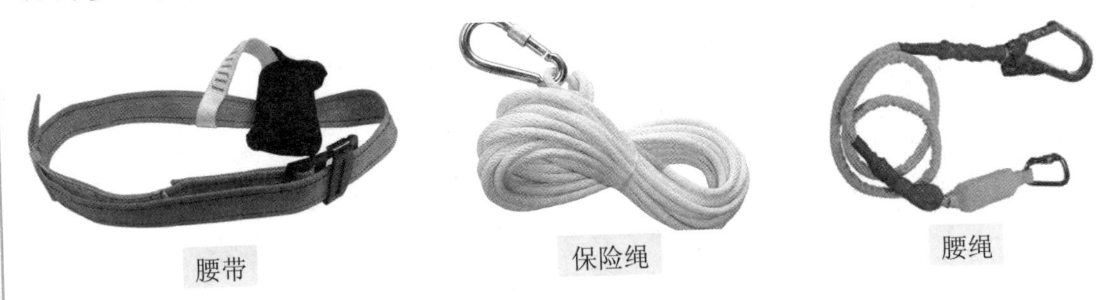

腰带　　保险绳　　腰绳

保险绳使用时，一端要可靠地系在腰带上，另一端用保险钩钩挂在牢固的横担或抱箍上，防止腰绳窜出电杆顶端，造成工伤事故。

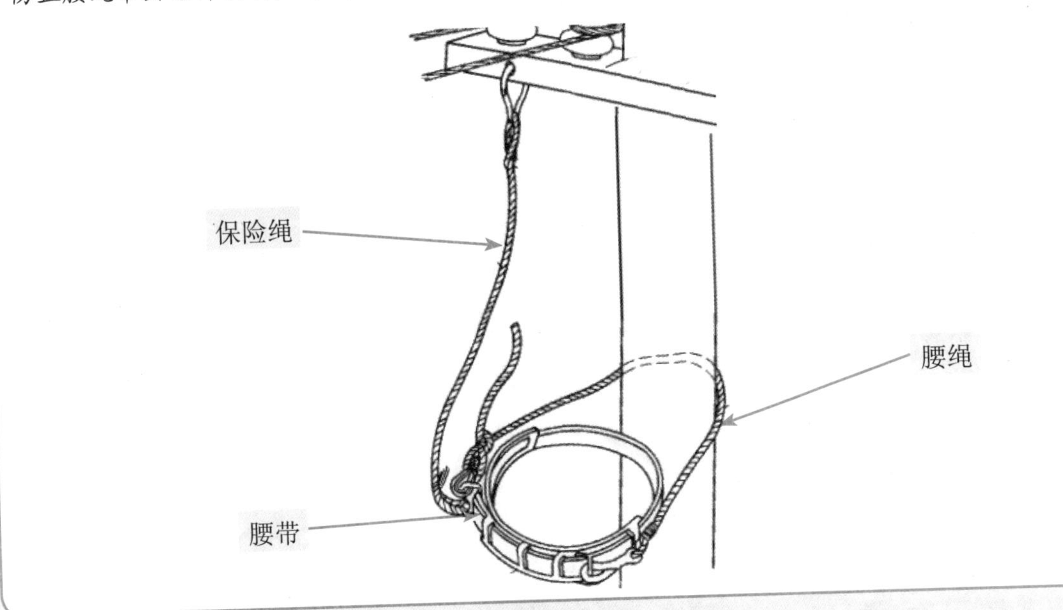

脚扣

脚扣又称铁脚，是电杆的攀登工具，有两种：一种在扣环上制有铁齿，供登木杆用；另一种在扣环上裹有橡胶，供登混凝土杆用。

登木杆用脚扣

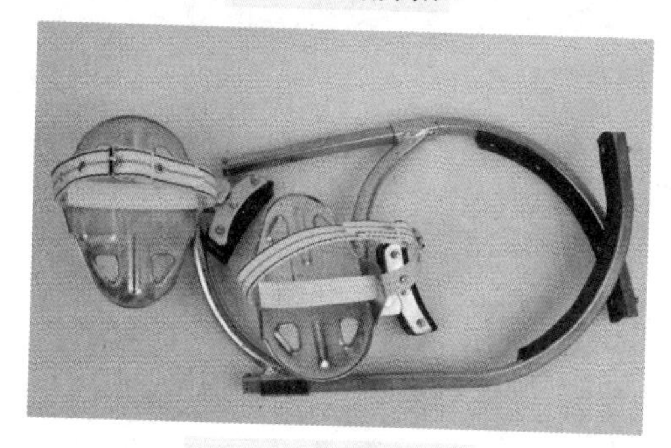

登混凝土杆用脚扣

用脚扣登杆和下杆时，需注意两手和两脚的协调配合，当左脚向上跨扣时，左手应同时向上扶住电杆；当右脚向上跨扣时，右手应同时向上扶住电杆。下杆，则同样使手脚协调配合往下即可。

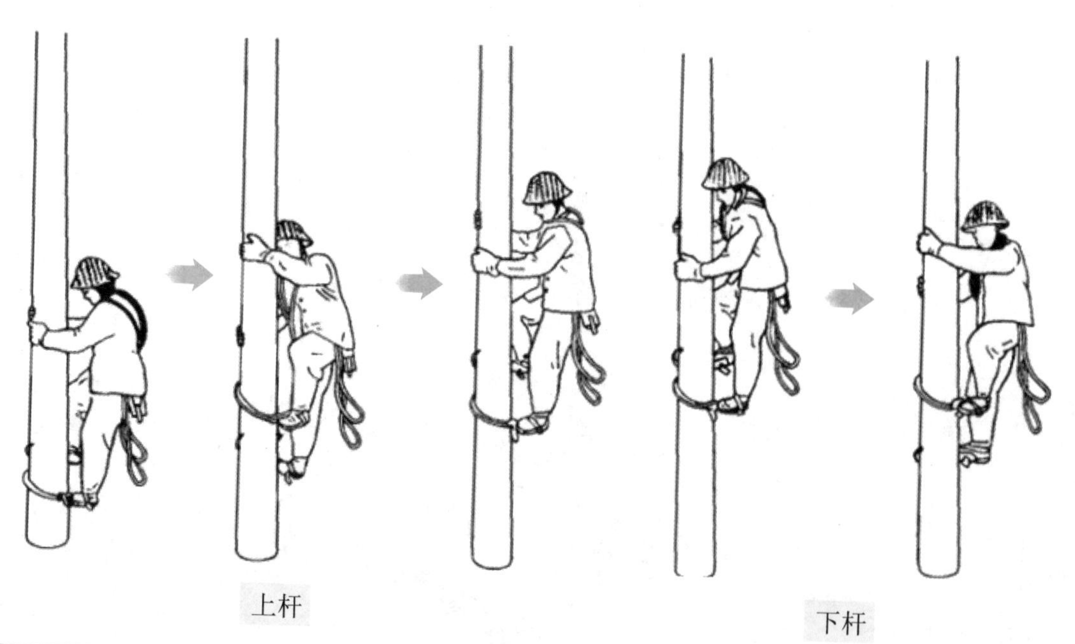

上杆　　下杆

3.2 电动工具

3.2.1 冲击钻

冲击钻具有两种功能：一种可作为普通电钻使用，用时应把调节开关调到标记为“钻”的位置；另一种可用来冲打砌块和砖墙等建筑面的孔洞和导线穿墙孔，这时应把调节开关调到标记为“锤”的位置。

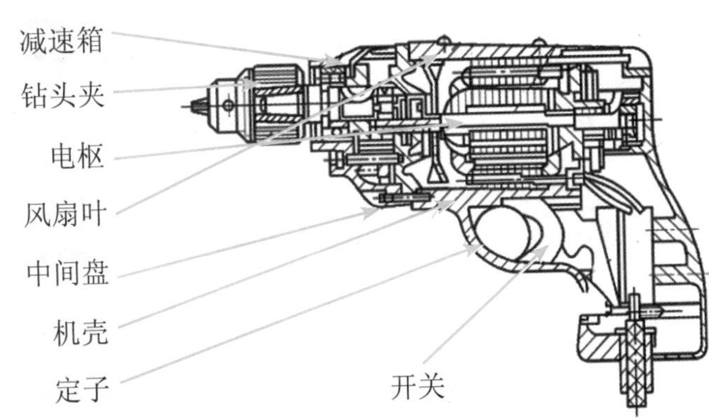

安装螺钉

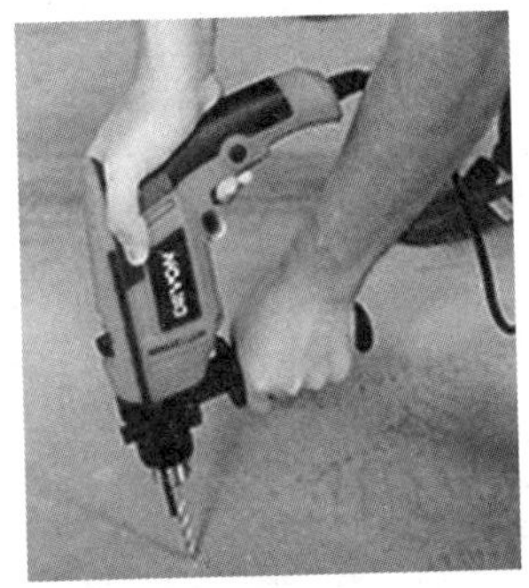

锤击打孔

冲击打钻

1	为了保证冲击钻正常工作，应保持换向器的清洁。当电刷的有效长度小于3mm时，应及时更换
2	使用时应保持钻头锋利，待冲击钻正常运转后，才能钻或冲。遇到转速变慢或突然刹住时，应立即减小用力，并及时退出或切断电源，防止过载
3	冲击钻内所有滚珠轴承和减速齿轮的润滑脂要经常保持清洁，并注意添加或更换
4	冲击钻的塑料外壳要妥善保护，不能碰裂，勿与汽油及其他腐蚀溶剂接触。不适宜在含有易燃、易爆或腐蚀性气体及潮湿等特殊环境中使用

3.2.2 焊接工具

电烙铁

电烙铁是用于锡焊的专用工具，有内加热和外加热两种。它的电功率通常为 10 ~ 300W。25W 电烙铁通常用于焊接电路板上的元器件，50W 电烙铁用于焊接供电线路上较大的焊点。如果有条件的话，在焊接电路板上的元器件时也可使用变压器式电烙铁。

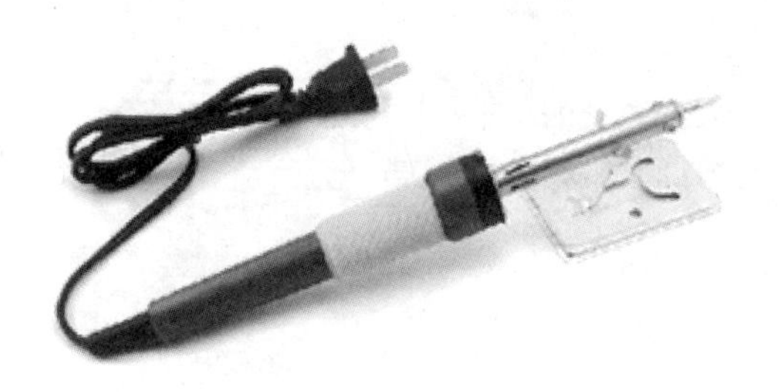

普通电烙铁

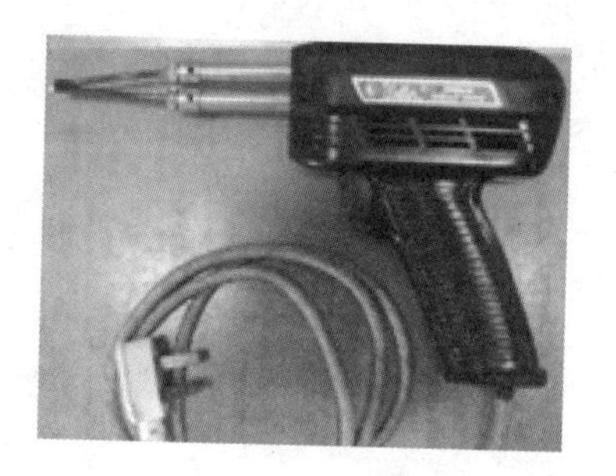

变压器式电烙铁

吸锡器

吸锡器是专门用来吸取电路板上焊锡的工具。当需要拆卸集成电路、开关变压器、开关管等元器件时，由于它们引脚较多或焊锡较多，在用电烙铁将所要拆卸元器件引脚上的焊锡熔化后，需要再用吸锡器将焊锡吸掉。

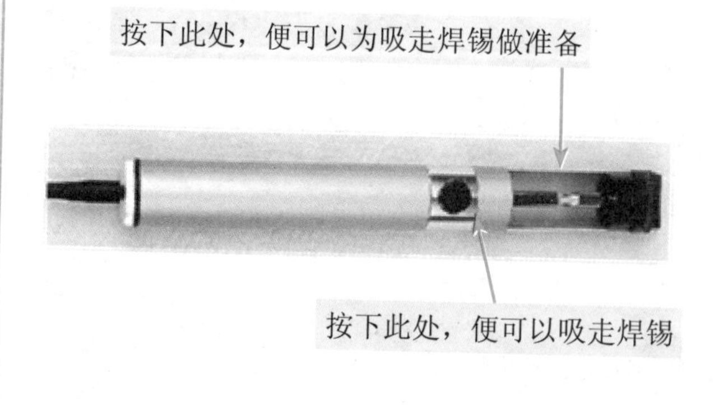

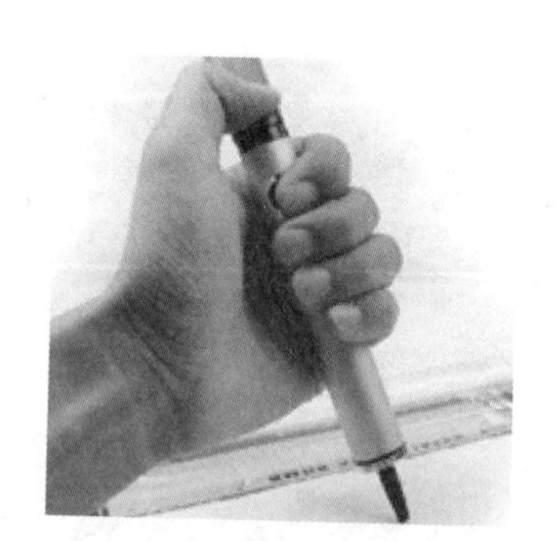

吸锡器握法

>> 提示

使用电烙铁时，电烙铁的温度太低熔化不了焊锡，或者使焊锡未完全熔化而形成不好看、不可靠的焊点；温度太高又会使电烙铁“烧死”（尽管温度很高，却不能蘸上锡）。另外，也要控制好焊接的时间，电烙铁停留的时间太短，焊锡不易完全熔化、接触好，形成“虚焊”；而焊接时间太长又容易损坏元器件或使印制电路板的铜箔翘起。

拆卸与焊接的操作步骤

拆卸电阻

1	将电路板背面朝上放置或竖直放置
2	将电烙铁接通电源，左手用镊子或尖嘴钳夹住被拆电阻的一只引脚
3	右手拿着电烙铁，待电烙铁头温度升到一定值时，蘸少量松香，用电烙铁头接触该引脚的焊点
4	待该焊点受热熔化后（时间不能太长），将电阻的相应引脚从电路板引脚孔中拔出
5	用电烙铁头接触该电阻另一只引脚的焊点，使其受热熔化后将电阻从电路板上拆下

安装电阻

1	安装电阻之前，观察该电阻引脚是否过长，若过长应用钳子剪掉多余部分
2	若电阻引脚氧化物过多，应用刀片刮除，然后用烧热的电烙铁头蘸适量的松香覆盖在引脚表面，将电烙铁头蘸锡后，在松香的助焊作用下，沿引脚拖动，即可在引脚上镀上薄薄的一层焊锡，完成挂锡
3	依照前述方法使另一只引脚也挂好锡，将挂好锡的电阻引脚穿入电路板
4	左手拿焊锡丝，右手拿已烧热并蘸有适量松香的电烙铁，进入备焊状态；用电烙铁头接触电阻引脚与焊盘的结合处，加热整个焊件全体，时间为 1 ~ 2s；焊件的焊接面被加热到一定温度时，将焊锡丝从电烙铁对面接触焊件（注意：不要把焊锡丝送到电烙铁头上）；当焊锡丝熔化一定量后，立即向左上 45° 方向移开焊锡丝；焊锡浸润焊盘和引脚的施焊部位以后，向右上 45° 方向移开电烙铁，结束焊接。最后 3 个步骤的时间也为 1 ~ 2s。将另一只引脚也焊接好，即完成安装电阻操作

拆卸晶体管

1	用螺钉旋具拆下晶体管上的固定螺钉
2	用已烧热并蘸有适量松香的电烙铁头接触被拆管 3 只引脚的焊点，并适当移动，以便 3 个焊点同时均匀加热
3	将 3 只引脚的焊点都熔化后，用手向外拔出晶体管，3 只引脚即从电路板引脚孔中脱离

安装晶体管

1	检查符合电路要求的晶体管引脚是否有污物或氧化物，若有应清理并挂好焊锡
2	在晶体管的背面涂上适量的导热硅脂，以利于散热，将该晶体管引脚插进电路板的相应孔中，并用螺钉固定在散热片上
3	将电路板背面朝上放置，依照前述焊接方法将晶体管的一只引脚焊接在电路板上
4	将另外两只引脚也焊接在电路板上，即安装完毕

3.3 测量仪表

3.3.1 测量仪表的分类

测量是人们借助于专门设备，通过实验的方法，对客观事物取得数量观念的认识过程。

常用电工测量仪表的测量对象有电流、电压、电功率、电能、相位、频率、功率因数、电阻、电容及电感等。为了便于识别，可按测量方法、测量原理、结构及用途等对测量仪表进行分类。

指示仪表 → 指示仪表是将被测量转换为仪表可动部分的机械偏转角，通过刻度或指示器直接读出被测量值。因此，指示仪表又称直读式仪表或机械式仪表。

比较仪表 → 比较仪表是将被测量与同类标准量进行比较量度的仪表。例如，电桥、电位差计等就属于此类仪表。

数字仪表 → 数字仪表是以数码形式直接显示被测量的仪表。数字仪表采用数字测量技术，通过A/D（模拟量/数字量）转换，既可以测量随时间连续变化的模拟量，也可以测量随时间断续变化或跃变的数字量，还可以编码形式用计算机进行数据处理，从而达到智能化控制的目的。

3.3.2 测量误差的产生原因、处理办法及表征

被测量的物理量必然存在一个真实的数值，这个数值称为真值。由于人们对客观规律认识的局限性、测量工具的不准确性、测量手段的不完善性，以及测量过程中可能出现的疏忽和失误，使得测量值与真值间会有一定的差距，这个差距就是测量误差。

测量误差的产生原因

根据测量误差产生原因的不同，测量误差可分为以下几种。

偶然误差

偶然误差也称随机误差，是由于某些偶然因素造成的，如电磁场微变、热起伏、空气扰动、大地微震、测量人员感觉器官的生理变化等。因这些互不相关的独立因素产生的原因和规律无法掌握，所以即使在完全相同的条件下进行多次测量，其测量结果也不可能完全相同。否则，只能说明测量仪表的灵敏度不够，而不能说明偶然误差不存在。

疏失误差

疏失误差是由于测量人员的粗心大意所造成的。由此产生的测量结果应视作无效测量结果而舍去。

系统误差

系统误差是指在相同条件下多次测量同一物理量时，误差的大小和符号均保持不变，而在条件改变时，按某一确定规律变化的误差。这种误差是由于测量工具误差、环境影响、测量方法不完善或测量人员生理上的特点等造成的。根据误差产生原因的不同，系统误差又可分为以下几种。

工具误差（基本误差） ➡ 由于测量工具本身误差所致，如测量仪表的误差等。

附加误差 ➡ 由于测量时的条件与标准条件不同所致，如在20℃时校准的仪表在高于或低于20℃的温度下测量，或者仪表应在“平放”位置下测量，结果仪表是在“站立”位置下测量等。

方法误差 ➡ 由于间接测量时所用公式是近似的或测量方法不完善所致，如没有考虑电压表的内阻对测量结果的影响等。

人为误差 ➡ 由于测量人员的习惯或生理缺陷所致。

测量误差的处理办法

测量结果的数据处理

测量获得大量数据后，如何处理这些数据以减小误差并得出最佳的数据结论，这是测量工作中最后的也是最重要的一项任务。数据处理包括数据整理、计算和分析等工作，有时还要把数据制成表格或图形，最后归纳出经验公式。

由于测量过程中不可避免地存在误差，因此只能取近似值，所以结果也总是近似的。

有效数字的正确表示

有效数字是那些能够正确反映测量准确度的数字，是指从一个数据左起第一个非零数字开始，直到最右边的一个数字（包括“0”在内）。有效数字的最末一位是近似数字，它可以是测量中估计读出的近似数字，也可以是按规定修正后的近似数字。

有效数字的位数是根据所使用的测量仪表的准确度来确定的。例如，已知某仪表测量误差为±0.005V，电压测量值为3.851V，则应取3.85V，即取3位有效数字。

数字“0”在数据中可能是有效数字，也可能不是有效数字。例如，对于0.03080MHz，“3”前面的两个“0”不是有效数字，中间及末尾的“0”都是有效数字。若换成另一单位，变换为30.80kHz，则前面的“0”就不起作用了。

测量数据的舍入规则

由于测量数据是近似值，在计算中为了保留规定的位数，需要对多余的位数进行舍入处理。常用的“四舍五入”规则是不合理的，因为5是1～9的中间数字，也应该有舍有入才能平衡。所以在测量技术中规定：

4舍 6入 5待定，5后非 0则可进，
5后为0前位定， 偶则舍去奇则进。

例如，将下列数字保留3位。

13.844→13.8（因为4<5）

13.864→13.9（因为6>5）

13.851→13.9（因为5后非0）

13.850→13.8（因为8是偶数，5舍）

13.750→13.8（因为7是奇数，5入）

这样的舍入规则虽然麻烦，但对于高精度测量数据的处理是必要的。当舍入次数足够多时，末位数字为奇或偶的概率相同，故入和舍的概率也相同，从而可使舍入误差基本抵消。

测量误差的减小方法

测量误差是多种误差因素共同作用的结果。随机误差可在大量测量后取平均值消除，关键是要消除或减小系统误差。对于系统误差的来源必须认真分析，采取相应措施，以减小误差对测量结果的影响。下面介绍几种系统误差的减小方法。

仪表误差的减小方法

仪表误差即仪表的基本误差，这是由于测量仪表及其附件本身不完善而引起的误差。例如，电桥中的标准电阻、示波器的探头等都含有误差。仪表零位偏移、标度不准及非线性等引起的误差均属于仪表误差。可通过在测量结果上加修正值(包括利用修正公式或修正曲线)进行修正。

使用误差的减小方法

使用误差又称操作误差或安装误差，这是由于在使用仪表的过程中未严格遵守操作规程而引起的误差。例如，将按规定应水平放置的仪表垂直安放、仪表接地不良、测试引线太长、未考虑阻抗匹配，以及仪表操作方法不当等，都会产生使用误差。为了减小使用误差，必须严格遵守仪表安装工艺和操作规程。

影响误差的减小方法

影响误差是由于各种环境因素与要求条件不一致所造成的误差。例如，温度、湿度、电源电压、电磁场影响等所引起的误差均属于影响误差。为了减小影响误差，应注意仪表设备使用的环境条件。要求严格时，测量应在恒温、恒湿和电磁屏蔽的专门实验室中进行。一般情况下可对测量设备进行环境测试，确定多种外界因素的影响程度，从而对测量结果进行适当的修正。

方法误差的减小方法

由于间接测量时所用公式是近似的或测量方法不完善所造成的误差称为方法误差或理论误差。对方法误差，可通过理论分析来进行修正，或者采用更科学的测量方法来消除或减小。

测量误差的表征

正确度 ➡ 指测量值与真值接近的程度，反映系统误差的影响。

精密度 ➡ 指测量值相互之间接近的程度，反映随机误差的影响。

精确度 ➡ 或称准确度，有时也简称精度，反映系统误差与随机误差综合影响的程度。精确度高，表明测量结果既精密又正确。

3.3.3 测量仪表的选择

电工测量仪表的选择，应满足下列要求。

关于仪表精度

电气测量仪表的准确度等级一般不得低于 2.5 级。但对于发电机控制盘上的仪表及直流系统仪表，准确度等级应不低于 1.5 级。在缺少 1.5 级仪表时，可用 2.5 级仪表加以调整，使其在正常工作条件下，误差不超过 1.5 级的标准。计量仪表的准确度等级应不低于 0.2 级。

关于辅助仪器精度

与仪表连接的分流器、附加电阻、电流互感器、电压互感器的准确度等级应不低于 0.5 级；与计量仪表配用的电流互感器、电压互感器的准确度等级应不低于 0.2 级；而仅作电流或电压测量时，1.5 级和 2.5 级的仪表允许使用 1.0 级的互感器；非重要回路的 2.5 级电流表允许使用 3.0 级的电流互感器。

变配电所仪表选用

对于有互供设备的变配电所，应装设符合互供条件要求的电测仪表。例如，当功率有送、受关系时，就需要安装两组电能表和有双向刻度尺的功率表；对于有可能出现两个方向电流的直流电路，也应装设有双向刻度尺的直流电流表。

直流电路直流电流表选用

对于 500V 及以下的直流电路，允许使用直接接入的带分流器的电流表。

3.3.4 万用表

万用表是电工最常用的测量工具，它可以用来测量直流电流、直流电压、交流电压及电阻等。万用表分为指针式万用表和数字式万用表两种。下面主要针对指针式万用表进行介绍。

指针式万用表的结构

指针式万用表型号很多，外观各式各样，但基本结构是大致相同的，都由指示部分（表头）、测量部分和测量选择开关 3 个部分构成。

1 用“Ω”标示，测量电阻的电阻值时应查看这条刻度尺

2 用“ACV”和“mA”标示，测量交、直流电压和直流电流时应查看这条刻度尺

3 用“C(μF)”标示，测量电容器的电容时应查看这条刻度尺

4 用“LV(V)”标示，测量负载电压时应查看这条刻度尺

5 用“L(H)50Hz”标示，测量电感器的电感时应查看这条刻度尺

6 用“dB”标示，测量音频信号电平时应查看这条刻度尺

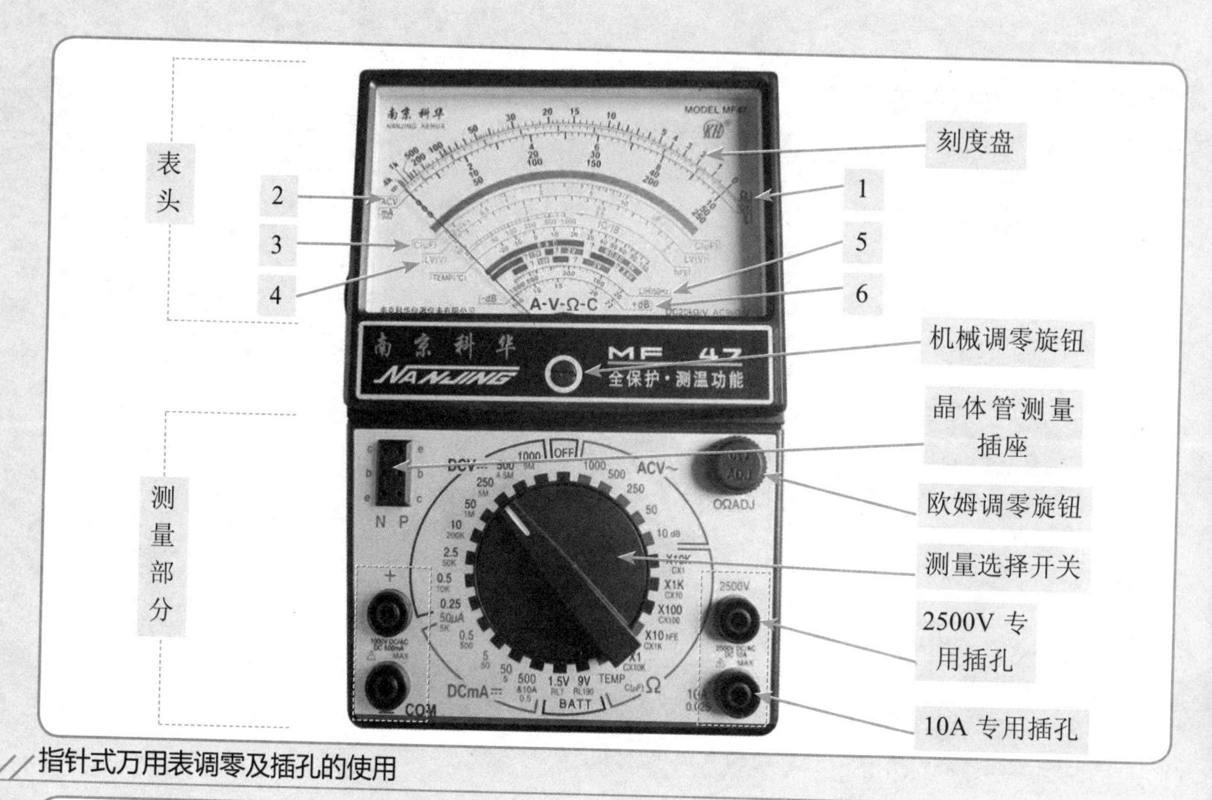

指针式万用表调零及插孔的使用

使用前应检查指针是否指在机械零位上，若不指在零位上，应旋转机械调零旋钮使指针指在零位上。不使用时应把测量选择开关旋转到 OFF 挡或交流电压最大挡位置。

使用前将黑表笔插入 COM“–”插孔，将红表笔插入“+”插孔。若测量的交、直流电压大于 1000V，则应将红表笔插入标有“2500V”的插孔（2500V 专用插孔）。若测量的直流电流大于 500mA，则应将红表笔插入标有“10A”的插孔（10A 专用插孔）。

测量电阻之前应先将红、黑表笔短接，调节欧姆调零旋钮，使指针指向 0Ω。改变不同倍率的欧姆挡后必须重复这项操作。

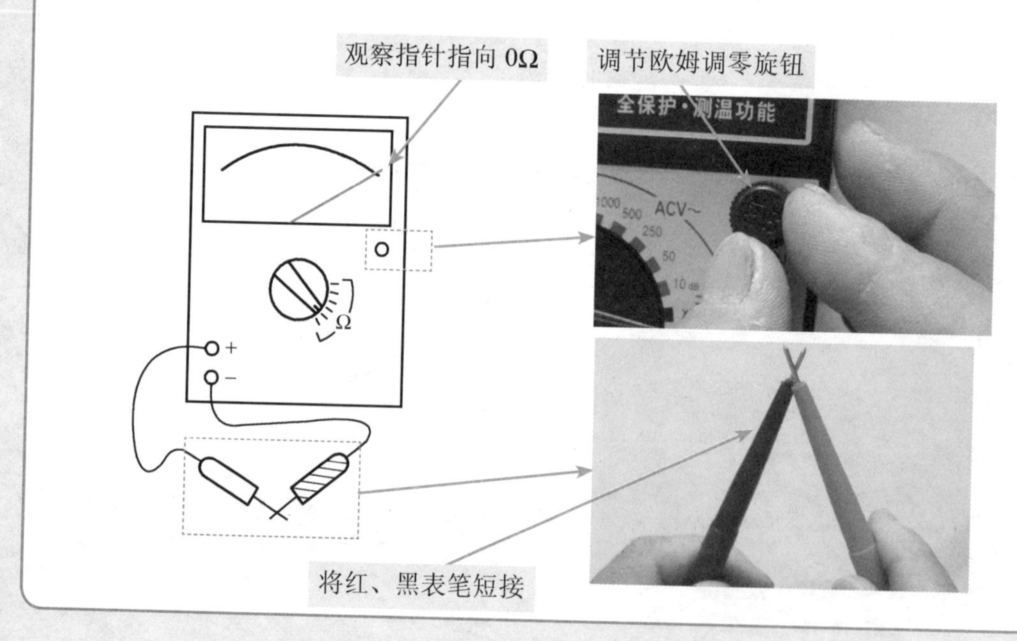

测量非在路电阻

使用万用表的欧姆挡测量电阻时，若知道电阻的大致数值，则应选择适当倍率的欧姆挡使指针落在刻度尺的中间区域（一般应使指针指在刻度尺的 1/3 ~ 2/3 处）；若不能估计未知电阻的大小，则先用中等倍率的某个欧姆挡试测，然后根据读数的大小选择合适的挡位再测。

测量非在路电阻时，将万用表的两支表笔（不分正、负极）分别接被测电阻的两端，指针即指示被测电阻的电阻值。

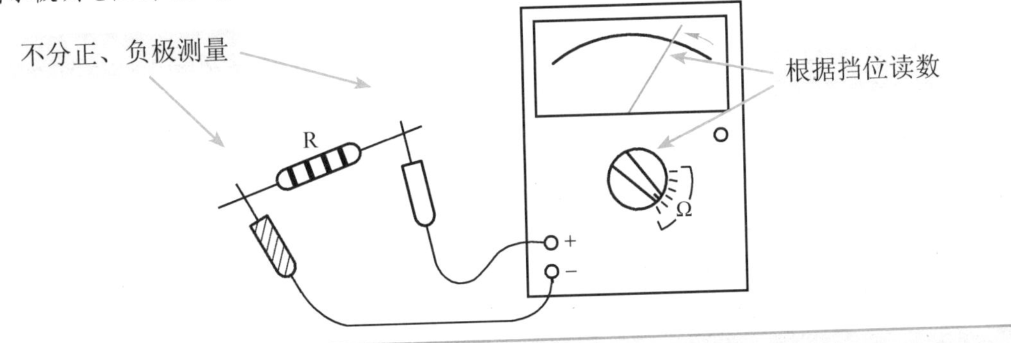

测量在路电阻

测量电路板上的在路电阻时，应如下图所示将被测电阻的一端从电路板上焊开，然后再进行测量，否则由于电路和其他元器件的影响，测得的电阻值误差将很大。应该注意的是，测量电路中的电阻时，应先切断电路电源，若电路中有电容则应先行放电，以免损坏万用表。

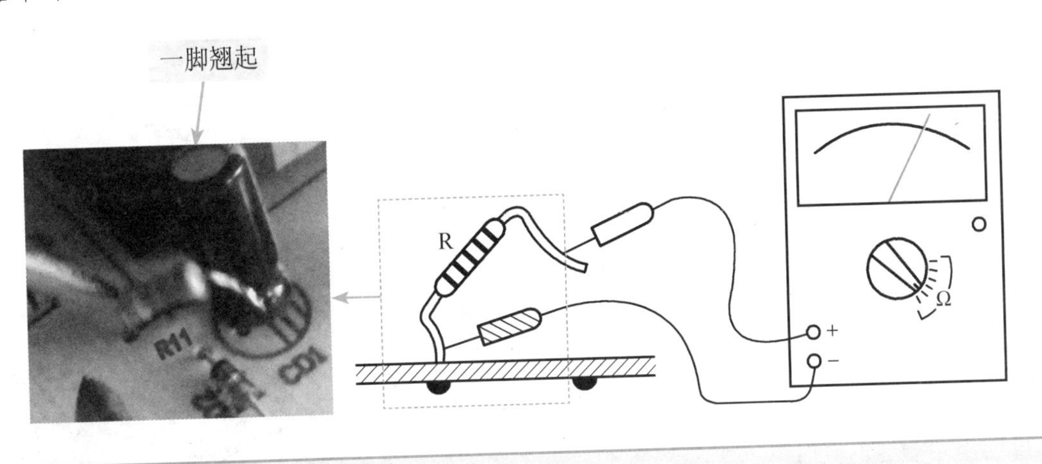

测量直流电压

测量 1000V 及以下的直流电压

若不知被测直流电压的大小，则应将万用表的测量选择开关置于较大的直流电压挡位处。然后将万用表并接于被测电压两端，红表笔必须要放在高电位处，否则会使万用表指针反向偏转导致损坏。如果量程选大了，可逐级减小，使万用表指针偏转到满刻度的 2/3 左右。

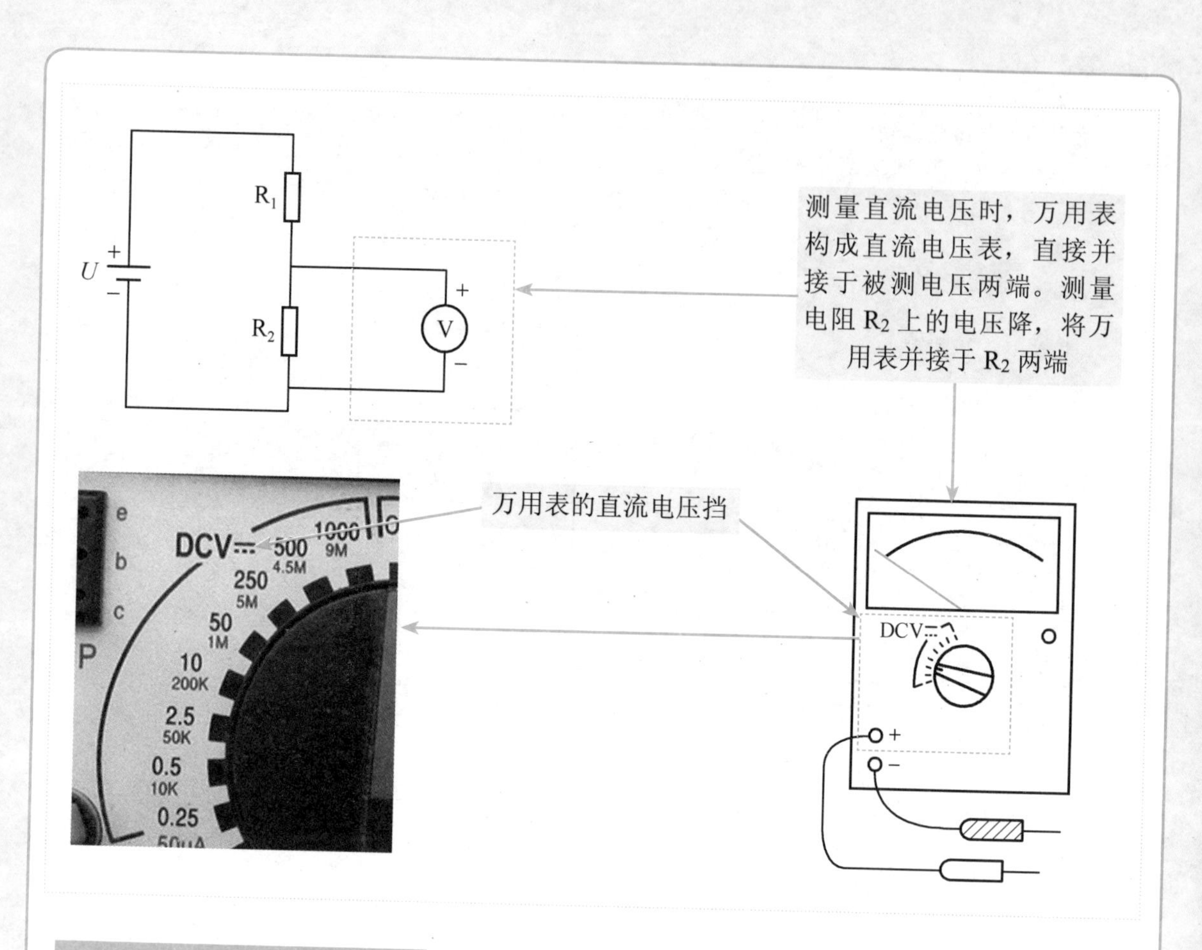

测量 1000 ～ 2500V 的直流电压

若测量 1000 ～ 2500V 的直流电压，则应将万用表的测量选择开关置于直流电压 1000V 挡，并将红表笔改插入 2500V 专用插孔。

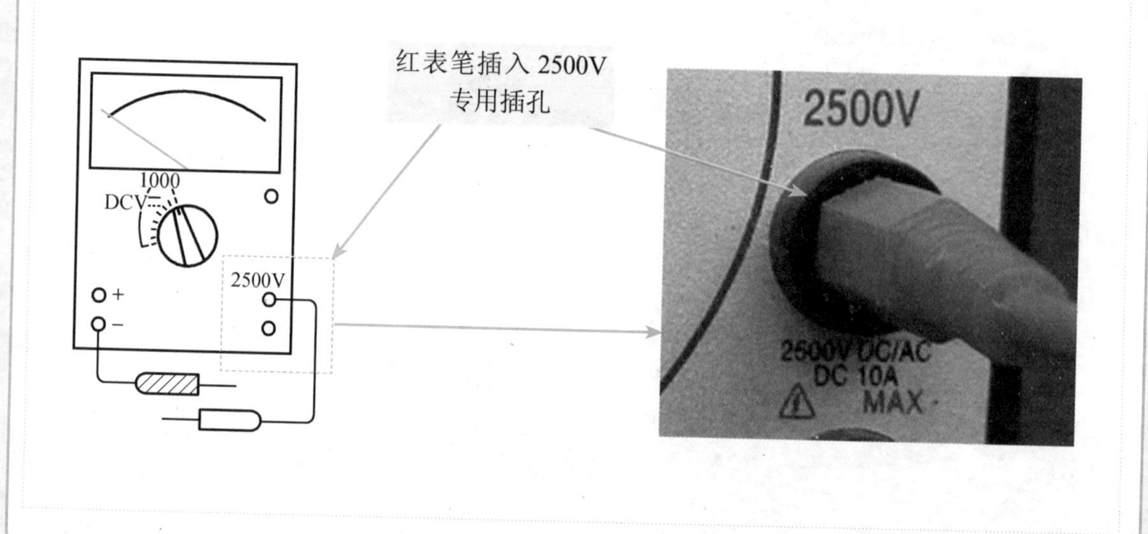

测量 2500V 以上的直流电压

若配以高压探头，则用万用表可测量电视机内 25kV 及以下的高压。测量时，应将万用表的测量选择开关置于 50μA 挡，将高压探头的红、黑插头分别插入“+”“–”插孔，将接地夹与电视机金属底板连接，而后握住探头进行测量。测量时一定要注意安全。

测量交流电压

测量交流电压与测量直流电压相似，不同之处是两支表笔可以不分正、负极。

测量 1000V 及以下的交流电压

若测量 1000V 及以下的交流电压，则应将万用表的测量选择开关置于所需的交流电压挡。

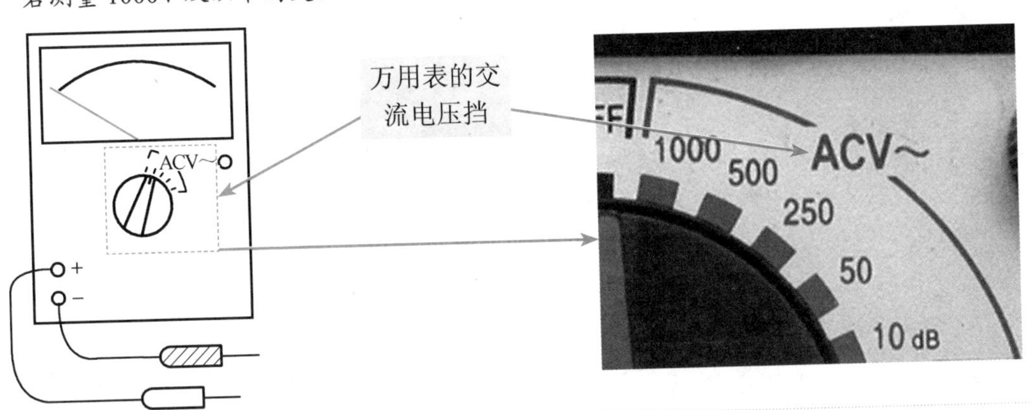

测量 1000 ～ 2500V 的交流电压

若测量 1000 ～ 2500V 的交流电压，则应将万用表的测量选择开关置于交流电压 1000V 挡，并将红表笔改插入 2500V 专用插孔。

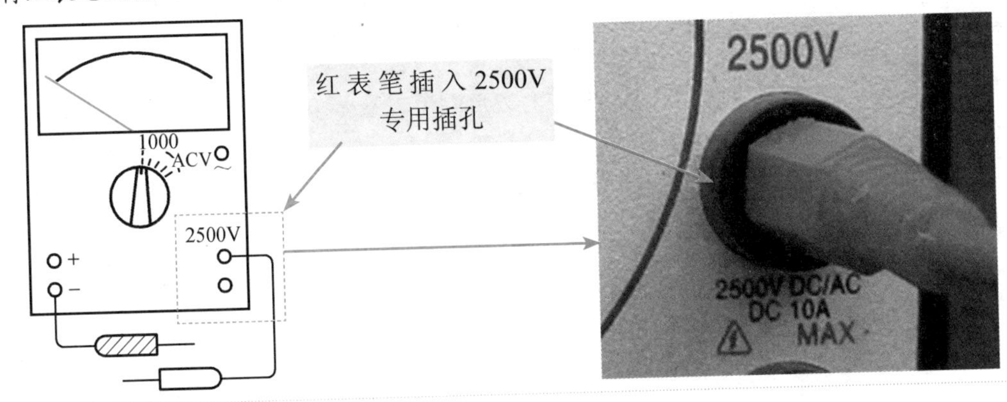

测量电源变压器二次电压

测量电源变压器二次电压示意图如下图所示。万用表的两支表笔不分正、负极分别接电源变压器二次绕组的两个引出端，指针即指示出被测交流电压值。

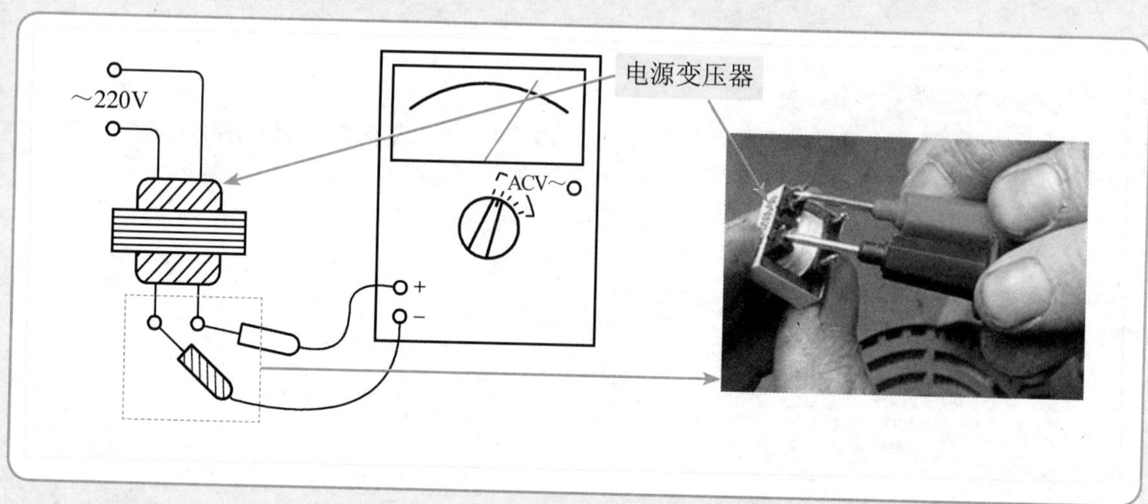

测量直流电流

测量 500mA 及以下的直流电流

若不知被测直流电流的大小，则应将万用表的测量选择开关置于较大的直流电流挡位处。然后将万用表串接于被测电路中，应使电流从红表笔流入万用表。如果此时指针的偏转角度过小，就逐级减小量程，万用表指针偏转到满刻度的 2/3 左右时，读数误差较小。

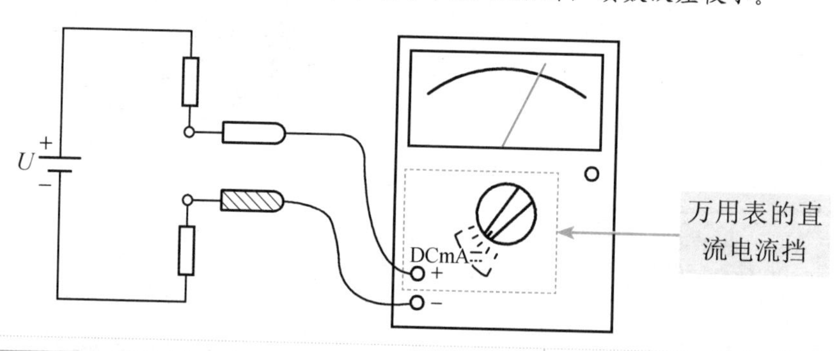

测量 500mA ~ 10A 的直流电流

若测量 500mA ~ 10A 的直流电流，则应将万用表的测量选择开关置于直流电流 500mA 挡，并将红表笔改插入 10A 专用插孔。

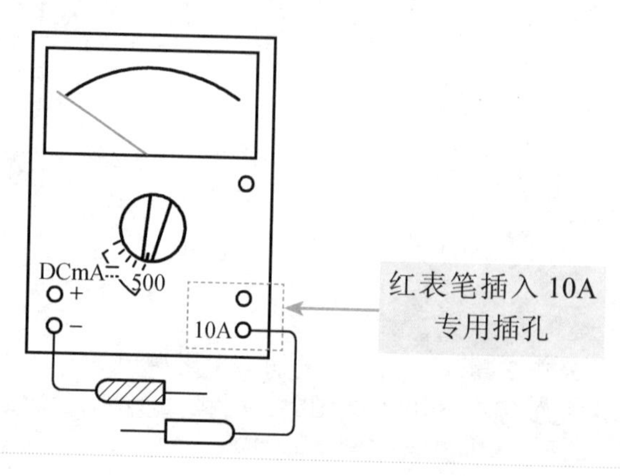

测量二极管的正向电阻和反向电阻

一般将万用表的测量选择开关置于 ×1k 挡，将黑表笔接二极管的正极，将红表笔接二极管的负极，这样测量所得到的电阻值称为正向电阻，如下图所示。一般二极管的正向电阻较小。

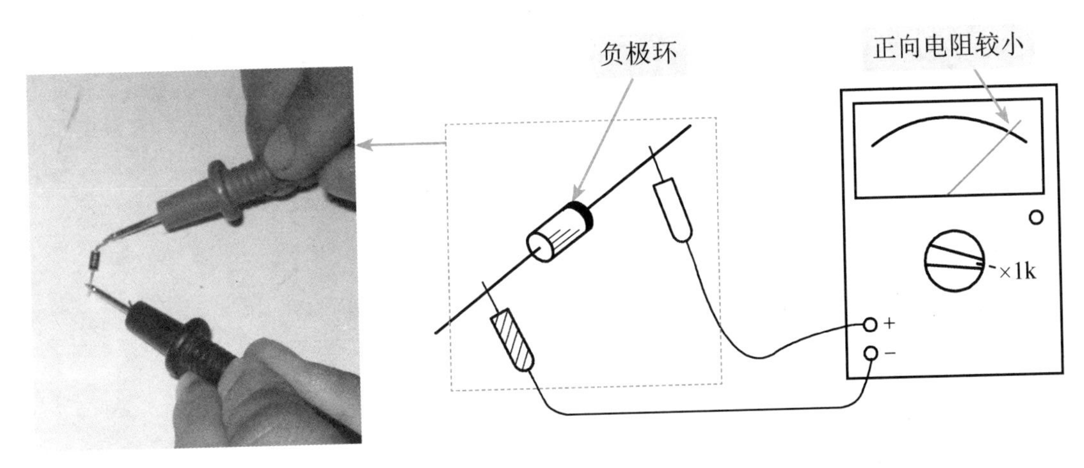

将红、黑表笔调换，将黑表笔接二极管的负极，将红表笔接二极管的正极，这样测量所得的电阻值称为反向电阻。正常二极管的正、反向电阻应该相差很大，且反向电阻接近于无穷大。

检测二极管的好坏

根据二极管的单向导电性，通过测量二极管的正、反向电阻，可方便地检测二极管的好坏。性能良好的二极管是正向电阻较小，反向电阻接近于无穷大。

二极管内部断路

如果正、反向电阻均为无穷大，则说明该二极管内部断路损坏。

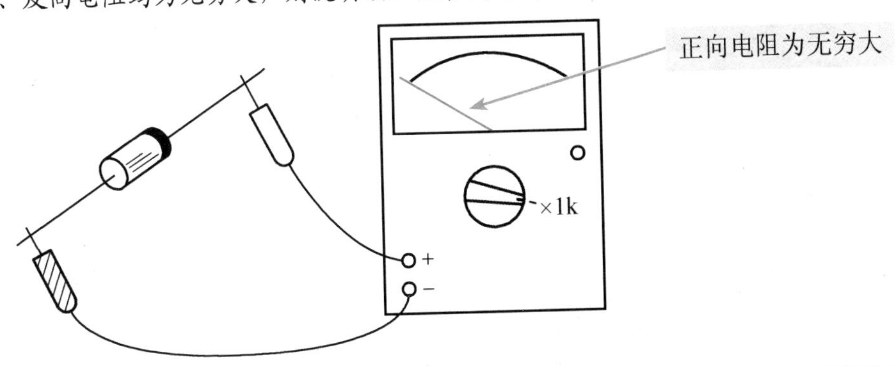

二极管击穿短路

如果正、反向电阻均为 0，则说明该二极管已被击穿短路。

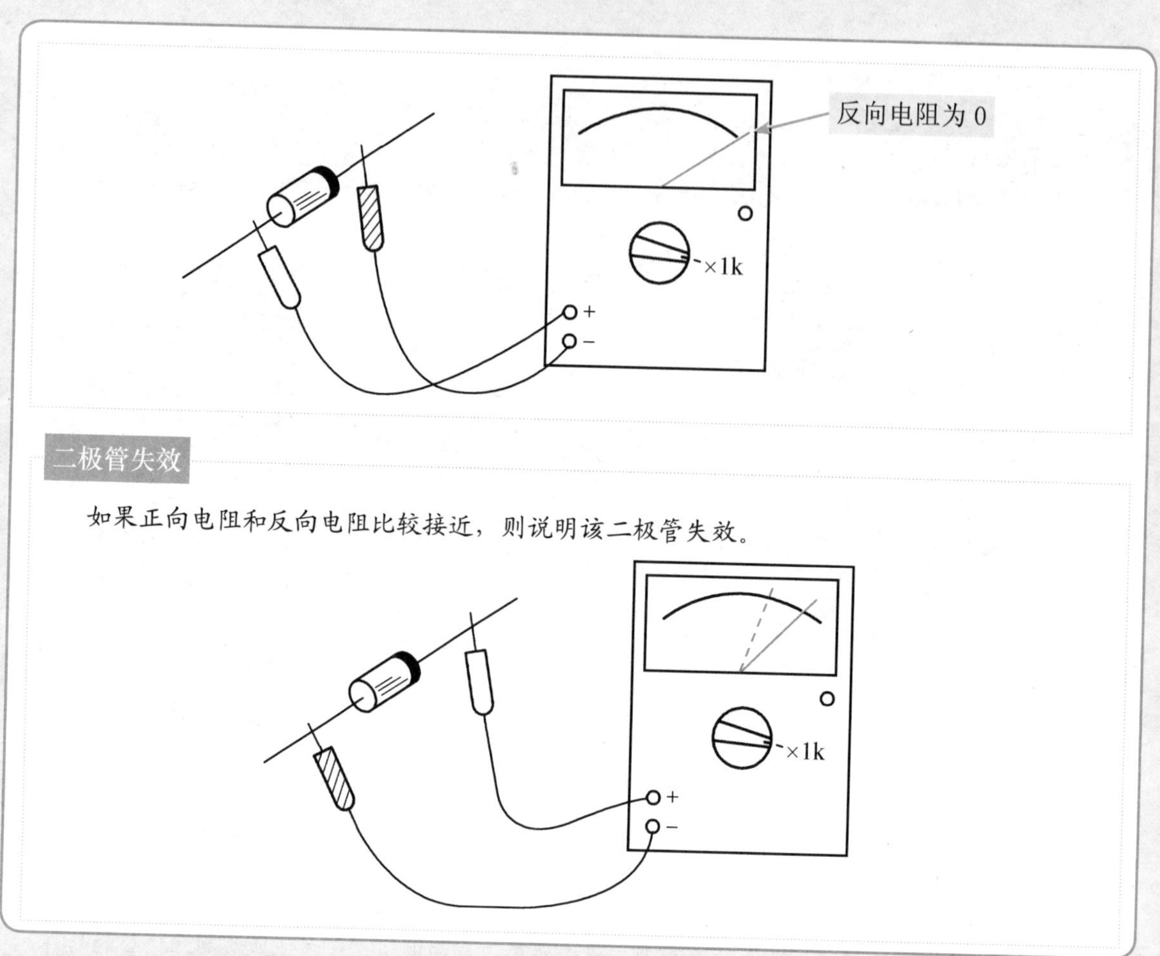

二极管失效

如果正向电阻和反向电阻比较接近，则说明该二极管失效。

区分锗二极管与硅二极管

由于锗二极管和硅二极管的正向管电压降不同，因此可以用测量二极管正向电阻的方法来区分。

将万用表的测量选择开关置于 ×1k 挡，测量二极管的正向电阻，根据指针的偏转角度来判断。

如果指针偏转到靠近 0Ω 的位置，则为锗二极管。

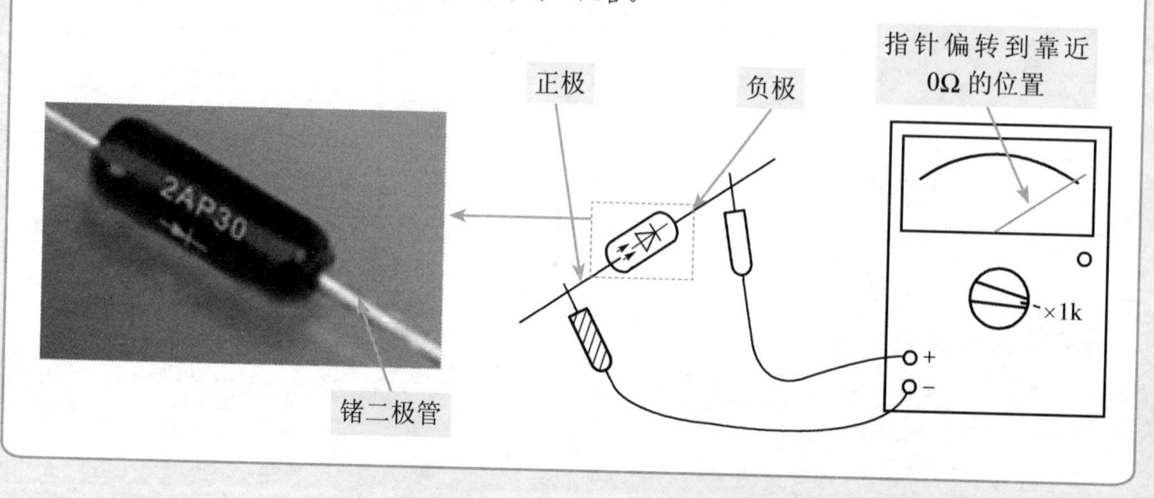

如果指针偏转到中间或中间偏右的位置，则为硅二极管。

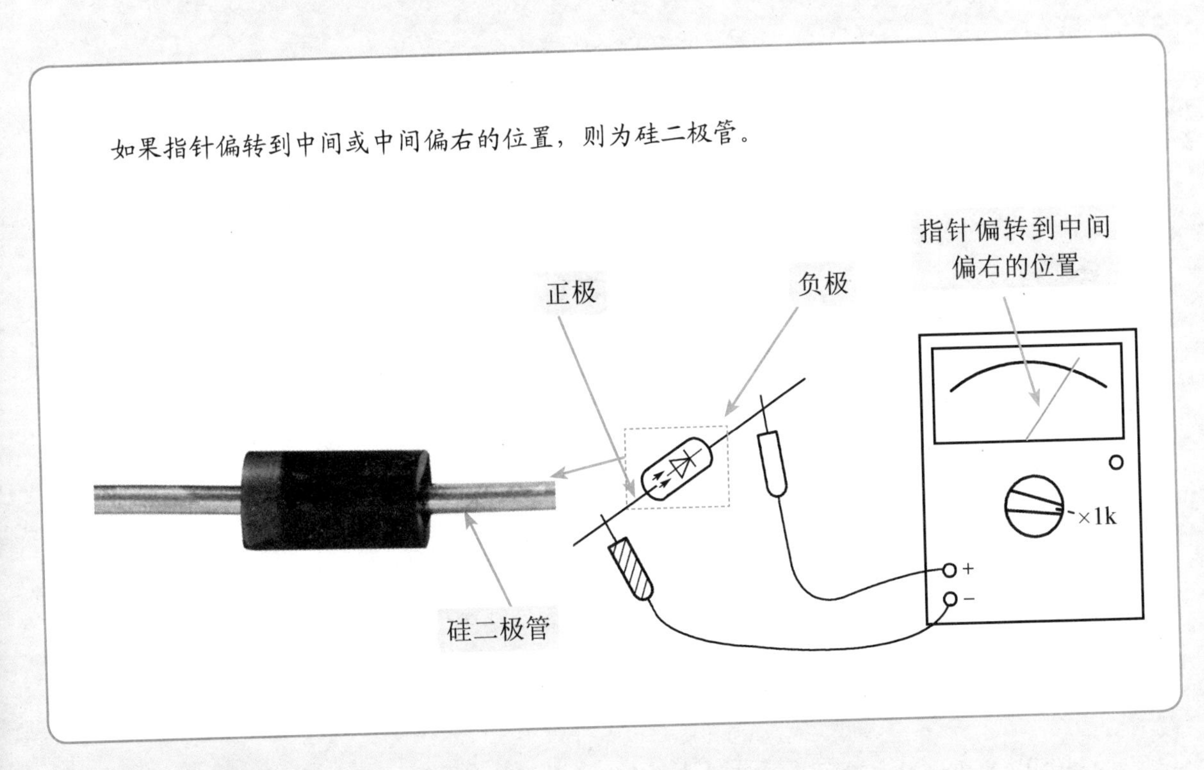

检测高压硅堆的好坏

高压硅堆由多只高压整流二极管（硅粒）串联组成，依旧可以使用万用表检测它的好坏。

检测时，将万用表的测量选择开关置于 ×10k 挡，将黑表笔（即表内电池正极）接高压硅堆的正极，将红表笔（即表内电池负极）接高压硅堆的负极，测量其正向电阻，应为数百千欧（指针略有偏转）。再对调红、黑表笔测量其反向电阻，应为无穷大（指针不动），否则该高压硅堆不能使用。

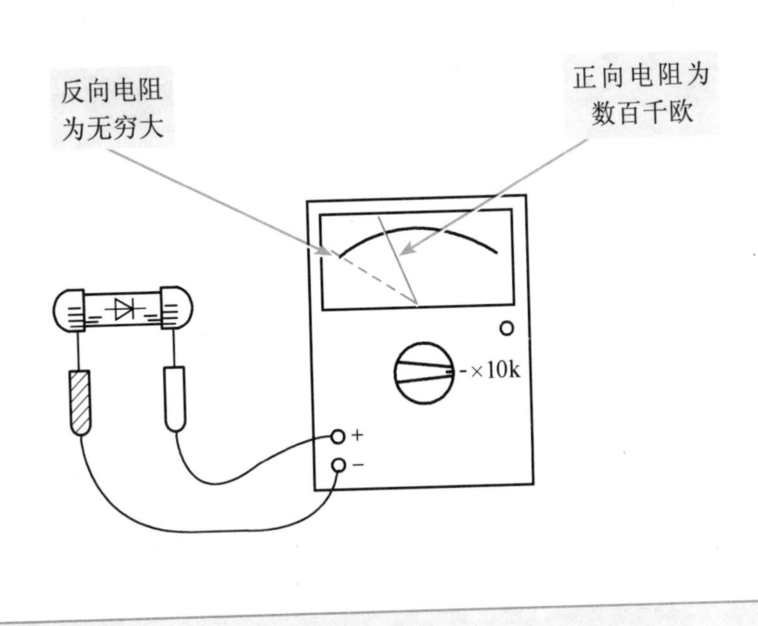

测量稳压值在 15V 以下的稳压二极管

对于稳压值在 15V 以下的稳压二极管，可用 MF47 型指针式万用表直接测量其稳压值。

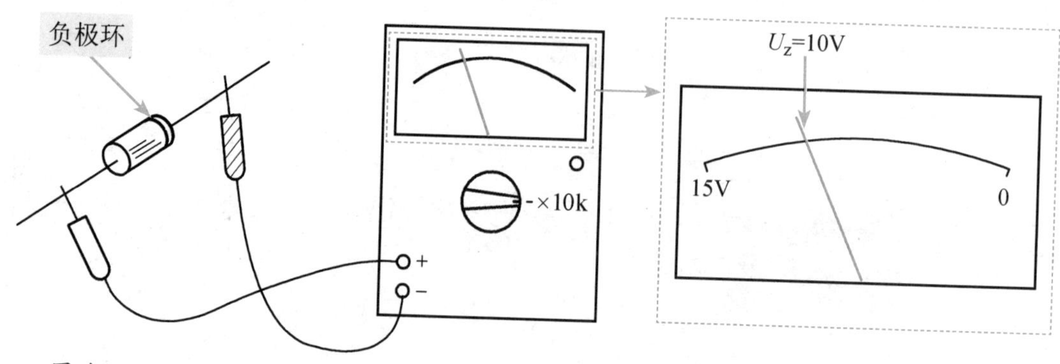

因为 MF47 型指针式万用表内 ×10k 挡所用高压电池为 15V，所以读数时刻度尺最左端为 15V，最右端为 0。例如，测量时指针指在左 1/3 处，则其读数为 10V。可利用万用表原有的 50V 挡刻度尺来读数，并代入以下公式求出。

X 为 50V 挡刻度尺上的读数

$$稳压值=\frac{50-X}{50}\times 15V$$

如果万用表内 ×10k 挡所用高压电池不是 15V，则将上式中的“15V”改为万用表内所用高压电池的电压值即可

测量稳压值超过 15V 的稳压二极管

对于稳压值超过 15V 的稳压二极管，可以如下图所示，用一个输出电压大于稳压值的直流电源，通过限流电阻 R 给稳压二极管加上反向电压，用万用表的直流电压挡即可直接测量出稳压二极管的稳压值。测量时，适当选取限流电阻 R 的阻值，使稳压二极管反向工作电流为 5 ～ 10mA 即可。

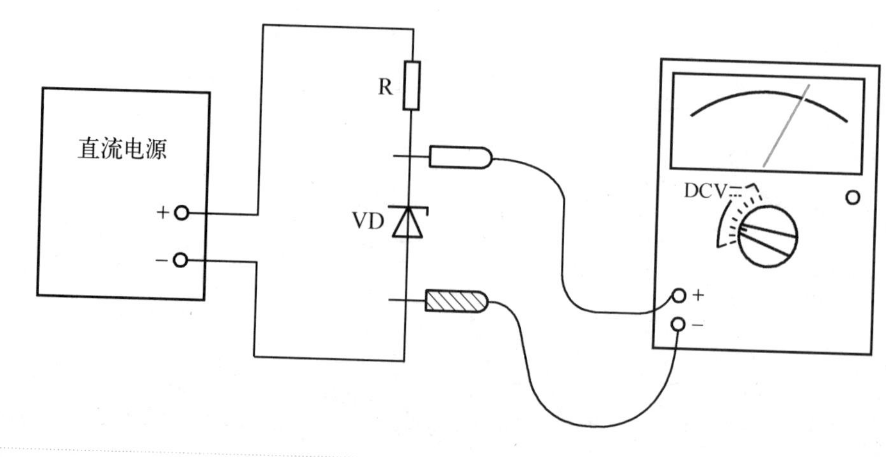

检测晶体管的类型和引脚极性

检测时，将万用表的测量选择开关置于 ×1k 挡。

首先判定基极 b。由于基极 b 到集电极 c、基极 b 到发射极 e 是两个 PN 结，其反向电阻很大，而正向电阻很小。检测时可任意取晶体管的一只引脚假定为基极，将红表笔接"基极"，用黑表笔分别去接触另外两只引脚，如果此时测得的都是小阻值，则红表笔所接的引脚即为基极 b，并且是 PNP 型管。如果用这种方法测得的均为大阻值，则为 NPN 型管。如果测量时两只引脚的阻值差异很大，则可另选一只引脚为假定基极，直至满足条件为止。

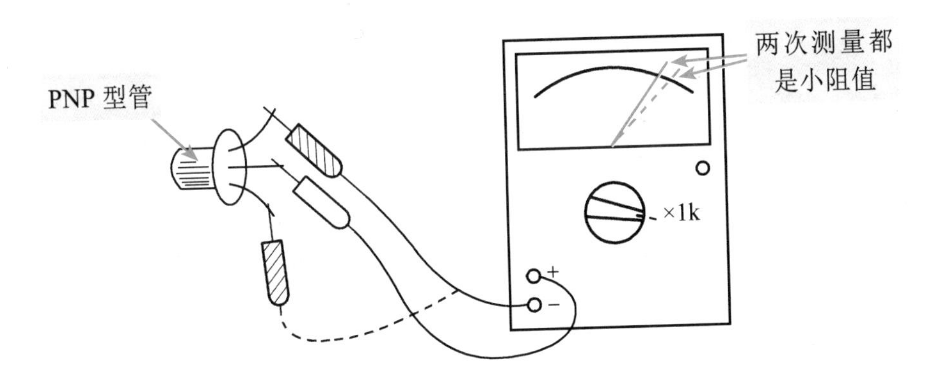

然后判定集电极 c 和发射极 e。对于 PNP 型管，当集电极接负电压，发射极接正电压时，电流放大倍数才比较大，而 NPN 型管则相反。检测时假定红表笔接集电极 c，黑表笔接发射极 e，记下其阻值。而后红、黑表笔交换测量，将测得的阻值与第一次阻值相比，阻值小的红表笔接的是集电极 c，黑表笔接的是发射极 e，而且可判定是 PNP 型管。对于 NPN 型管，选取阻值小的那次，黑表笔接的是集电极 c，红表笔接的是发射极 e。

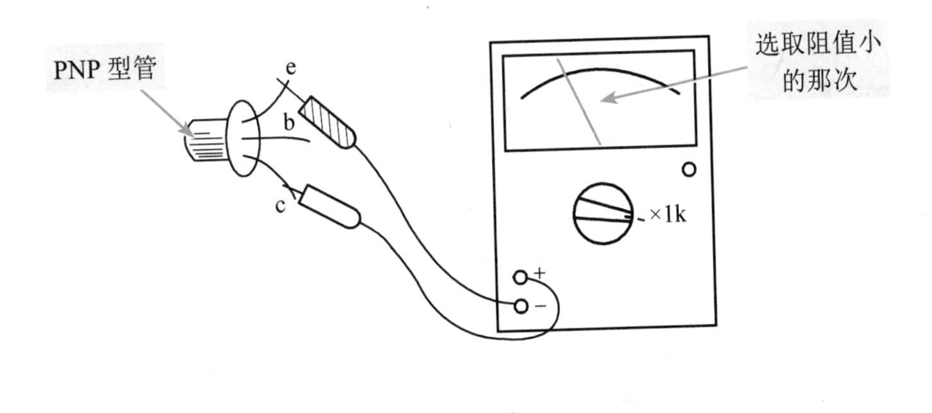

检测晶体管的好坏

将万用表的测量选择开关置于 ×1k 挡，测量晶体管基极与集电极之间、基极与发射极之间的正向电阻和反向电阻，其结果应与下表基本相符，否则说明该管已损坏。

晶体管类型	正向电阻		反向电阻（对调两支表笔后测得）
	万用表表笔接法	阻　值	
NPN 型	黑表笔→基极 红表笔→发射极	1～5kΩ	>200kΩ
	黑表笔→基极 红表笔→集电极	1～5kΩ	>200kΩ
PNP 型	红表笔→基极 黑表笔→发射极	1～5kΩ	>200kΩ
	红表笔→基极 黑表笔→集电极	1～5kΩ	>200kΩ

测量晶体管的放大倍数

晶体管的放大倍数可用万用表进行测量。

判断晶体管放大倍数的大小

以 NPN 型管为例，将万用表的测量选择开关置于 ×1k 挡，将红表笔接晶体管的发射极，用左手拇指与中指将黑表笔与集电极捏在一起，同时用左手食指触摸基极。这时指针应向右摆动。指针摆动幅度越大，说明被测晶体管的电流放大倍数 β 值越大。

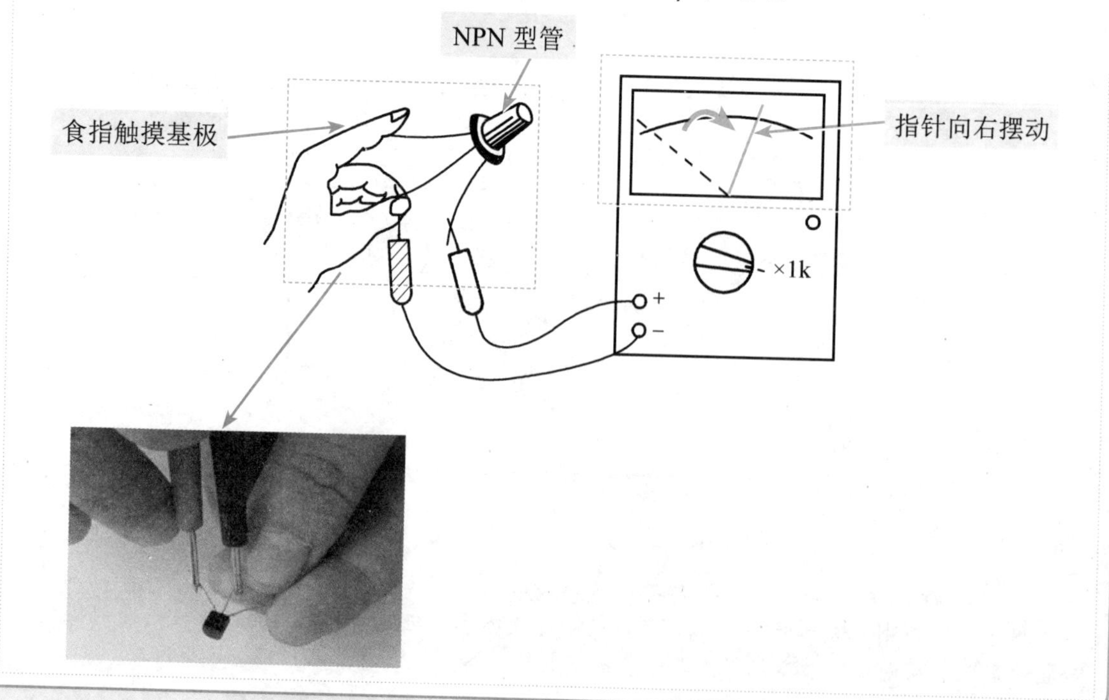

用 $\times 10h_{FE}$ 挡测量晶体管的放大倍数

首先将万用表的测量选择开关置于 $\times 10h_{FE}$ 挡，将红、黑表笔短接，调节欧姆调零旋钮，使指针指向 0Ω。

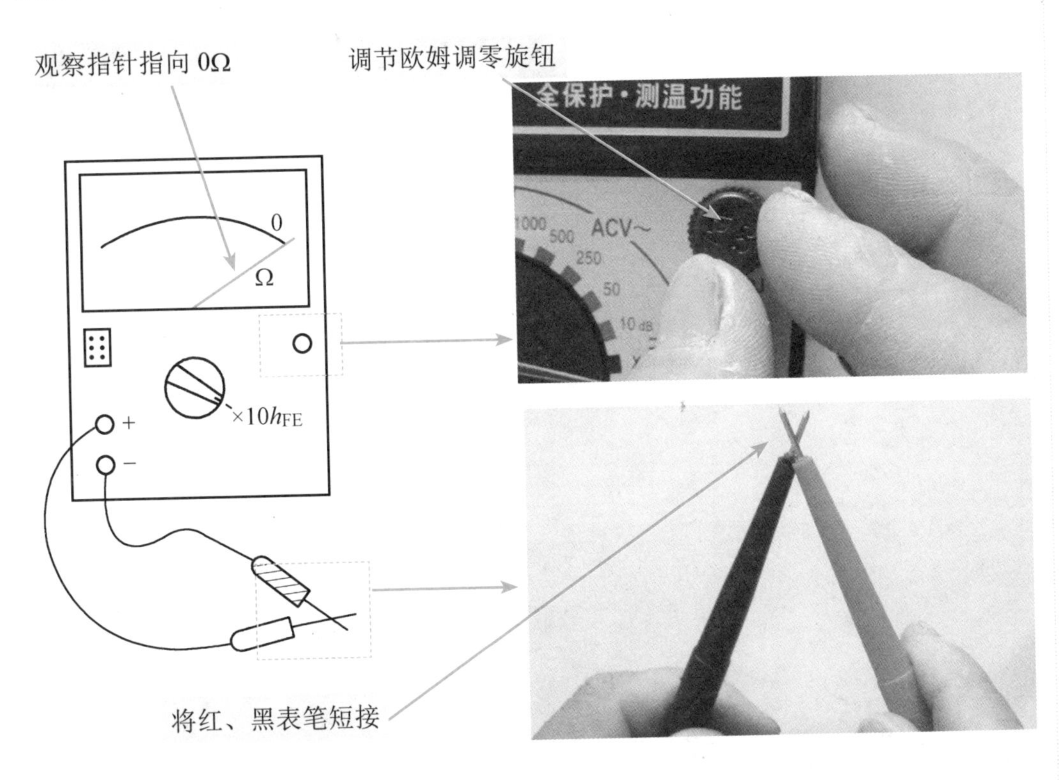

然后分开两支表笔，将晶体管的 3 只引脚分别插入晶体管测量插座的相应插孔，万用表指针即指示出该被测晶体管的电流放大倍数 β 值。测量时需注意 NPN 型管和 PNP 型管应插入各自相应的插孔。

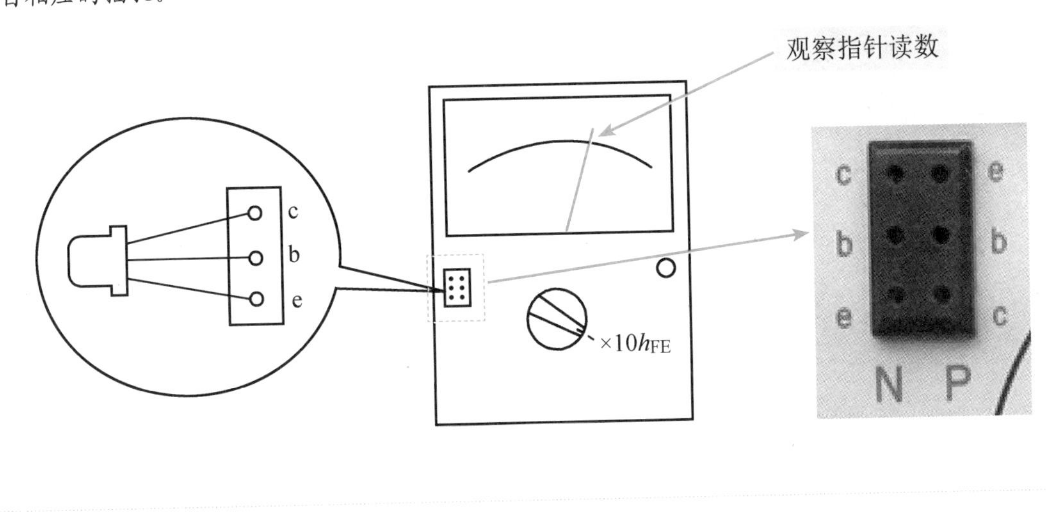

区分锗晶体管与硅晶体管

由于锗材料晶体管的PN结电压降约为0.3V，而硅材料晶体管的PN结电压降约为0.7V，所以可通过测量基极与发射极之间的正向电阻的方法来区分锗晶体管与硅晶体管。

对于NPN型管，将万用表的测量选择开关置于×1k挡，将黑表笔接基极，将红表笔接发射极。对于PNP型管，接法相反。如果指针偏转到靠近0Ω的位置，则为锗晶体管。如果指针偏转到中间或中间偏右的位置，则为硅晶体管。

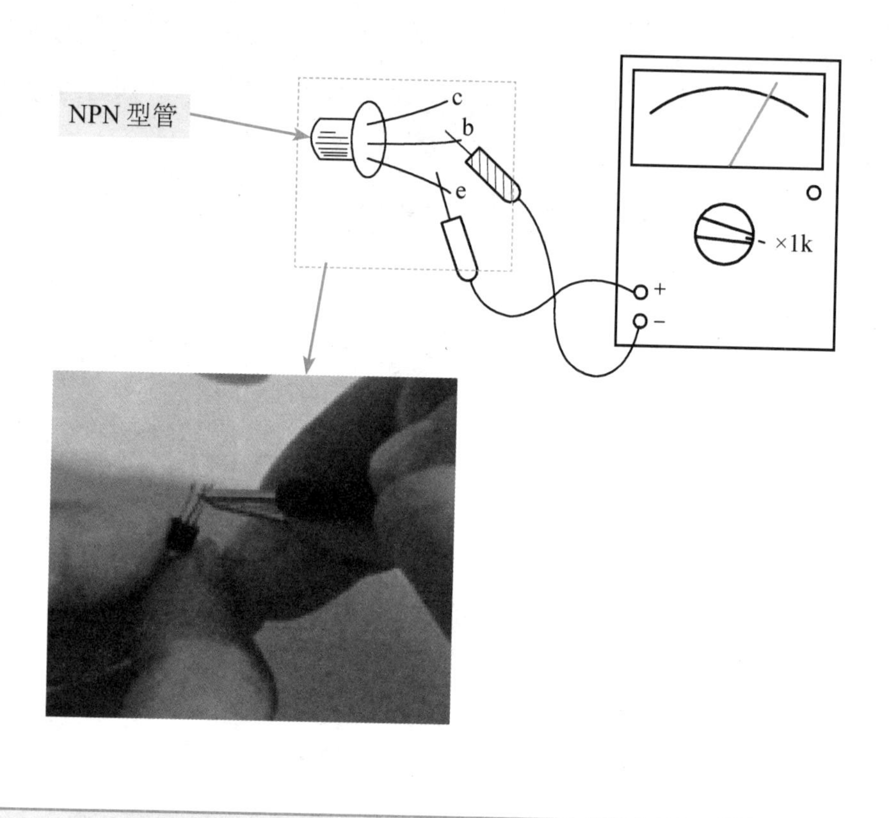

3.3.5 钳形电流表

钳形电流表具有使用方便，不用拆线、切断电源及重新接线的特点。但它的精度不高，只能用于对设备或电路运行情况进行粗略了解，用在不需要精确测量的场合。

钳形电流表的分类和结构

常用的钳形电流表按其结构形式不同，分为互感器式钳形电流表和电磁系钳形电流表两种。

互感器式钳形电流表

互感器式钳形电流表主要由“穿心式”电流互感器、整流装置和磁电系电流表构成。

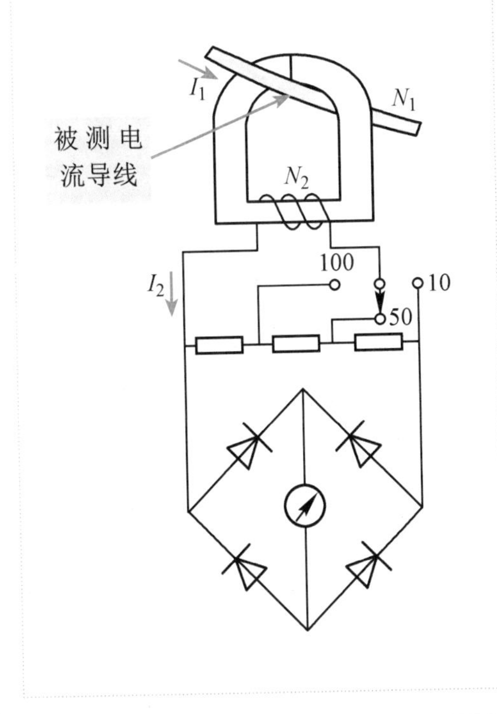

电磁系钳形电流表

国产MG20型、MG21型交直流两用的钳形电流表是电磁系钳形电流表，其外形与互感器式钳形电流表大同小异，但其内部结构和工作原理却不相同。

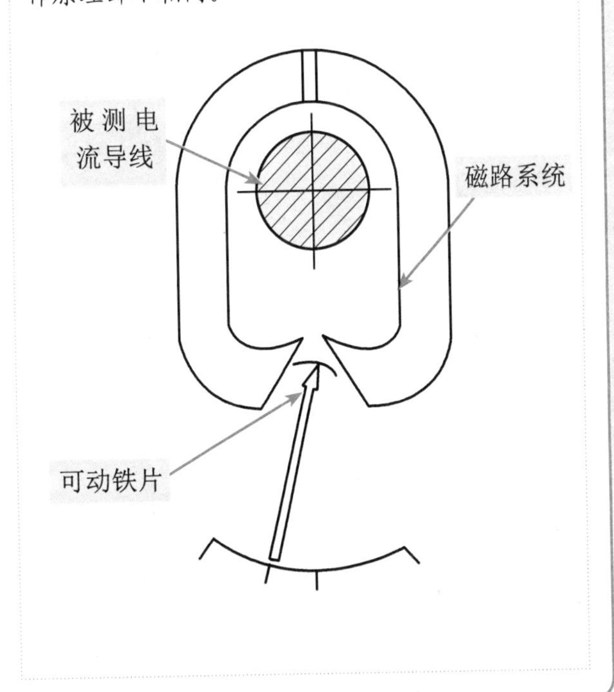

钳形电流表的测量

正确选择表计的种类 钳形电流表的种类和形式很多，有用来测量交流电流的T—301型钳形电流表，还有MG20型、MG21型交直流两用的钳形电流表等。

正确选择表计的量程 钳形电流表一般通过转换开关来改变量程，也有通过更换表头的方式来改变量程的。测量前，应对被测电流值进行粗略的估计，选择适当的量程。如果被测电流无法估计，应先把钳形电流表的量程放在最大挡位，然后根据被测电流指示值，由大变小，转换到合适的挡位。

测量交流电流 测量交流电流时，使被测导线位于钳口中部，并且使钳口紧密闭合，参见下图的示范操作。

测量电流时只需要将正在运行的待测导线夹入钳形电流表的钳形铁芯内，然后读取数显示屏或指示盘上的读数即可

在测量时只可以夹住一根导线，夹住多根导线测量数据无效

测量交流电流后 每次测量后，要把调节电流量程的转换开关放在最大挡位，以免下次使用时，因未经选择量程就进行测量而损坏仪表。

测量5A以下电流 测量5A以下的电流时，为了得到较为准确的读数，在条件许可时，可将导线多绕几圈放进钳口进行测量，其实际电流数值应为仪表读数除以放进钳口内的导线圈数。

3.3.6 电压表

测量电路电压的仪表叫电压表，也称伏特表。电压表一般以伏（V）为单位，也有的以千伏（kV）或毫伏（mV）为单位。

直流电压表的使用

直流电压表是针对直流屏、太阳能光伏、蓄电池、电镀、通信电源、直流电动工具等应用场合设计的。测量时，直流电压表与被测电路并联。

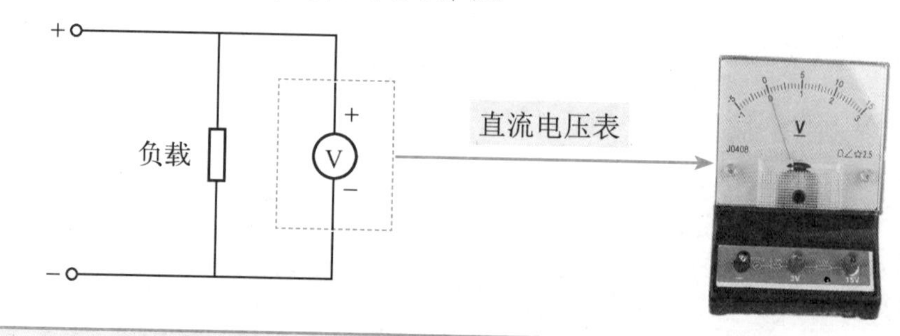

测量低压交流电

测量低压交流电相电压 (220V) 时，应选用 0 ～ 250V 的交流电压表；测量线电压 (380V) 时，应选用 0 ～ 450V 的交流电压表。测量时，交流电压表应与被测电路并联，其接线如下图所示。

测量高压交流电

在电气工程测量中，经常需要测量高电压，若仍采用附加电阻扩大交流电压量程，则不仅会增加仪表的功耗，而且对操作人员很不安全，因此采用电压互感器进行安全电气隔离并扩大交流电压量程。电压互感器实质上就是一个降压变压器。它的一次绕组匝数远远多于二次绕组匝数。电压互感器的符号如下图所示。

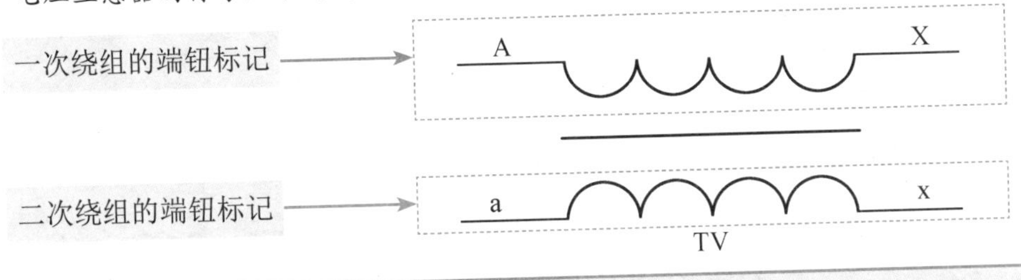

3.3.7 绝缘电阻表

绝缘电阻表也叫兆欧表，俗称摇表，是用于测量各种电气设备绝缘电阻的仪表。

绝缘电阻表的接线柱和绝缘电阻表的选择

绝缘电阻表有 3 个接线柱，其中两个较大的接线柱上分别标有 “E” (接地) 和 “L” (线路)，另一个较小的接线柱上标有 “G” (保护环或屏蔽)。

在测量低压电气设备的绝缘电阻时，绝缘电阻表的选择则是根据被测设备的工作电压而定的。一般规定额定电压在 48V 及以下的电气设备和线路，选择 250V 的绝缘电阻表。因电气系统工作电压不高，所以也可选择特定 50V 的绝缘电阻表。

测量相间绝缘电阻

相间绝缘电阻是指三相绕组彼此之间的绝缘电阻。测量相间绝缘电阻时，应先拆除电动机与电源的连线，将电动机三相绕组的封接点断开，将绝缘电阻表的L与E接线柱分别接电动机的两相绕组，然后均匀摇动摇柄，摇速以120r/min为宜，待指针稳定，读取的绝缘电阻表数值即为相间绝缘电阻。

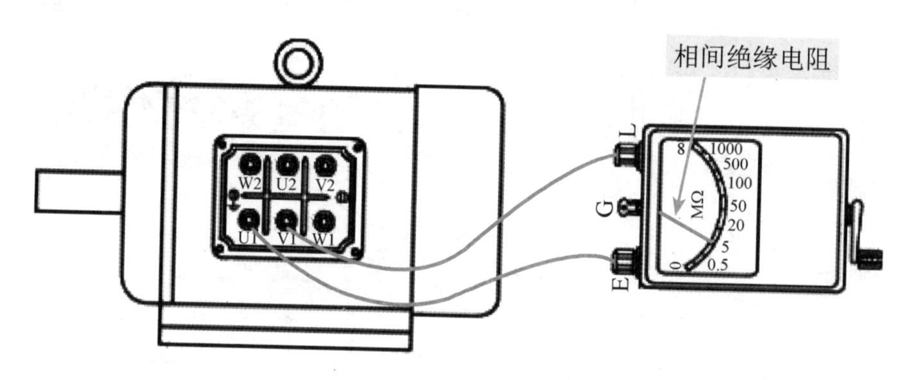

测量时可将绝缘电阻表的两个接线柱轮流接到各相绕组的引线接头上，分3次测出U-V、U-W、V-W相间绝缘电阻值。相间绝缘电阻值大于1MΩ为合格，最低不能小于0.5MΩ。

测量电动机定子绕组对地绝缘电阻

测量时，应先拆除电动机与电源的连线，将绝缘电阻表的E接线柱与电动机的外壳或接地端相连接，将L接线柱与所测绕组相连接，然后均匀摇动摇柄，摇速以120r/min为宜，待指针稳定，读取的绝缘电阻表数值即为绕组对地绝缘电阻。

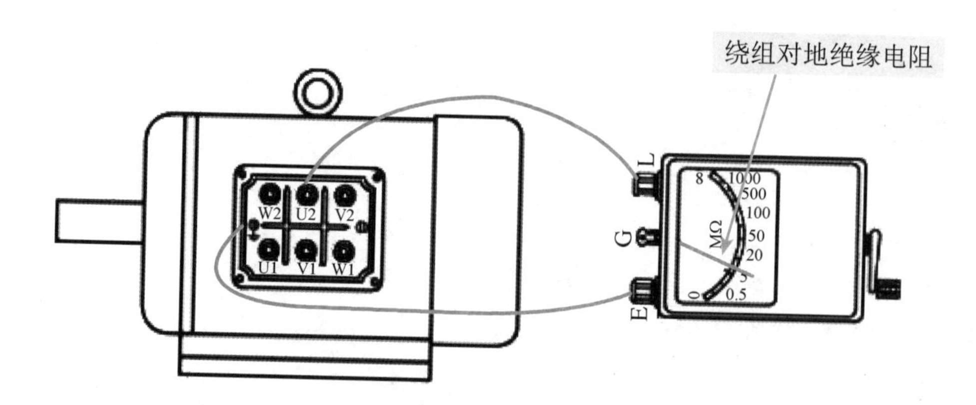

对于额定电压在500V以下运行过的电动机，绕组对地绝缘电阻最小合格值为0.5MΩ；对于新安装的电动机，绕组对地绝缘电阻合格值不得小于1MΩ。

测量电缆时应按额定工作电压选择绝缘电阻表，额定工作电压在 1kV 以下的电缆应选用 1000V 的绝缘电阻表，额定工作电压在 6kV 以上的电缆应选用 2500V 的绝缘电阻表。测量电缆绝缘电阻时，因其绝缘材料表面易产生漏电流，所以需使用绝缘电阻表的 G 接线柱，其屏蔽漏电流的原理如下图所示。

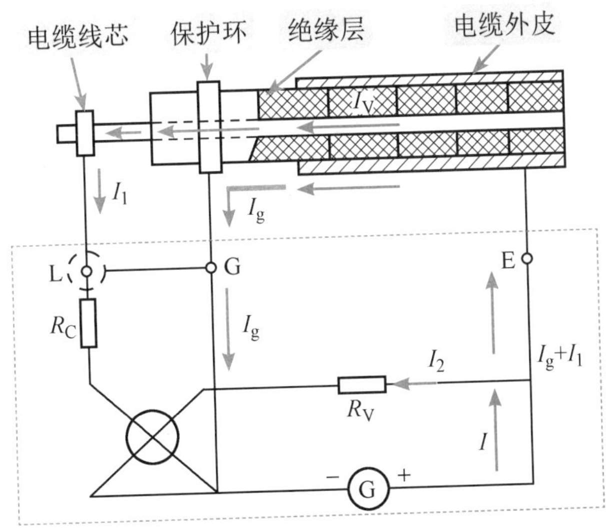

从上图可看到，磁电系比率表指针偏转与 I_1 有关。由于绝缘材料表面有漏电流 I_g，如果不加一个金属的保护环（即 G 接线柱），漏电流 I_g 就会沿导线表面直接进入 L 接线柱，混入工作电流 I_1 中，从而使测量产生误差。而加入保护环后，漏电流 I_g 经 G 接线柱引入发电机负极，而不经过动圈，从而避免了测量误差。

测量电缆绝缘电阻时的接线如下图所示。

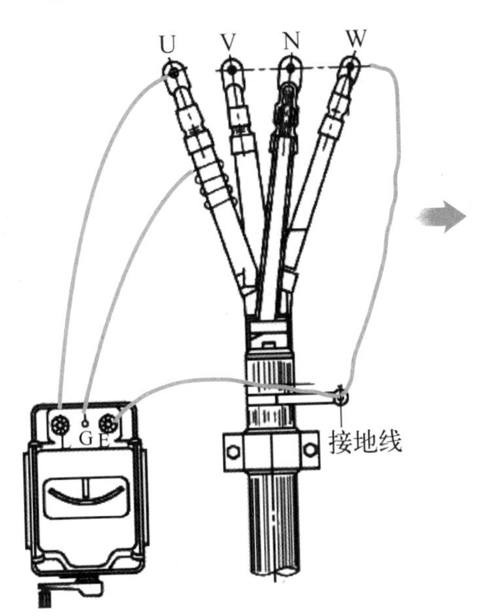

绝缘电阻表的 L 接线柱连接电缆的 U 端。

绝缘电阻表的 G 接线柱连接电缆的 U 端缠绕线。

绝缘电阻表的 E 接线柱连接电缆的接地线，同时接地线连接 W 端。

1kV 电力电缆绝缘电阻合格值是：在电缆长度为 500m 及以下、电缆温度为 20℃时，应不小于 10MΩ。

10kV 电力电缆绝缘电阻合格值是：在电缆长度为 500m 及以下、电缆温度为 20℃时，应不小于 400MΩ; 三相不平衡系数不大于 2.5; 与上次测量值相比下降程度不超过 30%。

测量新低压电容器（交接试验）应选用1000V的绝缘电阻表，并有2000MΩ的刻度。测量运行中的低压电容器（预防性试验）应选用500V或1000V的绝缘电阻表，并有1000MΩ的刻度。测量高压电容器应选用2500V的绝缘电阻表。

测量三相电力电容器绝缘电阻时的接线如下图所示。

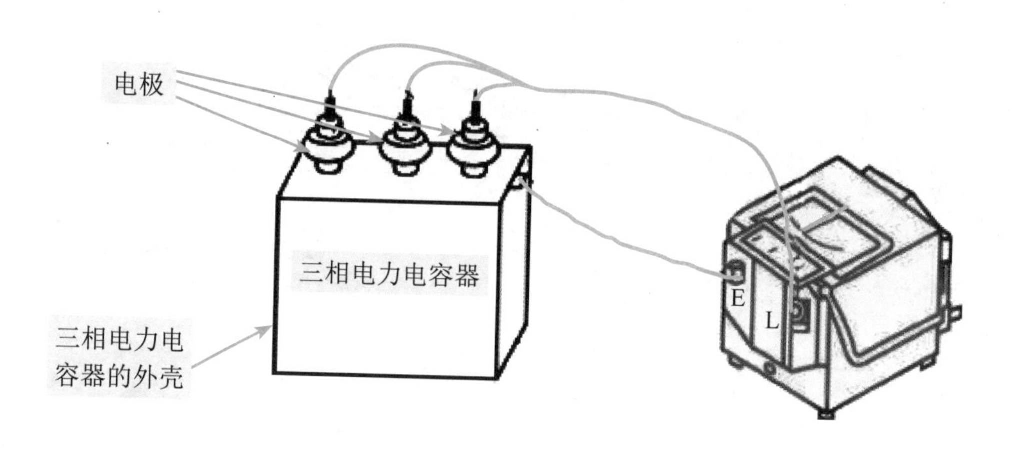

三相电力电容器绝缘电阻的测量，以运行中的三相电力电容器为例，应按以下顺序进行。

1 测量电容器前首先需要停电

2 静候3min(使其在自动放电装置上放电）

3 人工放电（先各极对地放电，再极间放电）

4 拆除电容器上原接线

5 擦拭电容器瓷套管

6 将电容器的3个接线端用裸导线短路

7 将绝缘电阻表的E接线柱与电容器的外壳（电容器已在架构上，可以接在架构上）连接

8 将绝缘电阻表的L接线柱接线固定在绝缘杆端部的金属部分

9 一人手持绝缘杆，将线挑起悬空（并指挥摇表人）

10 另一人摇动绝缘电阻表(120r/min)

11 持杆人使L端线接触被测电容器的电极，并开始计时

12 1min后读数，读数完毕，L端线先撤下

13 再停止摇表（听持杆人的指挥），最后放电

额定电压为0.4kV的新电力电容器的绝缘电阻值应不小于2000MΩ，运行过的电力电容器绝缘电阻值应不小于1000MΩ。

3.3.8 接地电阻测试仪

本节以ZC—8型接地电阻测试仪为例进行介绍。该接地电阻测试仪主要由手摇交流发电机、相敏整流放大器、电位器、电流互感器及检流计等构成。

接地电阻测试仪的结构和选择

ZC—8 型接地电阻测试仪有三端钮 (C、P、E) 和四端钮 (C_1、P_1、P_2、C_2) 两种。ZC—8 型四端钮接地电阻测试仪的实物图和结构图如下图所示。

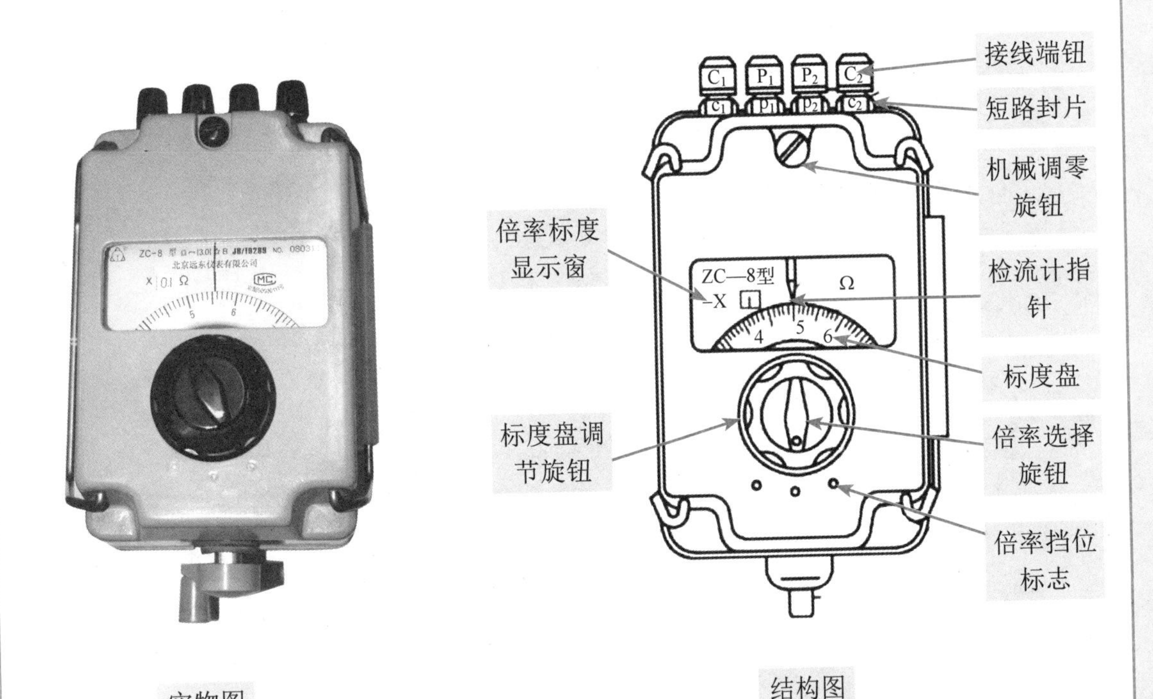

实物图　　　　结构图

一般可根据测量值的大小来选择接地电阻测试仪。

规　　格	量程/Ω	最小分格值/Ω
四端钮 1Ω-10Ω-100Ω	0～1	0. 01
	0～10	0. 1
	0～100	1
三端钮 10Ω-100Ω-1000Ω	0～10	0. 1
	0～100	1
	0～1000	10

接地电阻测试仪是用于测量各种接地装置接地电阻的专用仪表，也可用于测量一定数值的导体电阻和土壤电阻率。

掌握正确的使用方法和接线是保证测量结果准确性的前提。

测量前的准备工作

1 拆开接地干线与接地体的连接点，或者拆开接地干线上所有接地支线的连接点

2 将接地电阻测试仪放置在离测试点 1 ～ 3m 处，放置应平稳，便于操作。如果测量接线处有氧化膜或锈蚀，则要用砂纸打磨干净

3 在距被测接地体同一方向 20m 和 40m 处，分别向大地打入两根金属棒作为辅助电极，将两根金属棒插入地下 400mm 深，并保证这两根辅助电极与接地体在一条直线上

三端钮接地电阻测试仪的接线

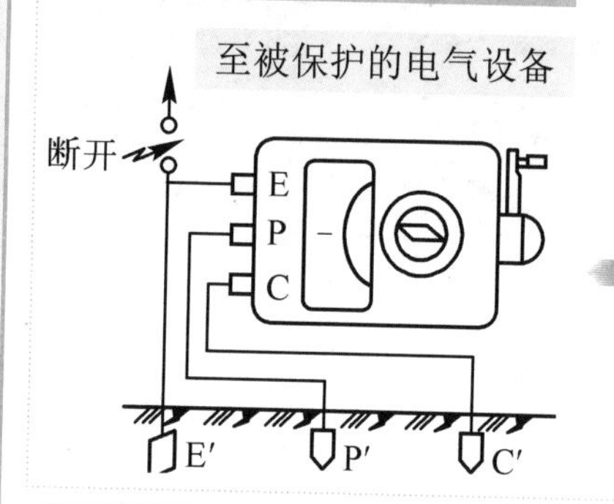

E 端钮接 5m 测试线，P 端钮接 20m 测试线，C 端钮接 40m 测试线，测试线的另一端分别接被测接地体 E′、电位电极 P′ 和电流电极 C′，且 E′、P′、C′ 应在一条直线上，其间距为 20m。

四端钮接地电阻测试仪的接线

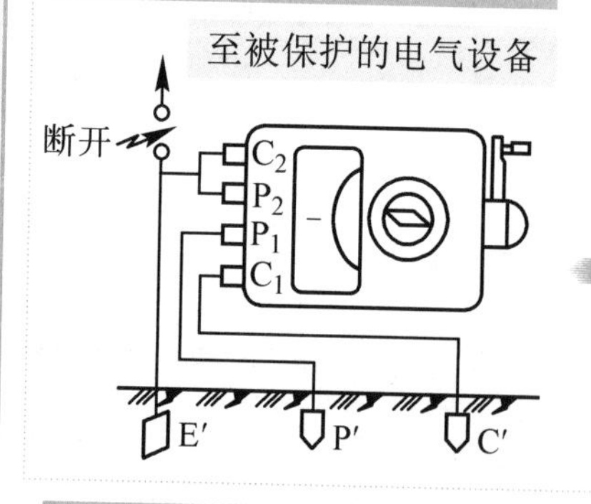

将 P_2 端钮与 C_2 端钮用短接片短接起来，当作 E 端钮使用，该端接 5m 测试线，P_1 端钮接 20m 测试线，C_1 端钮接 40m 测试线，测试线的另一端分别接被测接地体 E′、电位电极 P′ 和电流电极 C′，且 E′、P′、C′ 应在一条直线上，其间距为 20m。

四端钮接地电阻测试仪测量小于 1Ω 接地电阻的接线

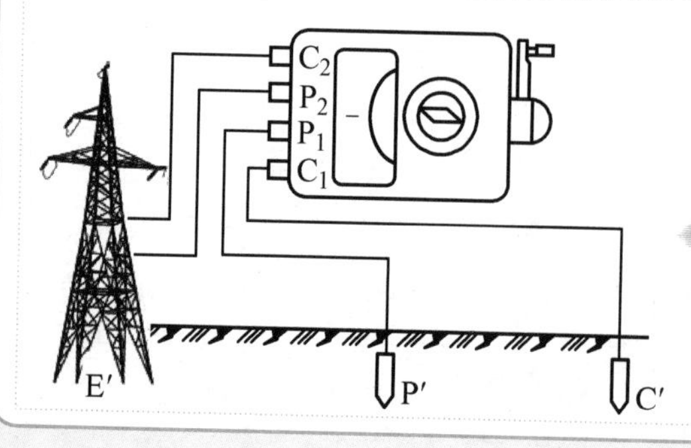

若测量小于 1Ω 的接地电阻，则先将 P_2 端钮与 C_2 端钮的短接片拆开，然后将 P_2 端钮、C_2 端钮分别用 5m 测试线连接到被测接地体上，其他两个端钮接线同前所述。

正确测量

1	慢慢转动发电机手柄，同时调节接地电阻测试仪标度盘调节旋钮，使检流计指针指向中心刻度线。如果指针向中心刻度线左侧偏转，则应向右旋转标度盘调节旋钮；如果指针向中心刻度线右侧偏转，则应向左旋转标度盘调节旋钮。随着不断调节，检流计指针应逐渐指向中心刻度线
2	当检流计指针接近中心刻度线时，应加快转动发电机手柄，使转速达到 120r/min，并仔细调节标度盘调节旋钮，检流计指针对准中心刻度线之后停止转动发电机手柄
3	读取数据时，应根据所选择的倍率和标度盘上指示数来共同确定。指示数为检流计指针对准中心刻度线时标度盘上指示的数字。如下图所示，倍率为 1，图中指示数为 3.2，则被测接地电阻值 R_x= 指示数 × 倍率 =3.2×1=3.2Ω
4	为了保证所测接地电阻值的可靠，应改变方位重新进行复测。取几次测得值的平均值作为被测接地体的接地电阻
5	测量完毕后，先拆去接地电阻测试仪的接线，然后将 3 根测试线收回，拔出插入大地的辅助电极，放回工具袋里。应将接地电阻测试仪存放于干燥通风、无尘、无腐蚀性气体的场所

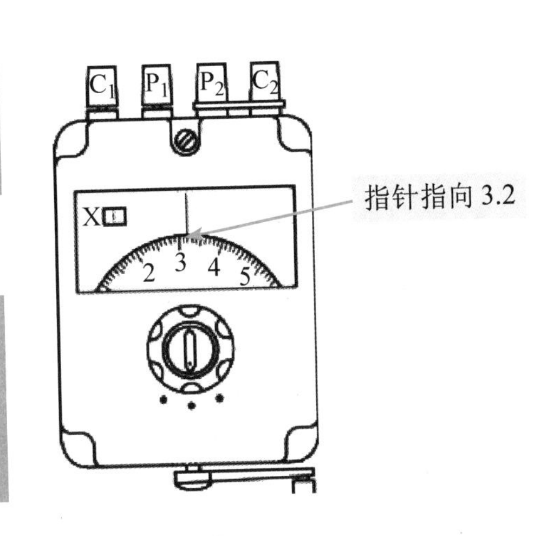

3.3.9 电能表

电能表俗称火表，又叫千瓦小时表、电度表。它是用来计量电气设备所消耗电能的仪表，具有累计功能。单相电能表用于单相用电设备（如照明电路）的电能计量，三相电能表用于三相用电设备（如三相异步电动机）的电能计量。

单相电能表的结构和选择

单相电能表的实物图和内部结构图如下图所示。

实物图

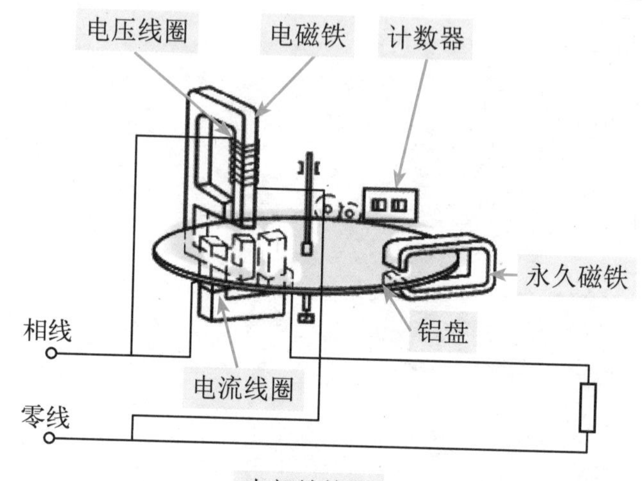

内部结构图

在实际应用中，应合理选择电能表的规格。如果选择的电能表规格过大，而用电量过小，则会造成计量不准；如果选择的电能表规格过小，则会使电能表过载，严重时有可能烧毁电能表。下面介绍一种选择方法供使用者参考。

单相电能表，额定电压为 220V 时

1 A 单相电能表的最小使用功率为 11W，最大可达 440W。
2.5A 单相电能表的最小使用功率为 27.5W，最大可达 1100W。
5A 单相电能表的最小使用功率为 55W，最大可达 2200W。
10A 单相电能表的最小使用功率为 110W，最大可达 4400W。
30A 单相电能表的最小使用功率为 330W，最大可达 13 200W。

单相电能表的接线、安装和使用

单相电能表的接线

根据单相电能表型号不同，有两种接线方法。

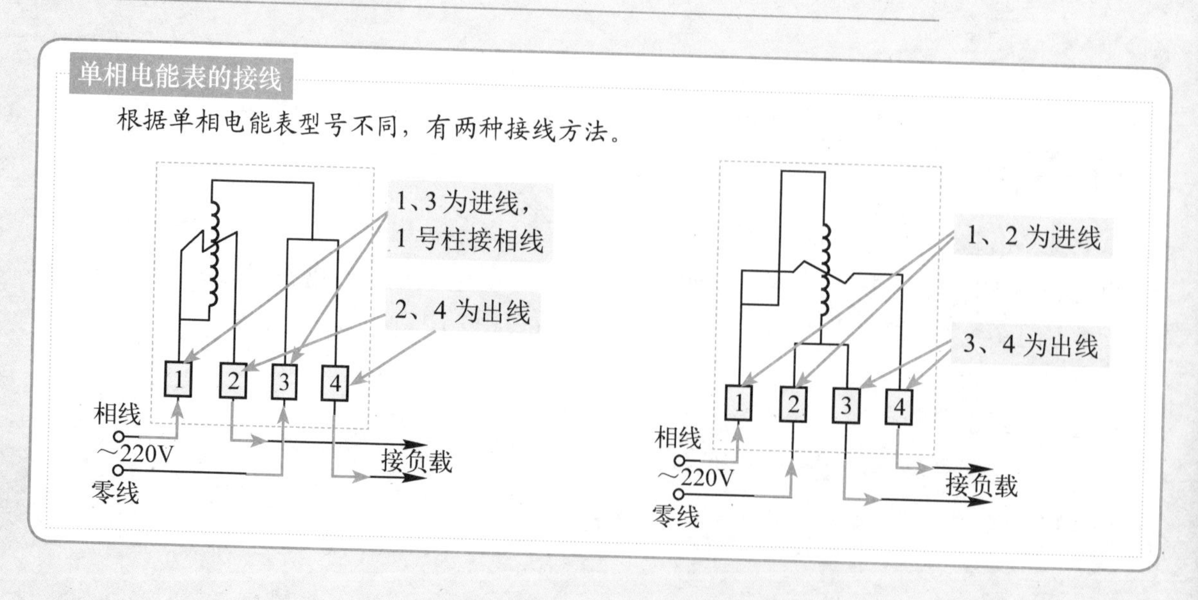

单相电能表的安装

1. 电能表应安装在干燥、稳固的地方，避免阳光直射，忌湿、热、霉、烟、尘、砂及腐蚀性气体。位置要装得正，如有明显倾斜，容易造成计量不准、停走或空走等问题。电能表安装可挂得高些，但注意要便于抄表
2. 必须按接线图接线，同时注意拧紧螺钉和紧固一下接线盒内的小钩子

单相电能表的使用

1. 关灯后，转盘有时还在微微转动。若不超过一整圈，则属正常现象。若超过一整圈后继续转动，则试拆去3、4两根线。若不再连续转动，则说明线路上有漏电现象。若仍转动不停，则说明电能表不正常，需要检修
2. 电能表内有交流磁场存在，金属罩壳上产生感应电流是正常现象，不会费电，也不影响安全和正确计量。若因其他原因使外壳带电，则应设法排除，以保障安全
3. 电能表工作时有一些轻微响声，不会损坏机件，不影响使用寿命，也不会妨碍计量的准确性
4. 电能表每月自身耗电量约1kW·h（度）左右，因此若作分表使用，则每月应向总表贴补1kW·h电费，向总表贴补的电费与分表用电量的多少无关
5. 用户在低于“最小使用电力”情况下使用电能表时，会造成计度显著不准现象。在低于“启动电力”的情况下使用时，转盘将停止转动

三相电能表的安装和使用

三相电能表是交流感应式电能表，供计量50Hz三相电路中有功功率或无功功率用。

三相电能表的安装

1. 电能表应安装在室内，选择干燥通风的地方。安装电能表的底板应安置在坚固、耐火、不易受震动的墙上。电能表安装高度建议在1.8m左右，安装后电能表应垂直不倾斜
2. 在安装电能表时，应按照规定相序（正相序）及正确的接线图进行接线。目前国内使用铝线较多，现在虽然将端钮盒接线孔径放大了，但由于铜、铝线接触电位差较大，铝线易氧化，所以在接入端钮盒的引入线时最好用铜线或铜接头引入，避免端钮盒的铜接头因接触不良而烧毁端钮盒
3. 在雷雨较多的地区使用电能表时，需要在安装处采取避雷措施，避免因雷击使电能表烧毁

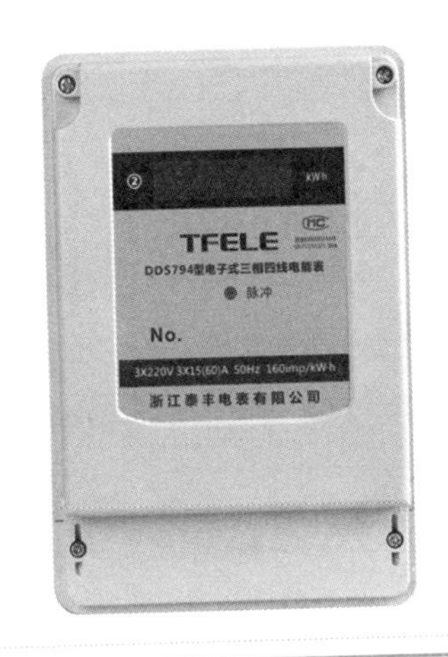

三相电能表的使用

1	电能表使用的负载应为额定负载的 5% ～ 150%。例如，80A 电能表可在 4 ～ 120A 范围内使用
2	电能表的计数器均具有 5 位读数，标牌窗口的形式分为一红格、全黑格和全黑格 ×10 三种。例如，一红格电能表的计数器指示值为 28116 时，即表示为 2811.6kW・h
3	电能表需经电压互感器、电流互感器接入时，可以采用 0.5 级互感器，计数器读数需乘以互感器倍率才等于实际用电度数。例如，电压互感器的电压比为 10 000/100V，电流互感器的电流比为 200/5A，全黑格电能表的计数器指示值为 28116（本月底）–28004（上月底）=112 (kW・h)，本月实际用电量为 $112\times\frac{10000}{100}\times\frac{200}{5}$ kW・h=448 000 kW・h

三相电能表的接线

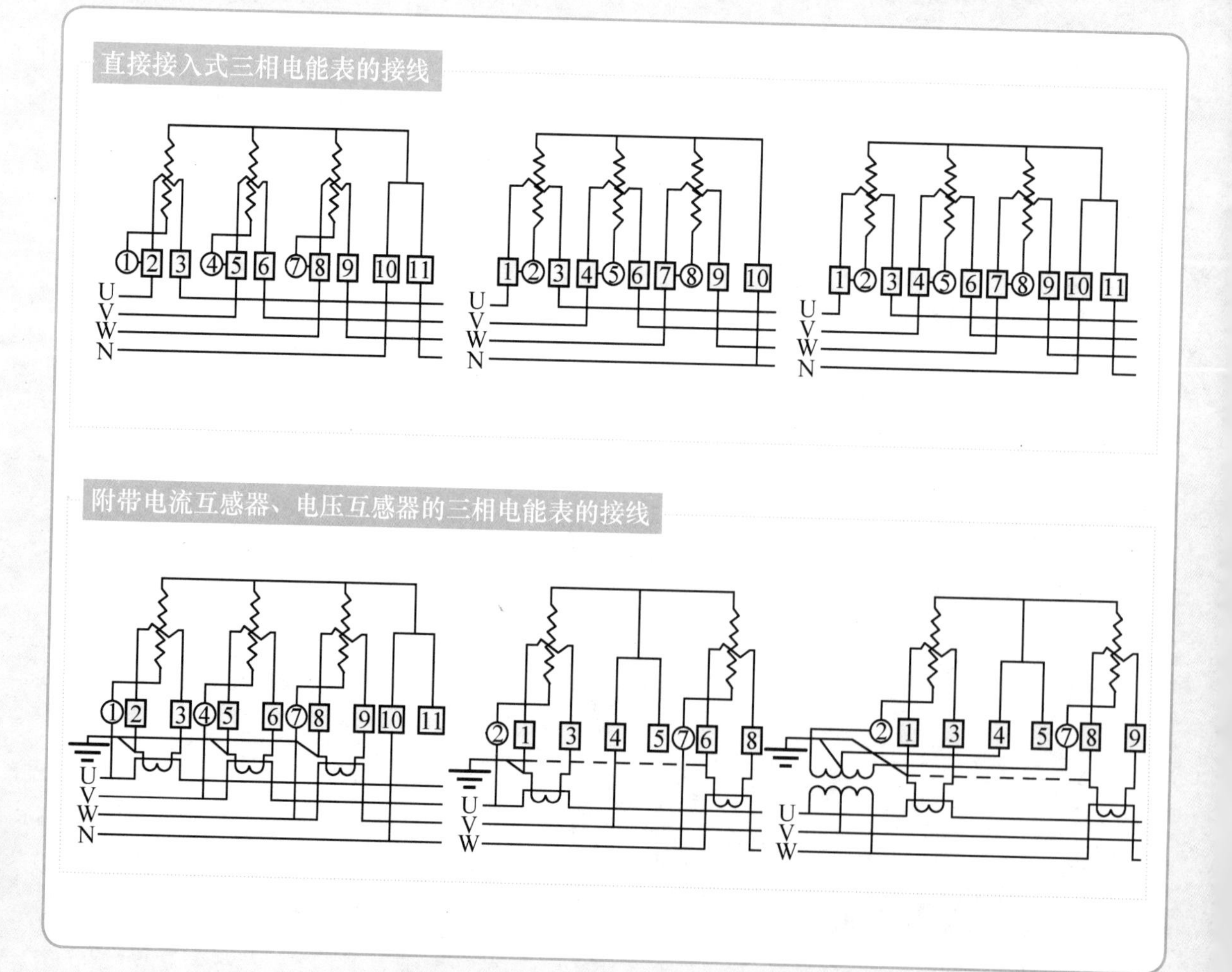

电子式预付费 IC 卡单相有功电能表

电子式预付费 IC 卡单相有功电能表简称电卡表，用于计量额定频率为 50Hz 或 60Hz 的交流单相有功电能，实现付费用电的管理功能。

1. 采用先进的微电子技术进行数据采集、处理及保存，采用 CPU 智能卡传递数据
2. 性能指标符合 GB/T 17215.321—2008 和 GB/T 18460—2001 标准
3. 体积小，安全性高，可靠性高；应用计算机管理，先购电后用电；一表一卡，专卡专用，失卡不失电，补卡再用；能自动告警用户购电
4. 电量为零时，自动拉闸断电；在额定电流范围内能限制最大使用功率；具有一定的防窃电软件设计等特点

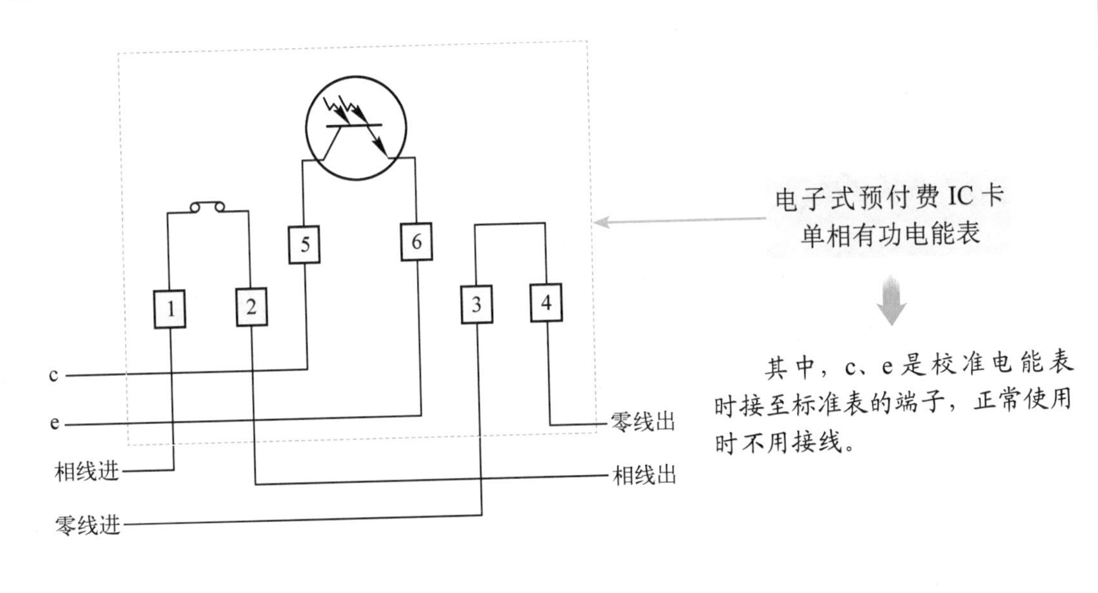

其中，c、e 是校准电能表时接至标准表的端子，正常使用时不用接线。

3.3.10 电流表

直流电流表的使用

测量直流电流时，要将直流电流表串联接入被测电路，同时要注意仪表的极性和量程。

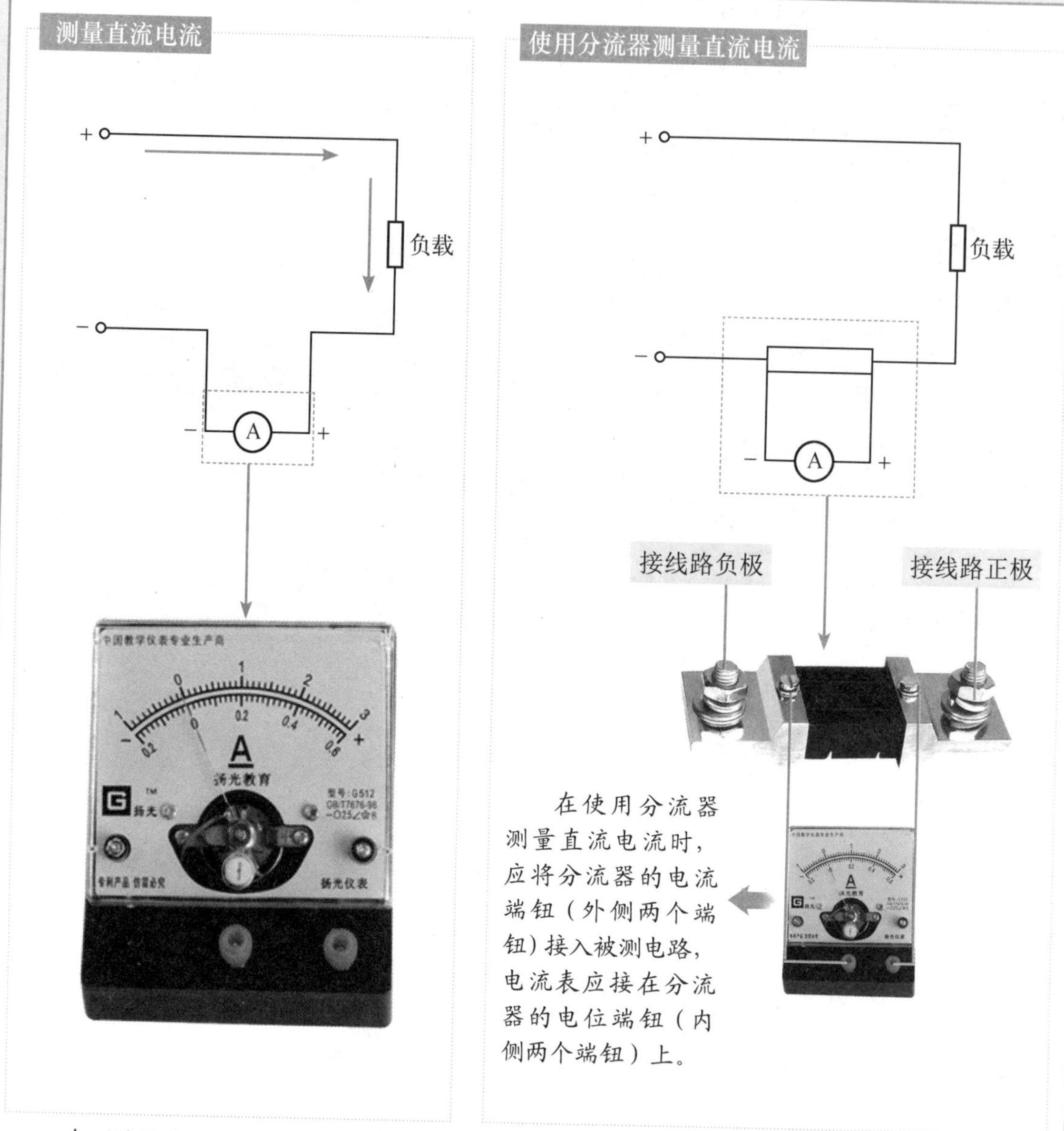

在测量较高电压电路的电流时，电流表应串联在被测电路中的低电位端，以保证操作人员的安全。

扩大直流电流表的量程

在实际测量工作中，当被测直流电流达到几十安培或更大时，由于分流电阻发热严重，将影响测量机构的正常工作；同时又由于分流电阻的体积大，也不便在表内组装。为此，往往把分流电阻做成单独的装置，称为外附分流器。

外附分流器有两对接线端钮。其中，粗的一对（1、2）称为电流端钮，串联在被测的大电流电路中；细的一对（3、4）称为电位端钮，与电流表并联。

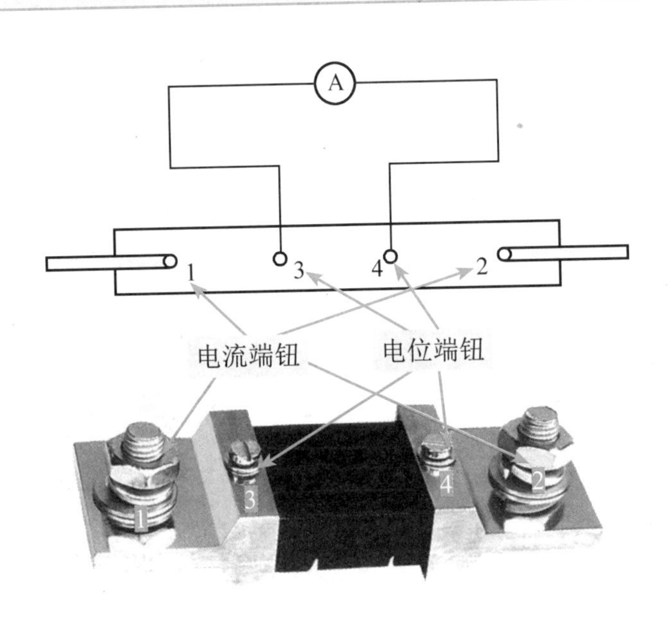

通常，分流器上面标有额定电流值和额定电压值，而不标其电阻数值。分流器的额定电压多为75mV或45mV。在选配分流器时，应注意选用额定电压值与测量机构的电压量限（即内阻与电流最大量程之积）相等的那种分流器。在这种配用情况下，电流表的最大量程就等于分流器的额定电流值。

另外，在安装时还要注意使分流器与电流表之间的距离尽可能近一些。一般选用多股铜线做导线连接为好，导线电阻应为（0.05+0.002）Ω。

测量交流电流

在测量较小的交流电流时，交流电流表也是直接与负载串联的，其接线如下图所示。但也有一种较老式的交流电流表，如1T1—A型电磁系交流电流表，其量程大，可串联互感器以后接入电路，最大能测量200A的电流。

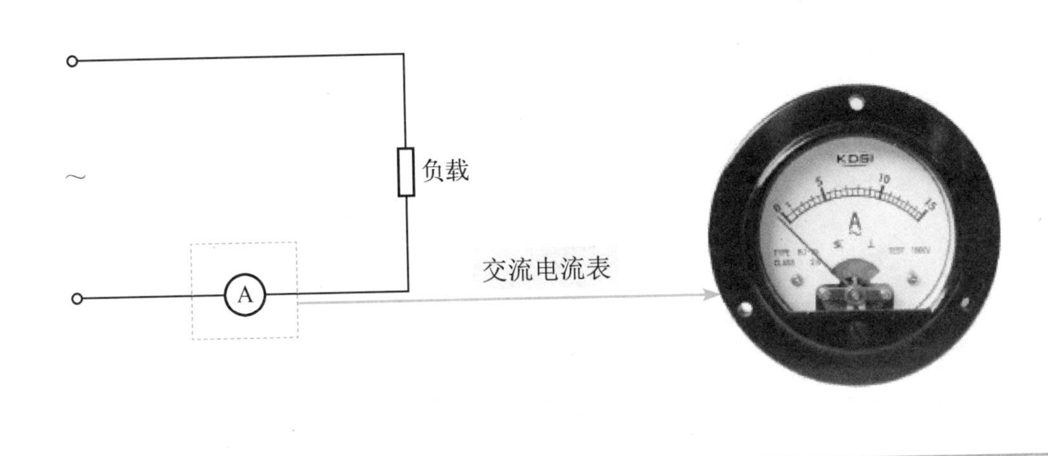

一般情况下，交流电流表在低压电路中测量较大电流时，需要配接电流互感器，其接线方法如下。将电流互感器一次绕组与电路中的负载串联，二次绕组接电流表。

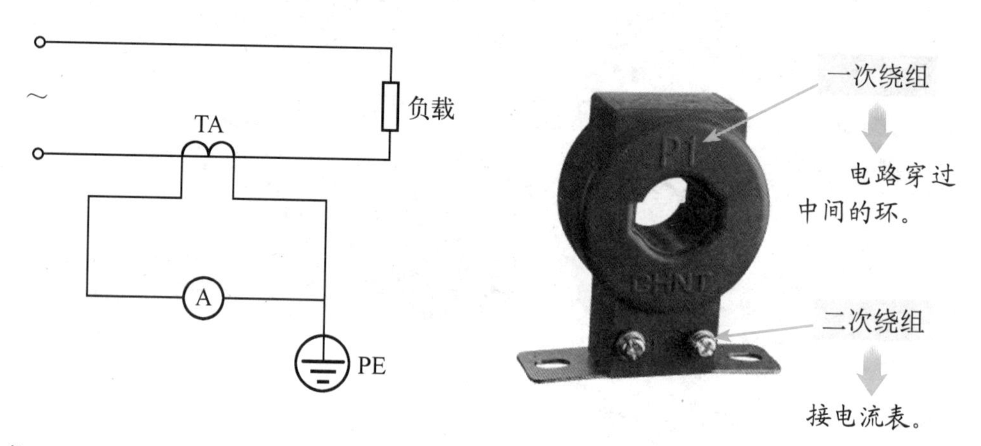

通常，电流互感器的一次绕组通过最大电流时，二次绕组的电流为5A。只要所选用的电流互感器的变流比和电流表上所标的电流比值相同，就可直接从表盘上读出一次电流值。

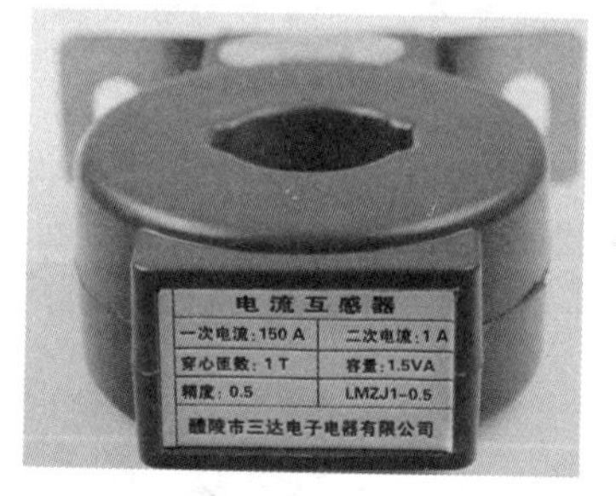

例如，选用150/1A的电流互感器时，可测量的最大电流是150A；当一次绕组通入150A电流时，二次绕组只将1A电流通入电流表，而表盘上指示的是150A的电流。

电流互感器的变流比以分数形式标出，分子表示一次绕组的额定电流(A)，分母表示二次绕组的额定电流(A)。例如，某电流互感器的变流比为200/5，则表示电流互感器的一次绕组的额定电流为200A，二次绕组的额定电流为5A，变流比为40倍。

第4章

电工基本操作

4.1

导线绝缘层的剥离

4.1.1 塑料硬导线绝缘层的剥离

芯线截面积为 $4mm^2$ 及以下的塑料硬导线绝缘层的剥离

对于芯线截面积为 $4mm^2$ 及以下的塑料硬导线，通常采用剥线钳或钢丝钳剥离其绝缘层。

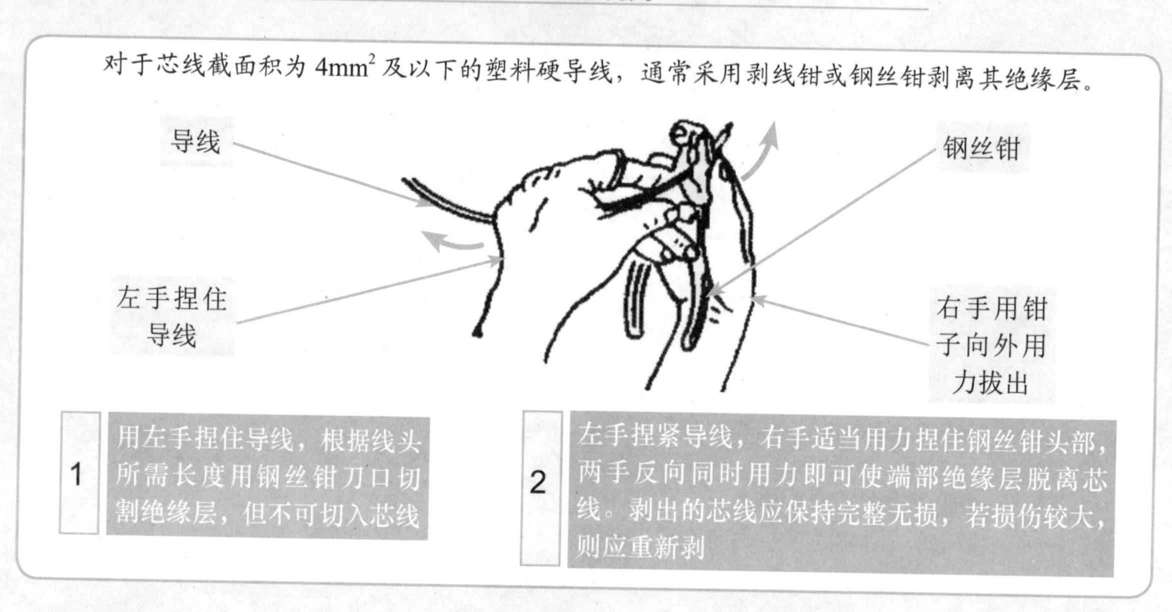

芯线截面积为 $4mm^2$ 以上的塑料硬导线绝缘层的剥离

对于芯线截面积为 $4mm^2$ 以上的塑料硬导线，则采用电工刀剥离其绝缘层。

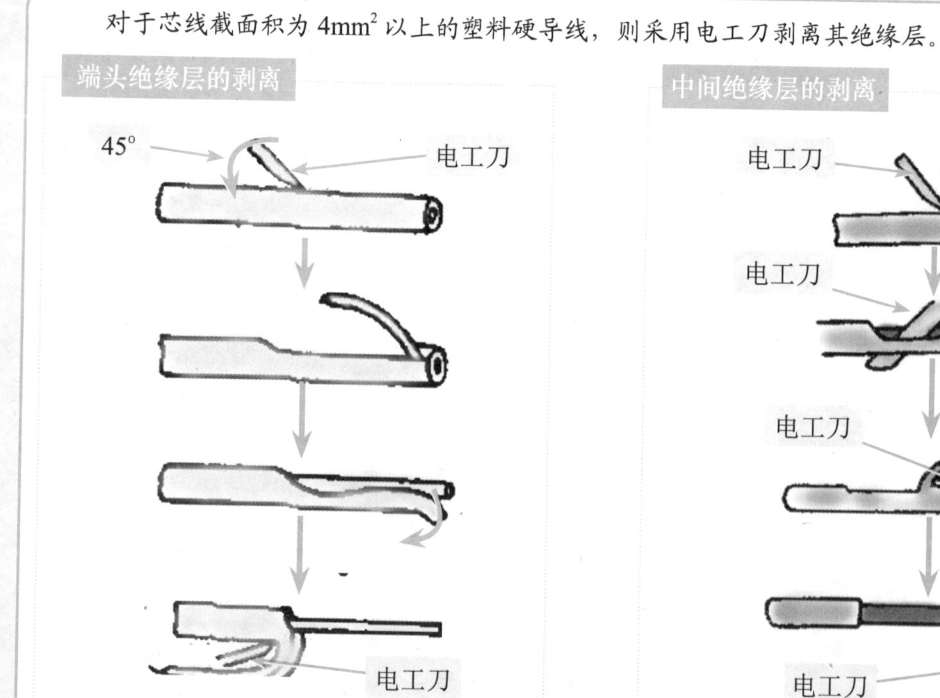

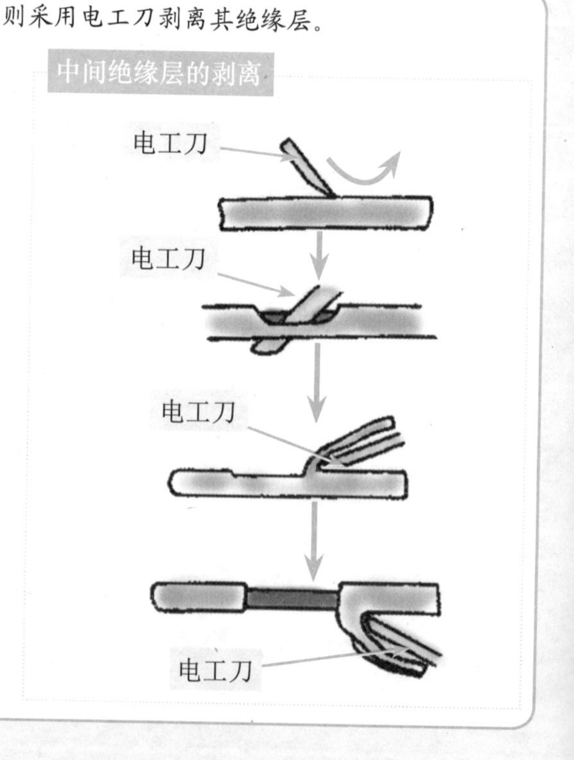

4.1.2 塑料软导线绝缘层的剥离

塑料软导线绝缘层只能用剥线钳或钢丝钳剥离，不宜用电工刀剥离。用钢丝钳剥离塑料软导线绝缘层的方法如下。

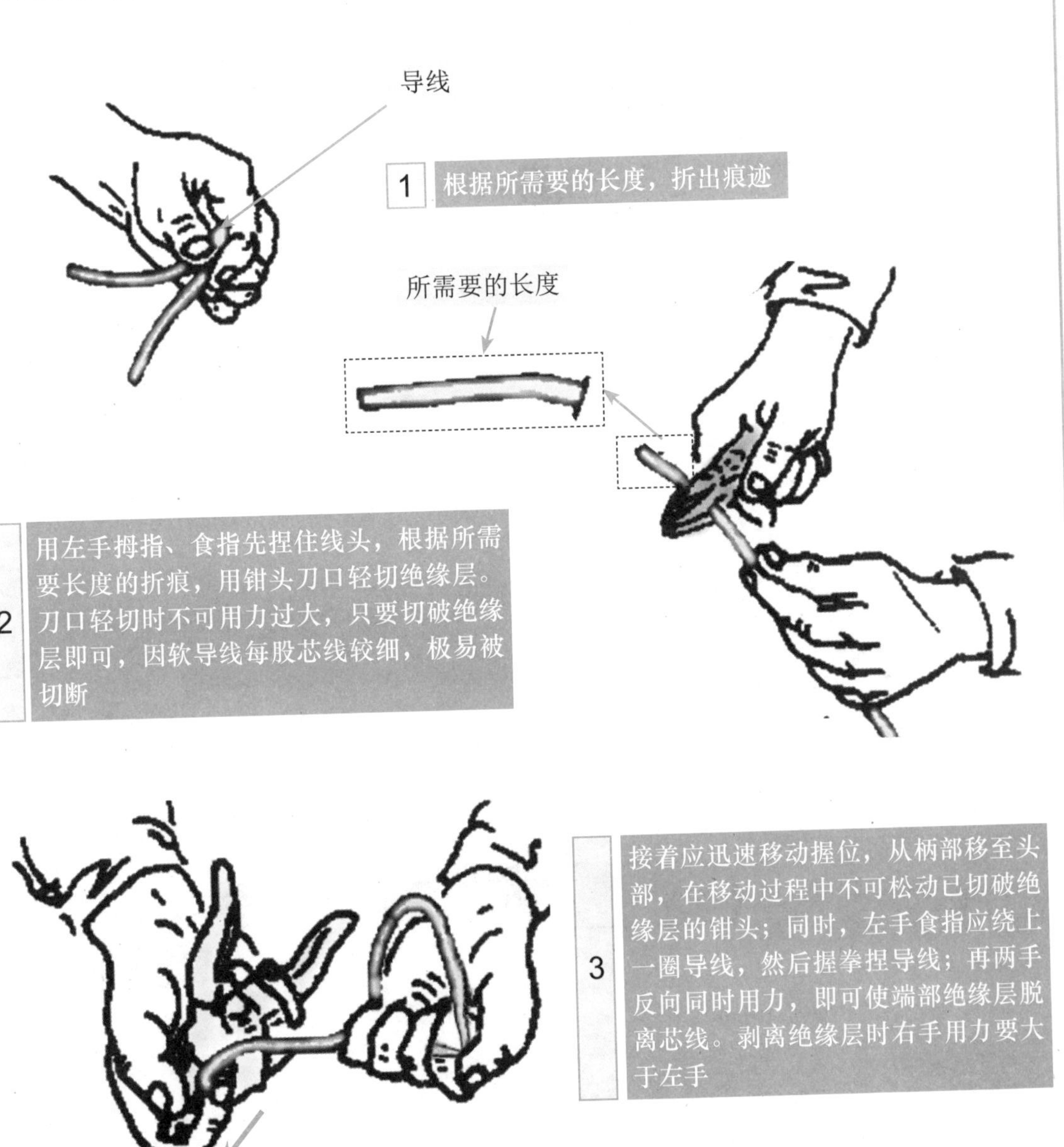

4 剥掉外层的导线不应有断股

4.1.3 塑料护套线绝缘层的剥离

塑料护套线具有护套层和每根芯线的绝缘层两层绝缘。塑料护套线绝缘层用电工刀剥离，方法如下。

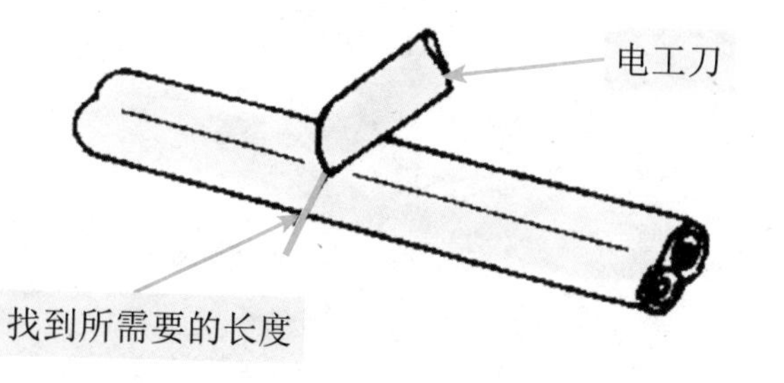

1 根据所需要的长度，用笔做出痕迹

2 用电工刀刀尖对准芯线缝隙划开护套层

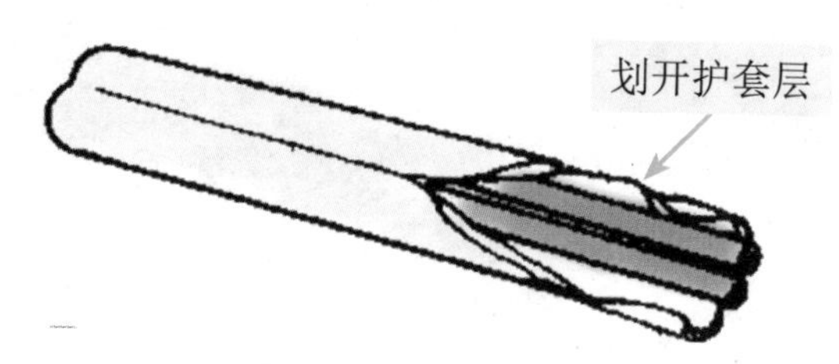

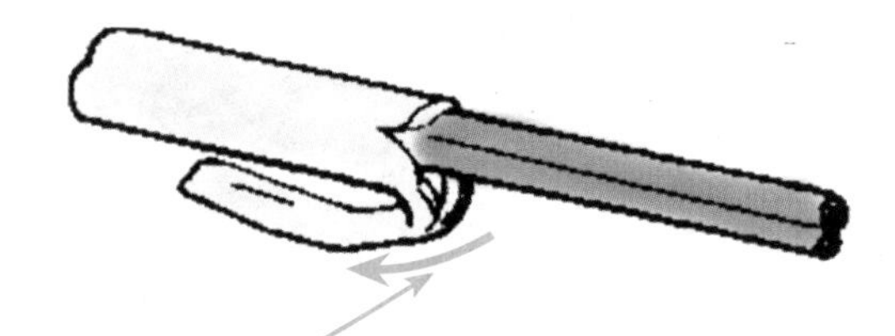

3 向后扳翻护套层，用刀齐根切去

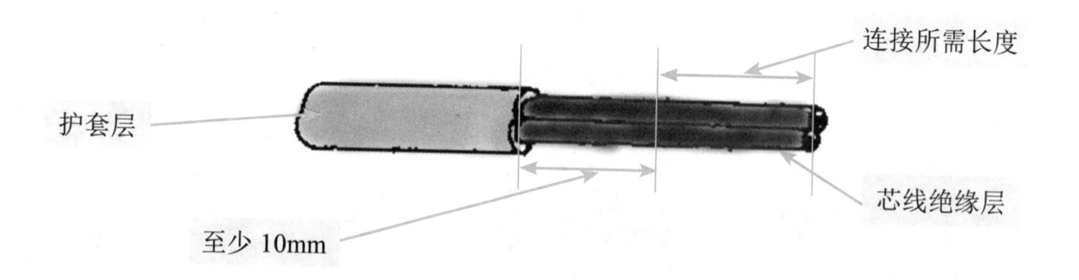

4 在距离护套层至少 10mm 处，用电工刀以约 45° 角倾斜切入绝缘层，剥离方法同前面塑料硬导线

>> 提示

使用电工刀时应刀口向外，避免伤人。剥离线头绝缘层，不得损伤金属芯线。

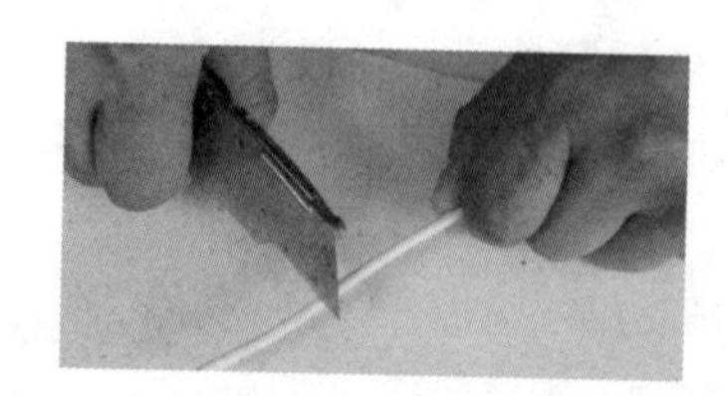

4.1.4 橡皮软线绝缘层的剥离

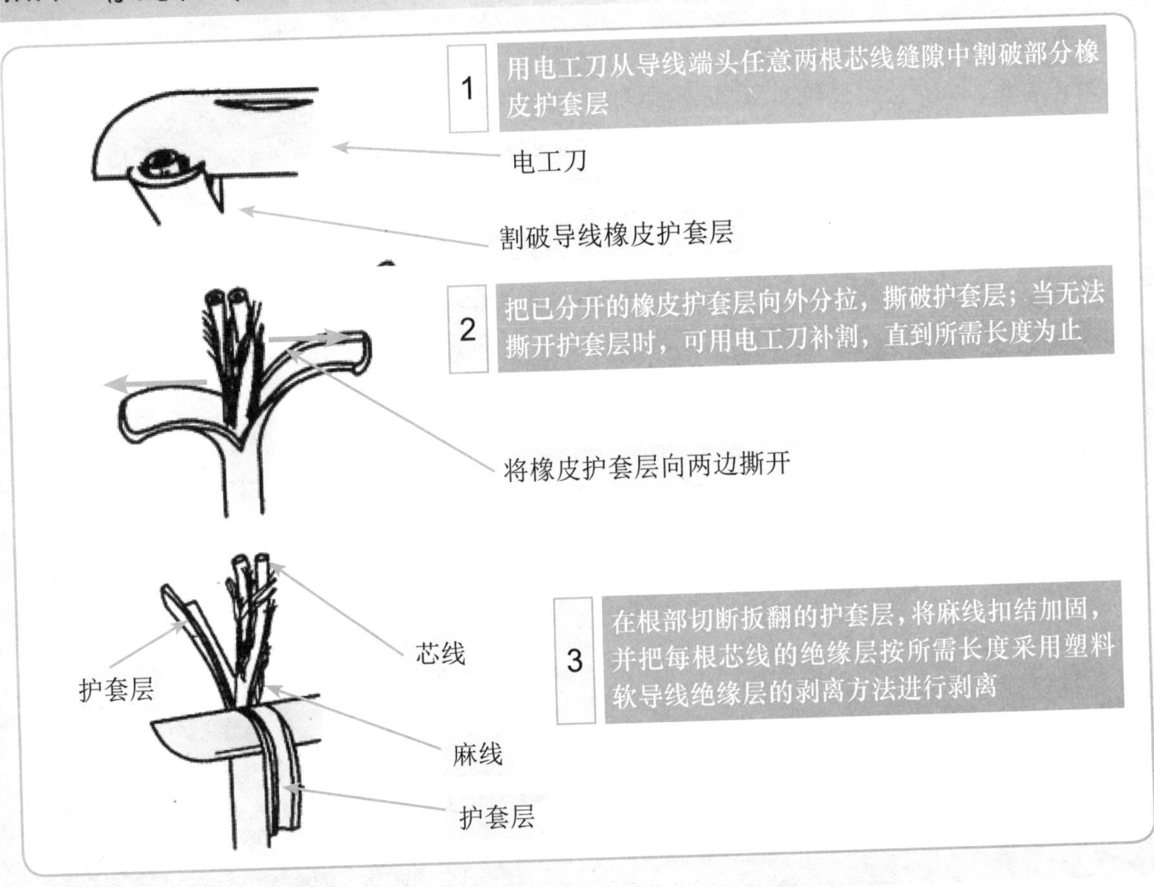

4.1.5 花线绝缘层的剥离

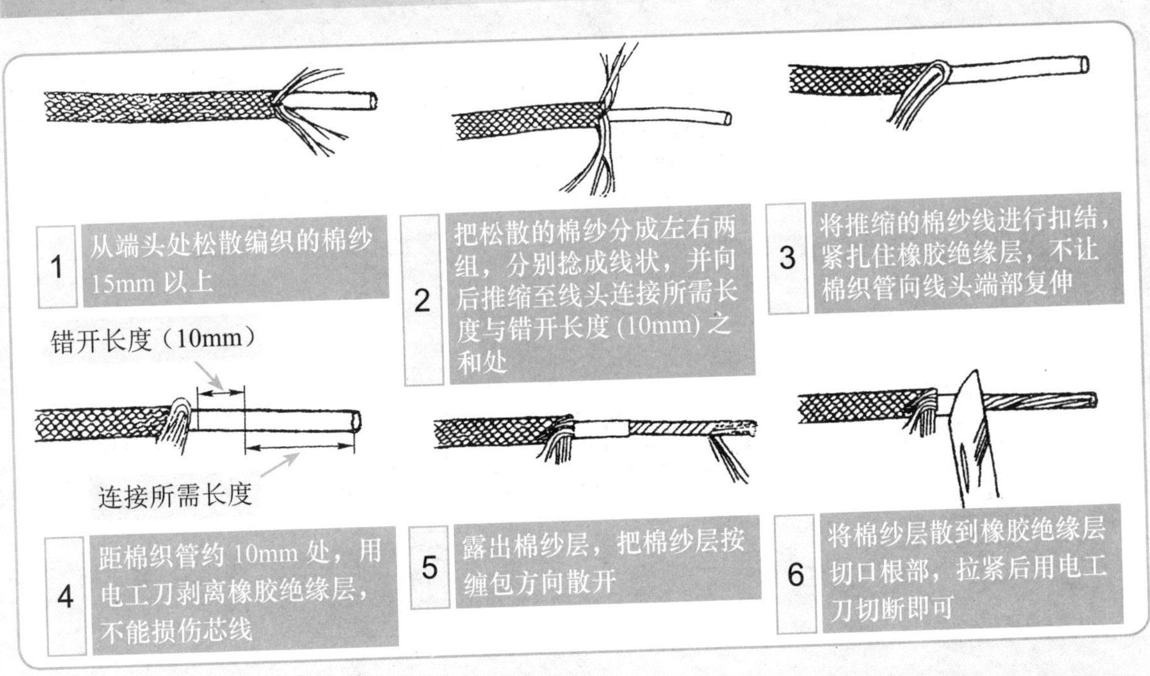

4.2 导线的连接

导线的连接是电工作业人员必须掌握的技术，是线路安装及维修中经常要用到的技能。由于导线连接的质量对线路的可靠性和安全性影响很大，而且在诸多故障中，导线连接的故障是高发的电气故障，所以采用正确的导线连接方法可以降低故障的发生率，既提高了线路运行的可靠性，又可降低工作强度。当导线长度不够或需要分接支路时，需要将导线与导线连接。在去除了线头的绝缘层后，就可进行导线的连接。常见的导线与导线的连接方式有直线连接和T形分支连接。

4.2.1 单股铜芯导线的直线连接

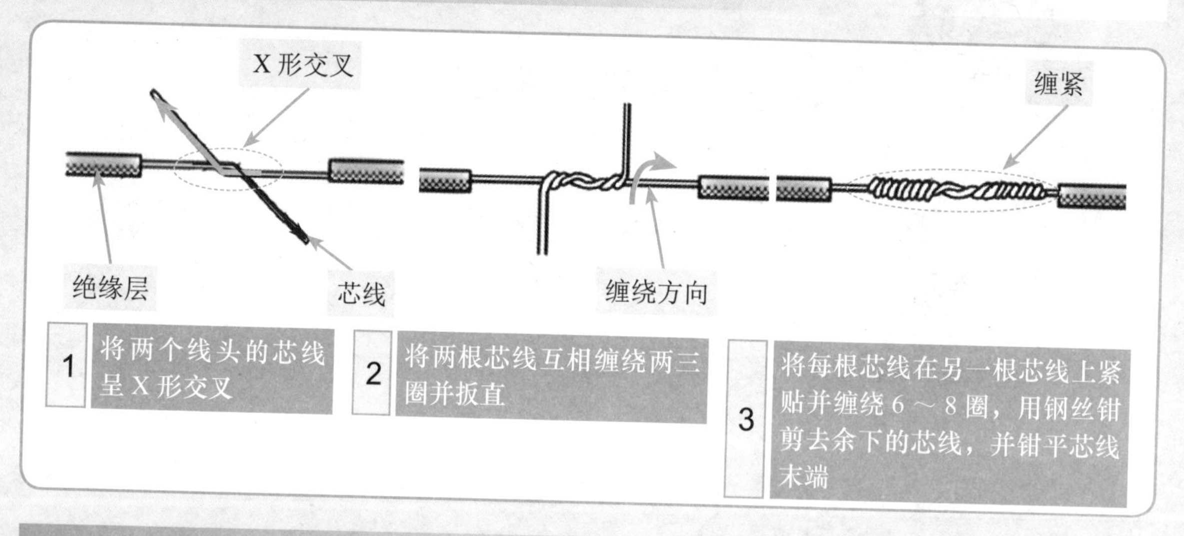

4.2.2 单股铜芯导线的T形分支连接

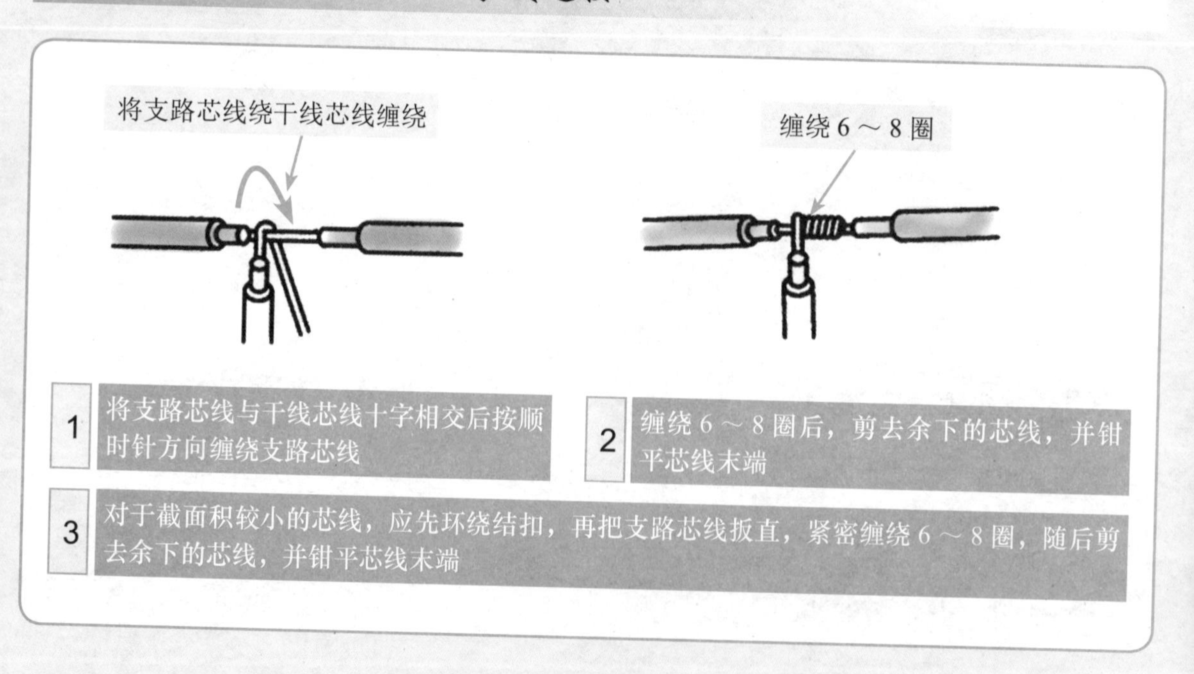

4.2.3 单股铜芯导线与多股铜芯导线的T形分支连接

螺钉旋具

把多股芯线均分为两组

1 在距离多股铜芯导线的左端绝缘层切口 3 ~ 5mm 处的芯线上，用螺钉旋具把多股芯线均分为两组

2 捋直芯线，将单股芯线插入多股芯线中间，但不可到底，应使绝缘层切口离多股芯线 5mm 左右

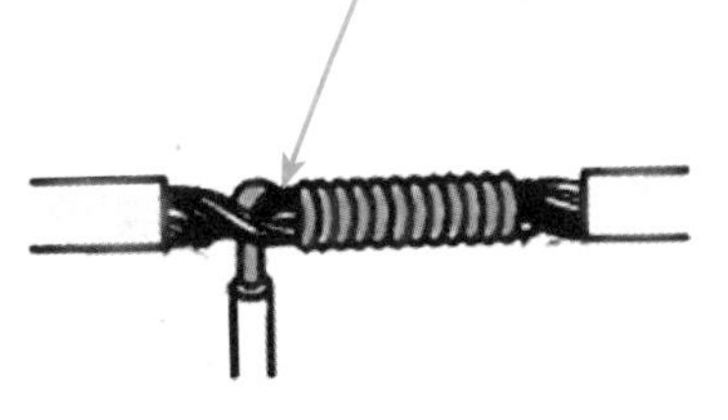

3 将单股芯线按顺时针方向紧绕在多股芯线上，约 10 圈，剪去余下的芯线，并钳平芯线末端

4.2.4 7股铜芯导线的直线连接

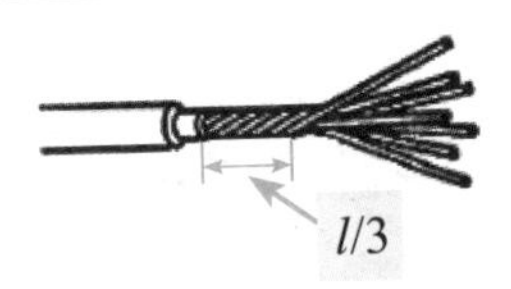

1 先将剥掉绝缘层的芯线散开并拉直，再把靠近绝缘层 1/3 线段的芯线绞紧，然后把余下的 2/3 线段的芯线分散成伞状、并将每根芯线拉直

2 把两股伞状芯线相对，隔股交叉直至伞状根部相接，然后捏平两边散开的芯线

3 接着把一端的 7 股芯线按 2、2、3 根分成 3 组，把第 1 组两根芯线扳直，垂直于芯线，并按顺时针方向缠绕两圈

4 缠绕两圈后将余下的芯线向右扳直紧贴芯线。再把下边第 2 组的两根芯线向上扳直，也按顺时针方向紧紧压着前两根扳直的芯线缠绕

5 缠绕两圈后也将余下的芯线向右扳直紧贴芯线。再把下边第 3 组的 3 根芯线向上扳直，按顺时针方向紧紧压着前 4 根扳直的芯线缠绕

6 缠绕 3 圈后，剪去每组余下的芯线，并钳平芯线末端

7 用同样方法再缠绕另一端芯线

4.2.5 7股铜芯导线的T形分支连接

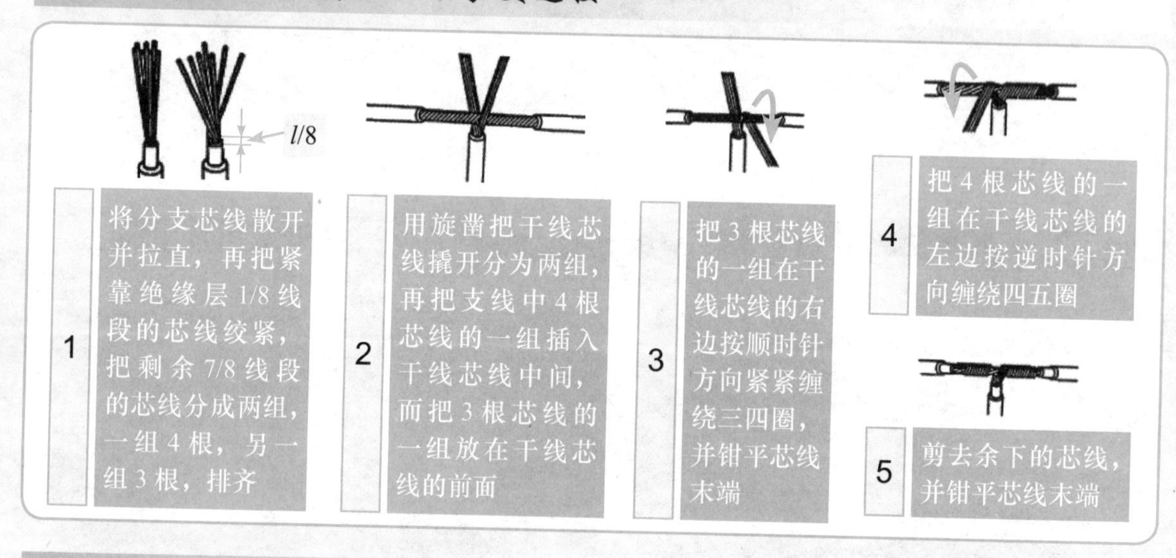

4.2.6 不同截面积导线的连接

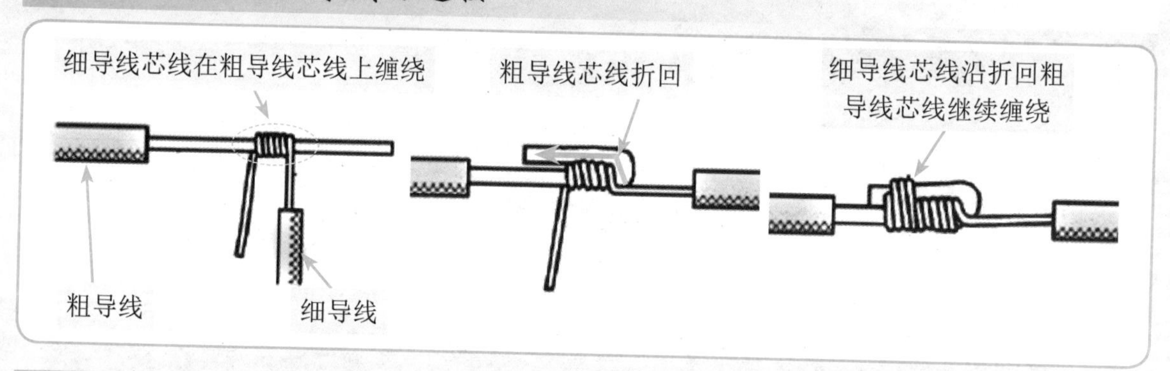

4.2.7 铝芯导线的压接管压接法连接

铜芯导线通常可以直接连接，而铝芯导线由于常温下易氧化且氧化铝的电阻率较高，故一般采用压接的方式。下面先介绍铝芯导线的压接管压接法连接。

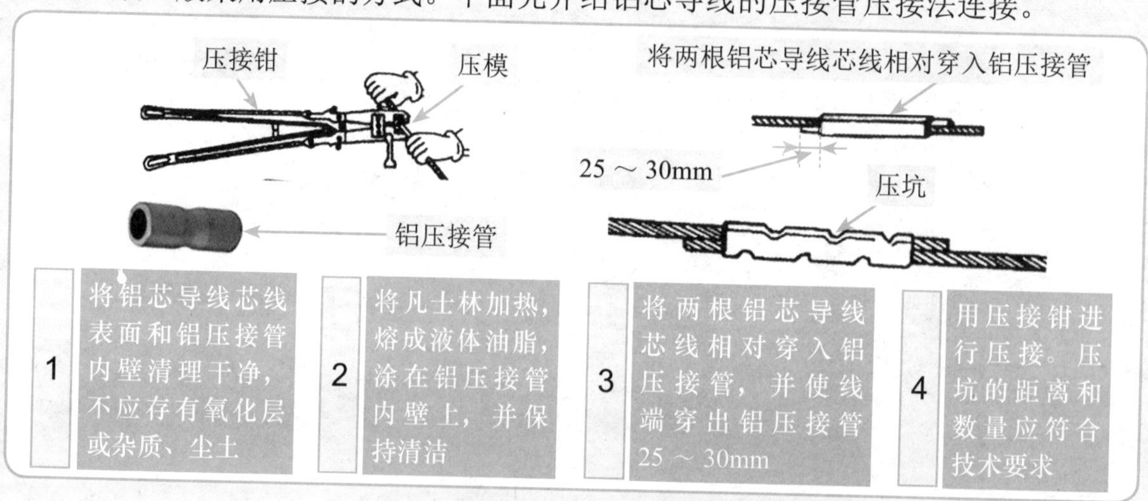

4.2.8 铝芯导线的螺钉压接法连接

对于导线与各种电器螺钉之间的连接，目前还广泛采用一种快捷而优质的连接方法，即用压接钳和冷压接线端头来完成。压接工作非常简单，只要遵从正确的操作程序，配备适合的压接工具即可。使用压接钳不需要丰富的经验和现场条件，操作简便，接头工艺美观，因而广泛使用。

名　称	外　形	名　称	外　形
叉形冷压端头		叉形预绝缘端头	
圆形冷压端头		圆形预绝缘端头	
针形冷压端头		针形、片形预绝缘端头	
公预绝缘端头		母预绝缘端头	

螺钉压接法连接适用于负荷较小的单股铝芯导线的连接。线路上导线与开关、灯头、熔断器、仪表、瓷接头和端子板的连接，多用螺钉压接法。

1 将剥掉绝缘层的铝芯线头用钢丝刷或电工刀除去氧化层，并涂上凡士林

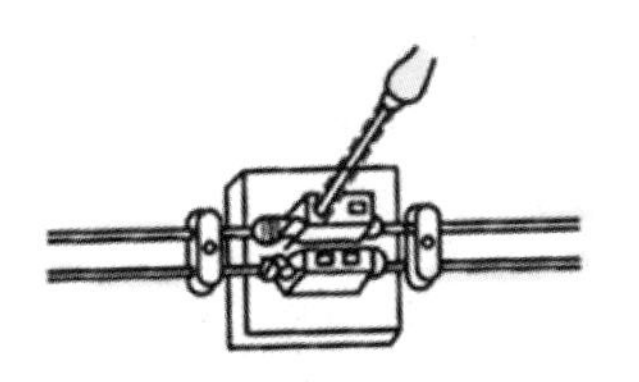

2 进行直线连接时，先把每根铝芯导线在接近线端处卷上3圈，以备线头断裂后再次连接用，然后把4个芯线头两两相对插入两个瓷接头（又称接线桥）的4个接线桩上，最后旋紧螺钉

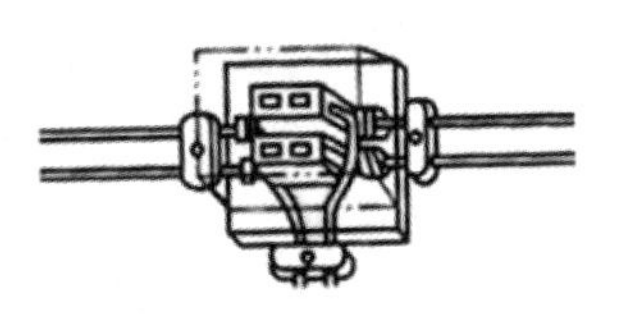

3 进行分路连接时，要把支路导线的两个芯线头分别插入两个瓷接头的两个接线桩上，然后旋紧螺钉

在瓷接头上加罩铁皮盒或木罩盒盖。如果连接处在插座或熔断器附近，则不必用瓷接头，可用插座或熔断器上的接线桩进行过渡连接。

4.3 导线绝缘层的恢复

导线绝缘层破损或导线连接后，必须恢复导线绝缘层。恢复后的绝缘层强度不应低于原有绝缘层。恢复导线绝缘层通常采用绝缘胶带。一般电工常用的绝缘胶带有黄蜡带、涤纶薄膜带、塑料胶带和黑胶带等。绝缘胶带通常选用带宽为 20mm 的，这样包缠较方便。

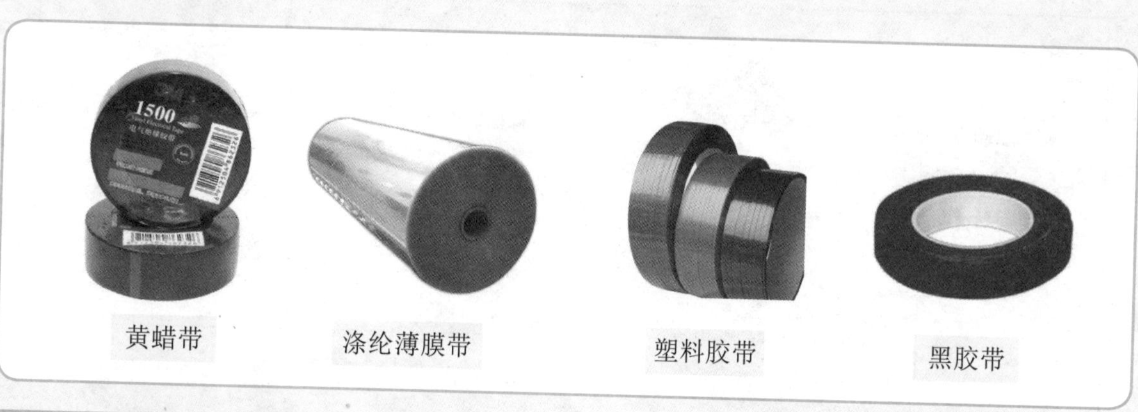

4.3.1 直线连接点绝缘层的恢复

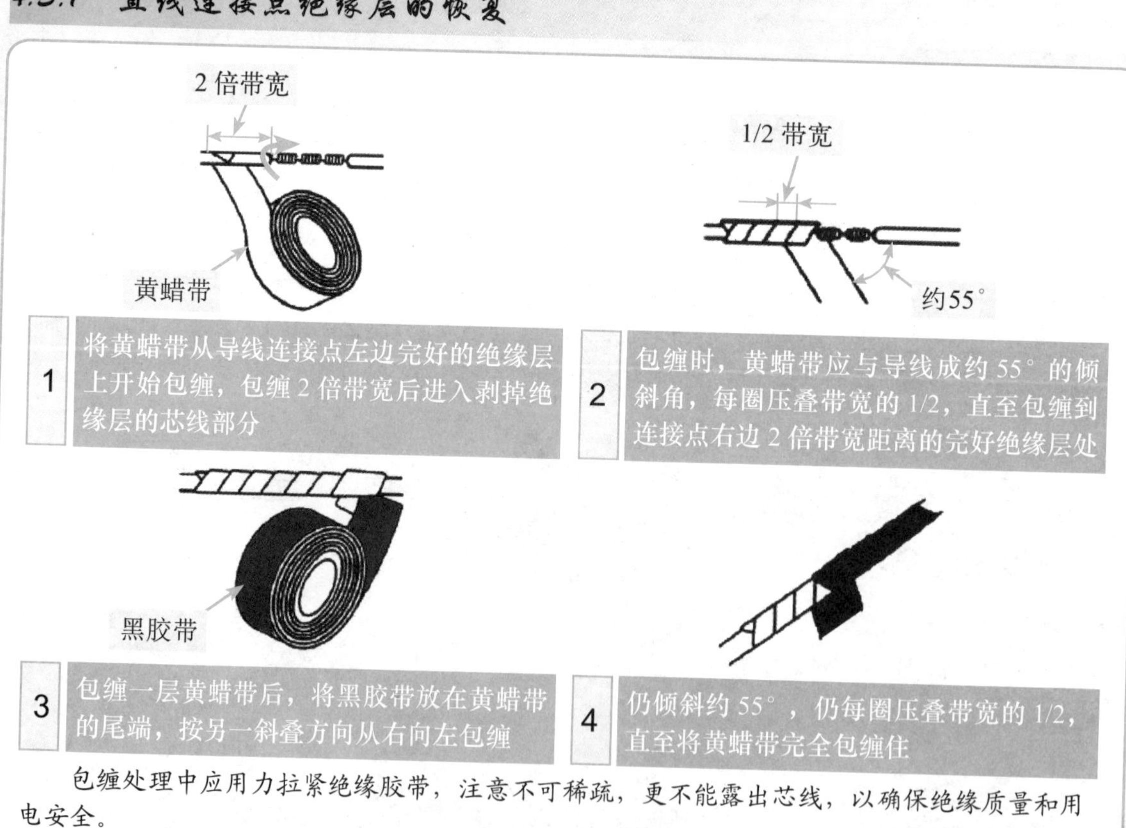

包缠处理中应用力拉紧绝缘胶带，注意不可稀疏，更不能露出芯线，以确保绝缘质量和用电安全。

绝缘胶带平时不可放在温度很高的地方，也不可浸染油类。在为工作电压为 380V 的导线恢复绝缘层时，必须先包缠一或两层黄蜡带，然后再包缠一层黑胶带。在为工作电压为 220V 的导线恢复绝缘层时，应先包缠一层黄蜡带，然后再包缠一层黑胶带，也可只包缠两层黑胶带。

4.3.2 分支连接点绝缘层的恢复

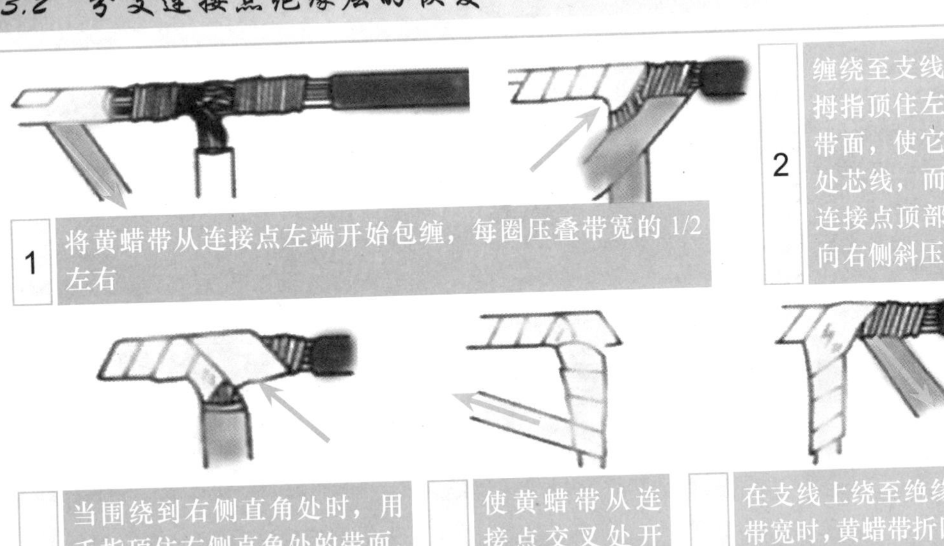

1 将黄蜡带从连接点左端开始包缠，每圈压叠带宽的 1/2 左右

2 缠绕至支线时，用左手拇指顶住左侧直角处的带面，使它紧贴于转角处芯线，而且要使处于连接点顶部的带面尽量向右侧斜压

3 当围绕到右侧直角处时，用手指顶住右侧直角处的带面，将带面在连接点顶部向左侧斜压，使其与被压在下边的带面呈 X 状交叉，然后把黄蜡带再回绕到左侧直角处

4 使黄蜡带从连接点交叉处开始在支线上向下包缠，并使黄蜡带向左侧倾斜

5 在支线上绕至绝缘层上约两倍带宽时，黄蜡带折回向上包缠，并使黄蜡带向右侧倾斜，绕至连接点交叉处，使黄蜡带围绕过连接点顶部，然后开始在干线右侧芯线上进行包缠

6 包缠至干线右端的完好绝缘层后，再接上黑胶带，按上述方法再包缠一层即可

4.3.3 并头连接点绝缘层的恢复

并头连接后的端头通常埋藏在木台或接线盒内，空间狭小，导线和附件较多，往往彼此挤压在一起，且容易贴靠建筑面，所以并头连接点的绝缘层必须恢复可靠，否则极容易发生漏电或短路等电气故障。

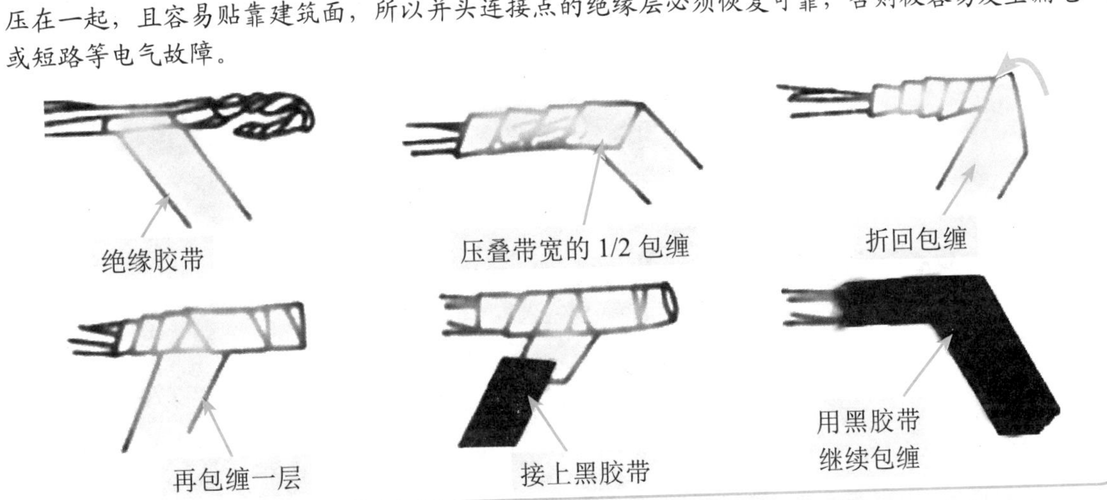

4.3.4 接线耳线端绝缘层的恢复

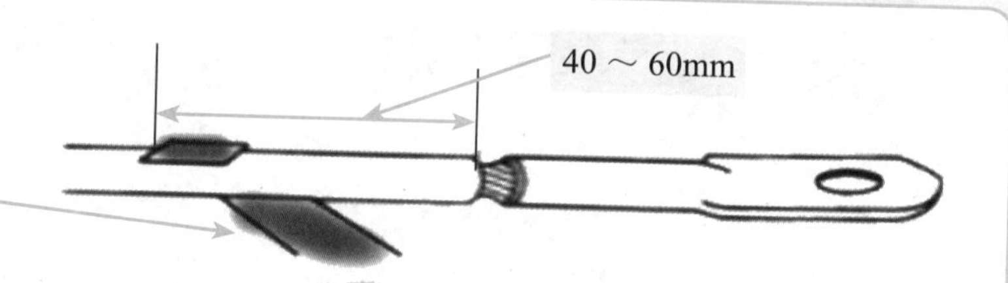

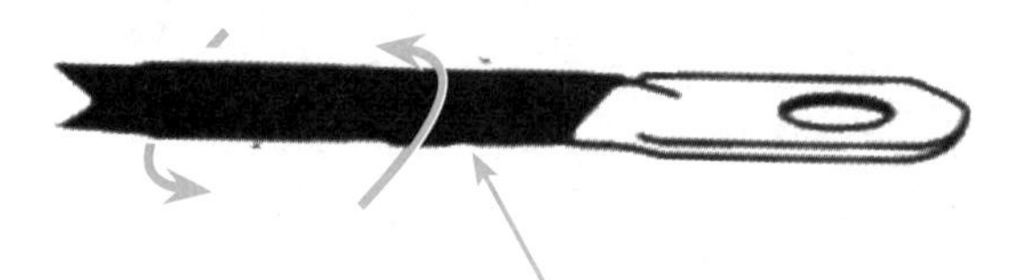

包缠出下层绝缘胶带约 1/2 带宽后断带，应完全包没压住绝缘胶带。如图中两个箭头所示，两手捏紧后进行反方向扭旋，使两端黑胶带端口密封

4.3.5 多股线压接圈线端绝缘层的恢复

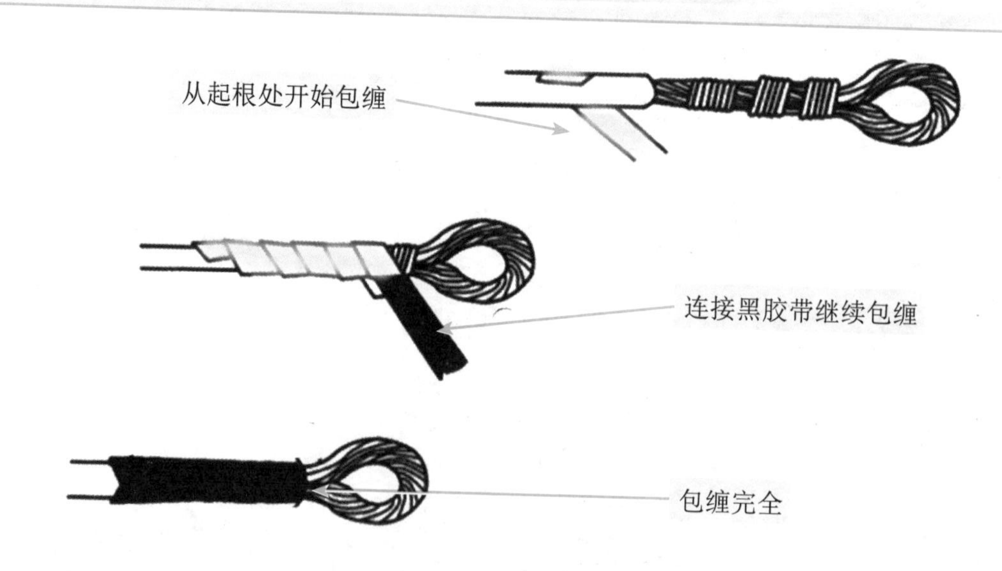

步骤和方法与上述接线耳线端绝缘层的恢复方法基本相同，但离压接圈根部 5mm 的芯线应留着不包。若包缠到圈的根部，螺栓顶部的平垫圈就会压着恢复的绝缘层，造成连接点的接触不良。

4.4 导线与接线桩的连接

4.4.1 导线与针孔式接线桩的连接

常见的针孔式接线桩连接设备

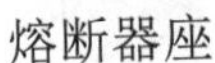

熔断器座

接线端子

电能表

导线与针孔式接线桩的正确连接

在导线与针孔式接线桩连接时，通常芯线直径都小于针孔，且都可插入双根芯线，故最好按要求的长度将芯线折成双股并列后插入针孔，并应使压紧螺钉顶在双股芯线的中间。

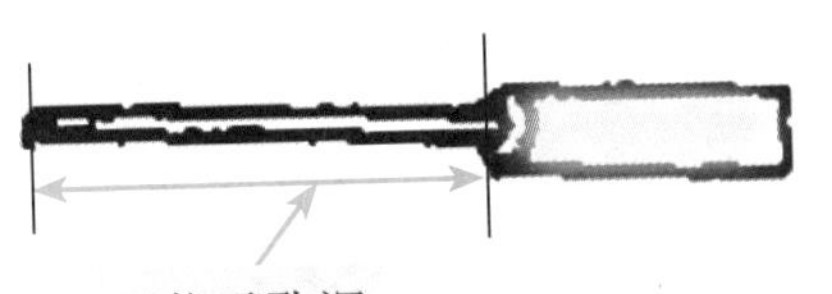

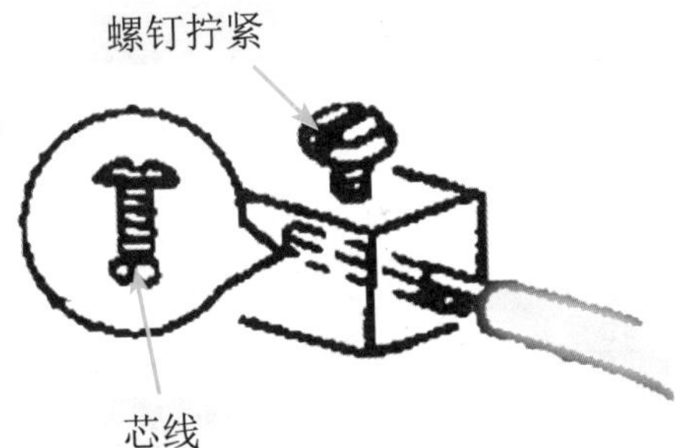

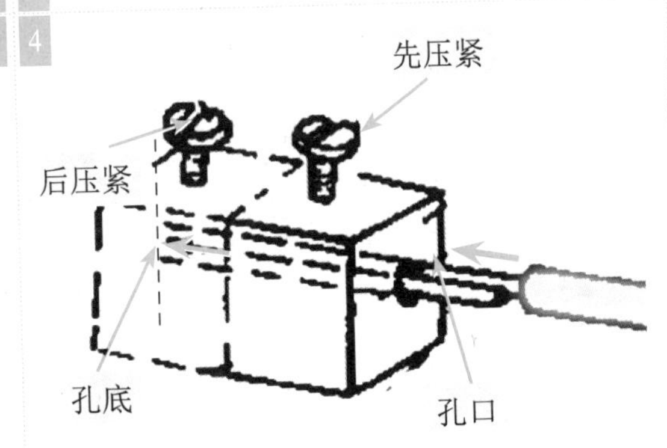

错误接法

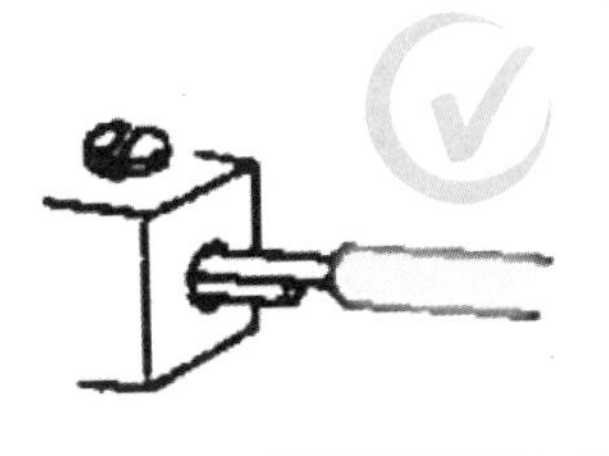

4.4.2 导线与螺钉平压式接线桩的连接

常见的螺钉平压式接线桩连接设备

灯座

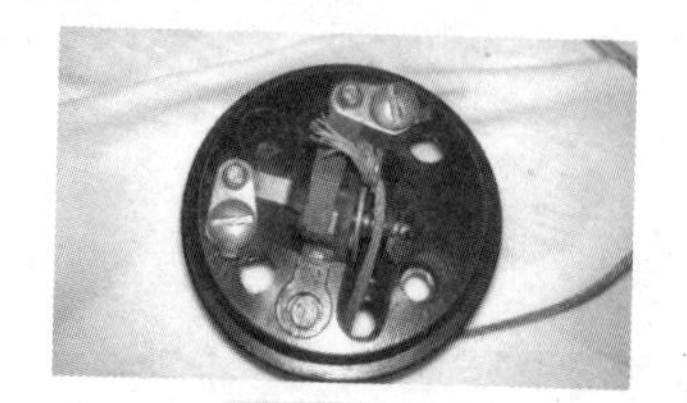

灯开关

插头

导线与螺钉平压式接线桩的正确接线

这种接线桩是依靠螺钉的平面，并通过垫圈紧压导线或接线鼻（也称接线耳）来完成连接的。连接时，应清除垫圈上、压接圈及接线鼻上的油垢。压接圈和接线鼻必须压在垫圈下边，压接圈的弯曲方向必须与螺钉的拧紧方向保持一致，导线绝缘层切不可压入垫圈内。螺钉必须拧得足够紧。

用尖嘴钳钳住导线

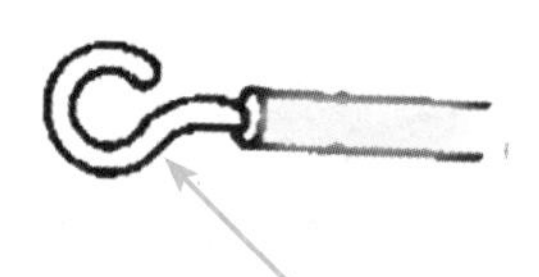

将导线用尖嘴钳做成钩形

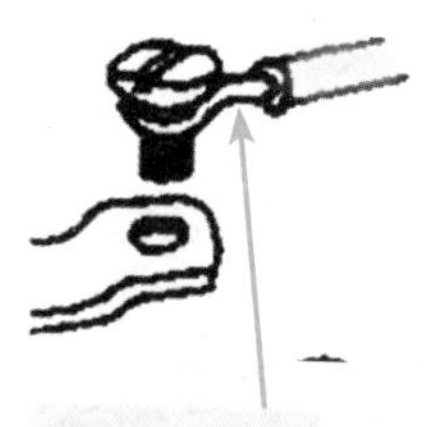

用螺钉压紧

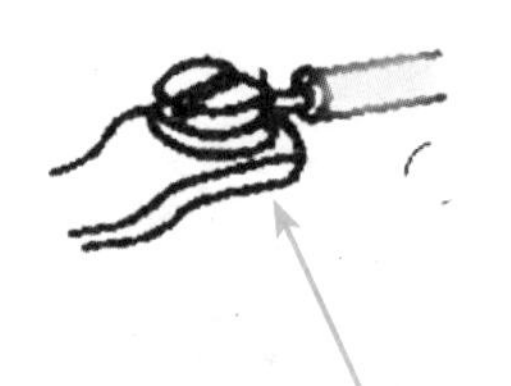

装入接线桩内固定

错误接法

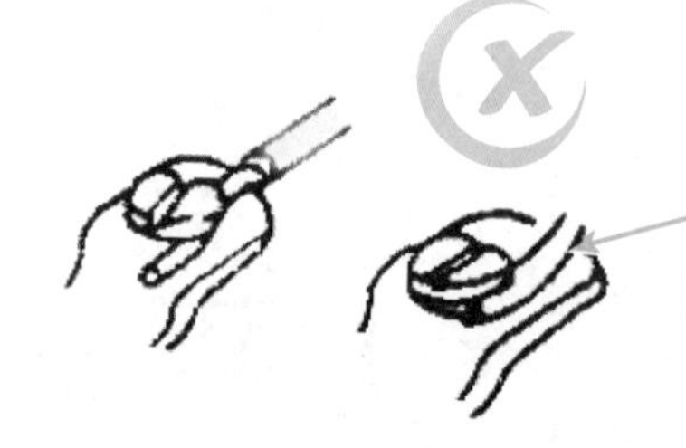

导线连接处不可预留过短或过长

导线连接正确预留长度在 3mm 左右

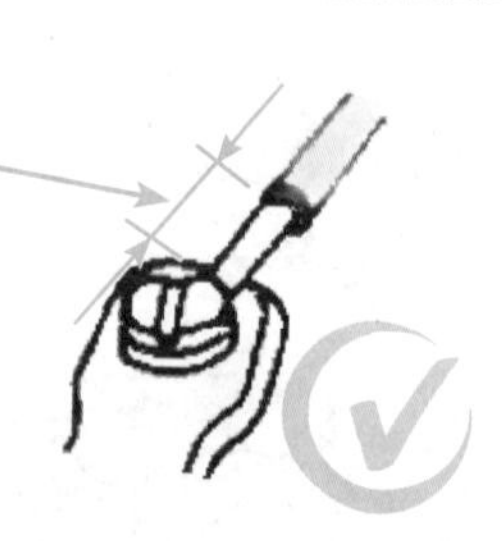

4.5
导线的绑扎

4.5.1 单花绑扎

步骤	说明
1	将绑扎线在导线上缠绕两圈，再自绕两圈，将较长一端绕过绝缘子，从上至下地压绕过导线
2	绕过绝缘子，从导线的下方向上紧缠两圈
3	将两根绑扎的线头在绝缘子背后相互拧 5 ～ 7 圈

绕两圈

压过导线

绕过绝缘子

拧 5 ～ 7 圈

4.5.2 双花绑扎

在绝缘子上进行双花绑扎类似于单花绑扎，只要在导线上 X 状压绕两次即可。

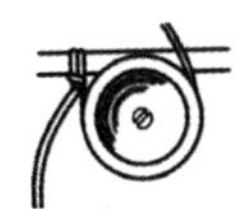

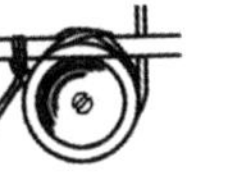

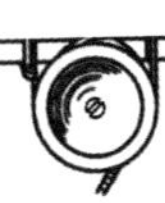

4.5.3 回头绑扎

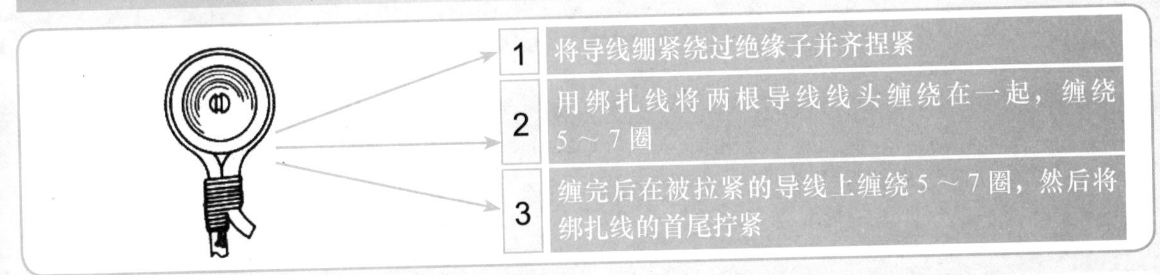

步骤	说明
1	将导线绷紧绕过绝缘子并齐捏紧
2	用绑扎线将两根导线线头缠绕在一起，缠绕 5 ～ 7 圈
3	缠完后在被拉紧的导线上缠绕 5 ～ 7 圈，然后将绑扎线的首尾拧紧

4.5.4 直导线在碟式绝缘子上的绑扎

步骤	说明
1	把拉紧的导线紧贴在绝缘子嵌线槽内，把绑扎线一端留出足够在嵌线槽中绕 1 圈和在导线上绕 10 圈的长度，并使绑扎线和导线呈 X 状相交
2	把盘成圈状的绑扎线，从导线右边下方绕嵌线槽背后缠至导线左边下方，并压住原绑扎线和导线，然后绕至导线右边，再从导线右边上方围绕至导线左边下方
3	从贴近绝缘子处开始，把绑扎线紧缠在导线上，缠满 10 圈后剪去余端
4	把绑扎线的另一端围绕到导线右边下方，也从贴近绝缘子处开始，紧缠在导线上，缠满 10 圈后剪去余端，绑扎完毕

4.6 电工常用的绳扣结法

常用的麻绳有亚麻绳和棕麻绳两种，质量以白棕绳为佳。麻绳的强度较低，易磨损，适于捆绑、拉索、提吊物体用，但在机械启动的起重机械中严禁使用。

平结

平结又称接绳扣，用于连接两根粗细相同的麻绳。

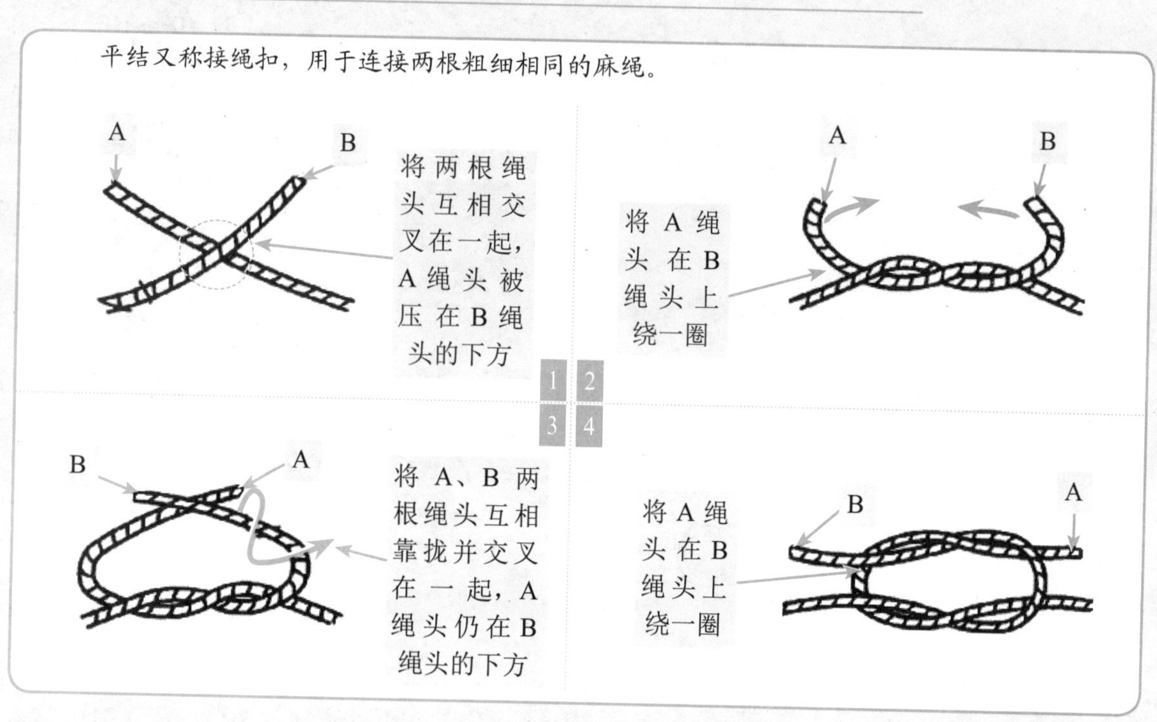

活结

活结的打结方法基本上与平结相同，只是在第1步将绳头交叉时，把两根绳头中的任一根绳头A绳头或B绳头留得稍长一些；在第4步中，不要把稍长的A绳头或B绳头全部穿入绳圈，而将其绳头在圈外留下一段，然后把绳结拉紧。

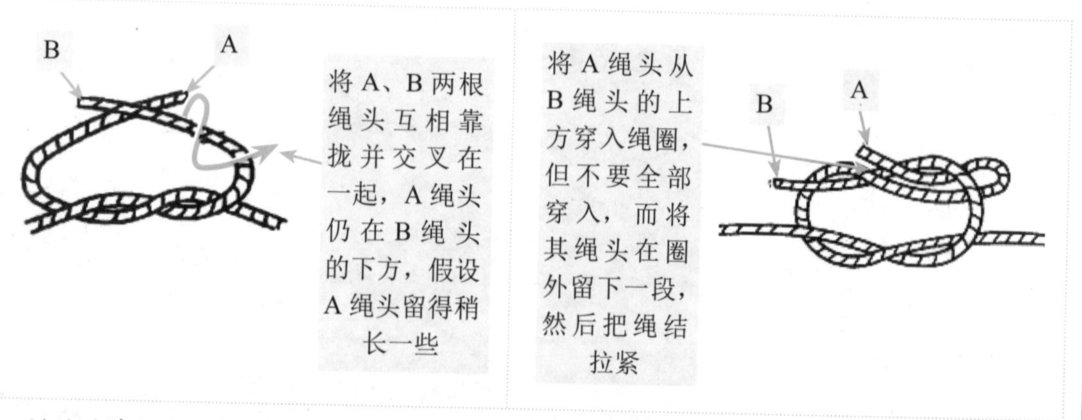

活结的特点是，当需要把绳结拆开时，只需把留在圈外的A绳头或B绳头用力拉出，绳结即被拆开，拆开方便而迅速。

死结

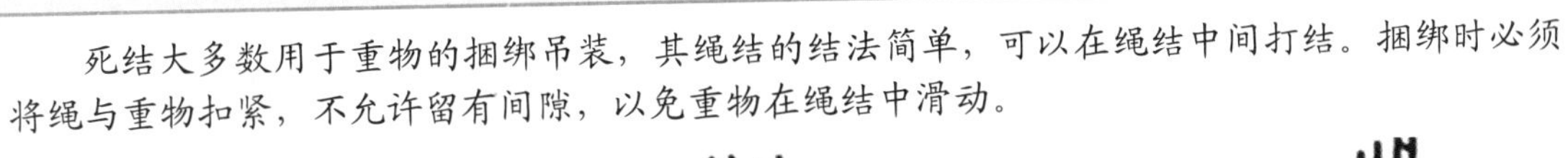

死结大多数用于重物的捆绑吊装，其绳结的结法简单，可以在绳结中间打结。捆绑时必须将绳与重物扣紧，不允许留有间隙，以免重物在绳结中滑动。

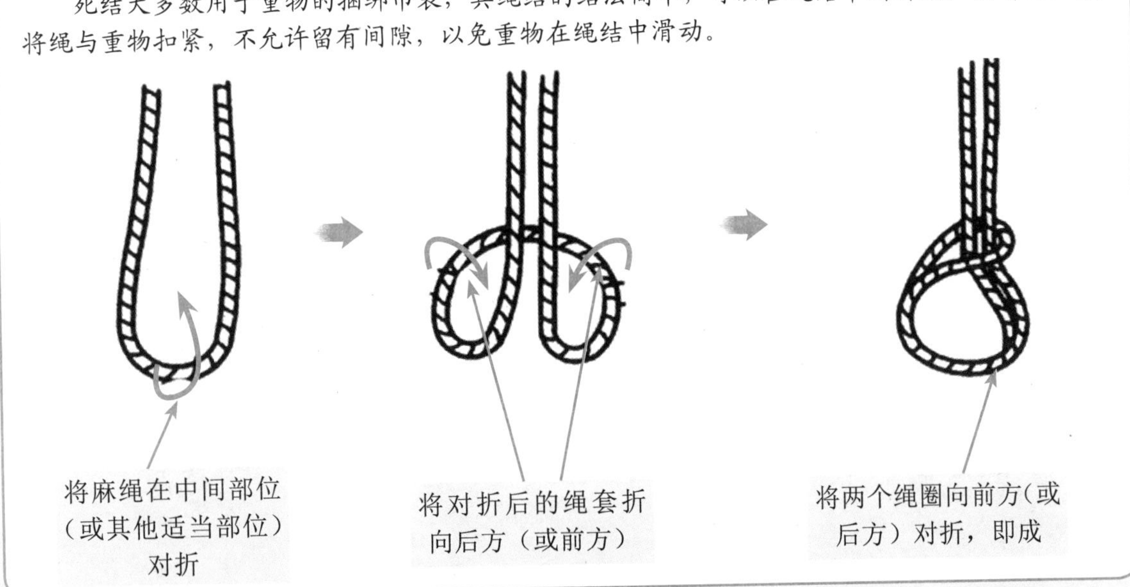

水手结（滑子扣、单环结）

水手结在起重作业中使用较多，主要用于拖拉设备和系挂滑车等。该绳结牢固、易解，拉紧后不会出现死结。

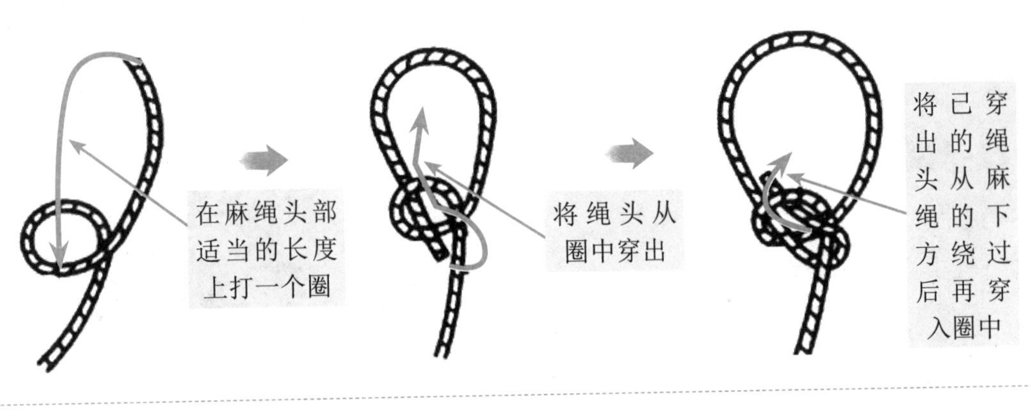

绳结做成后，必须将绳头的绳结拉紧，否则容易翻转

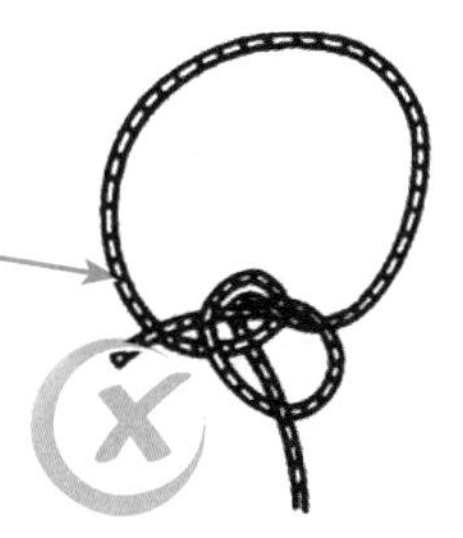

绳结做成后，必须将绳头的绳结拉紧，否则容易翻转

下面是水手结的第二种打结方法。

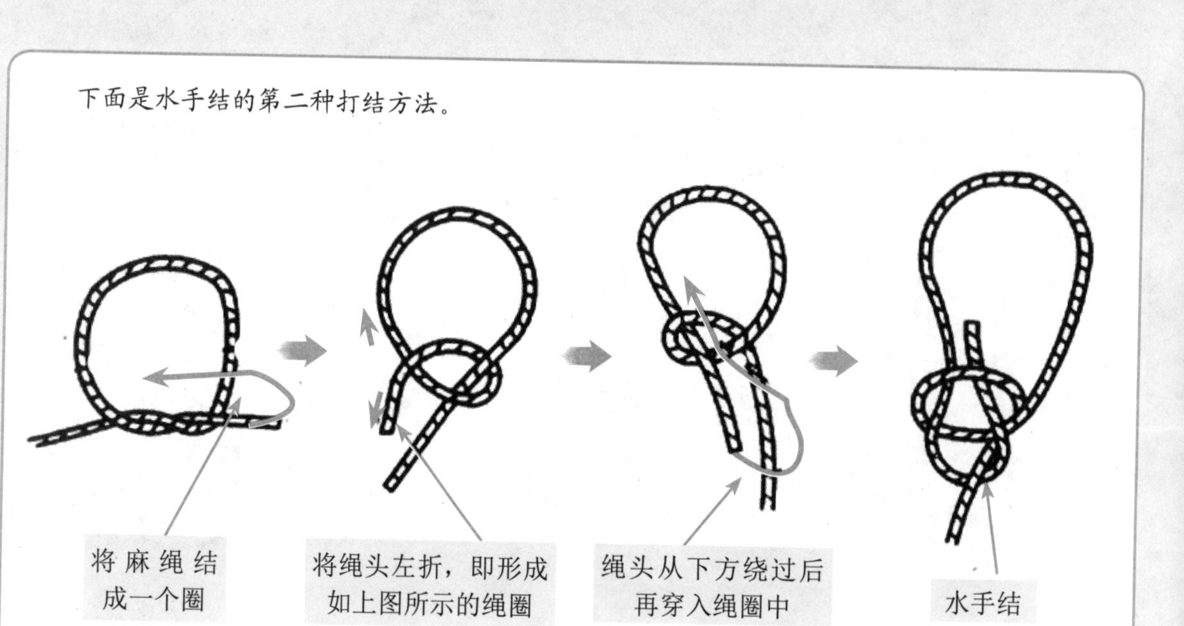

绳结形成后，同样要把绳结拉紧后才能使用。

双环扣（双环套、双绕索结）

双环扣的作用与水手结基本相同，它可在绳的中间打结。由于其绳结同时有两个绳环，因此在捆绑重物时更安全。

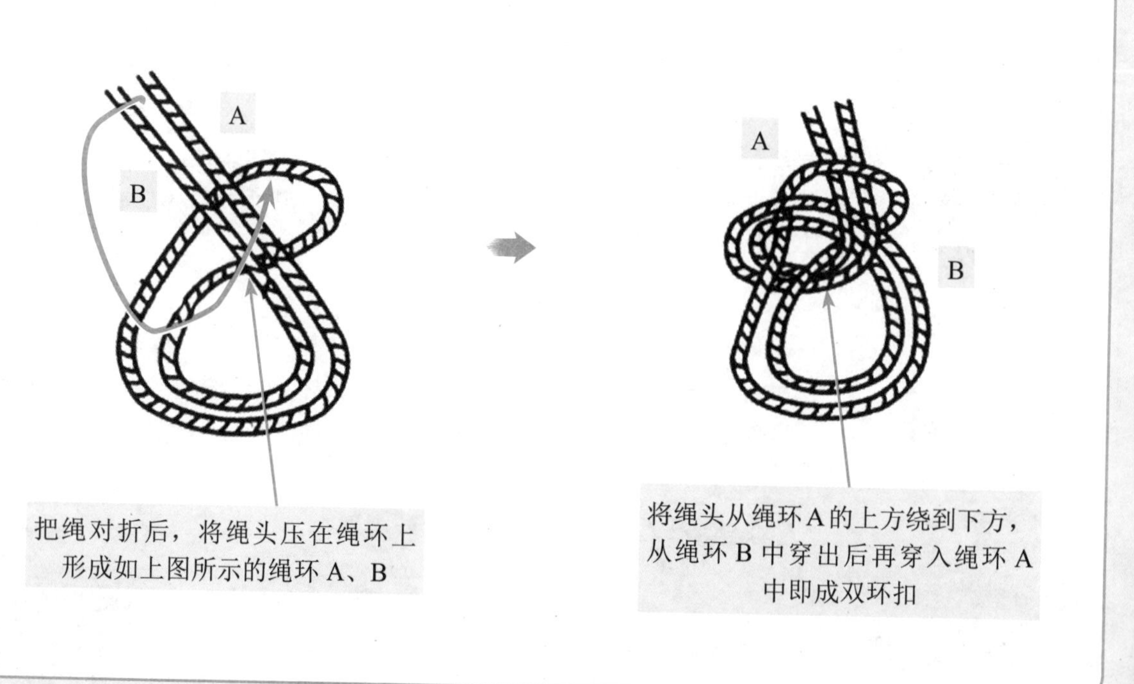

单帆索结

单帆索结用于两根麻绳的连接。

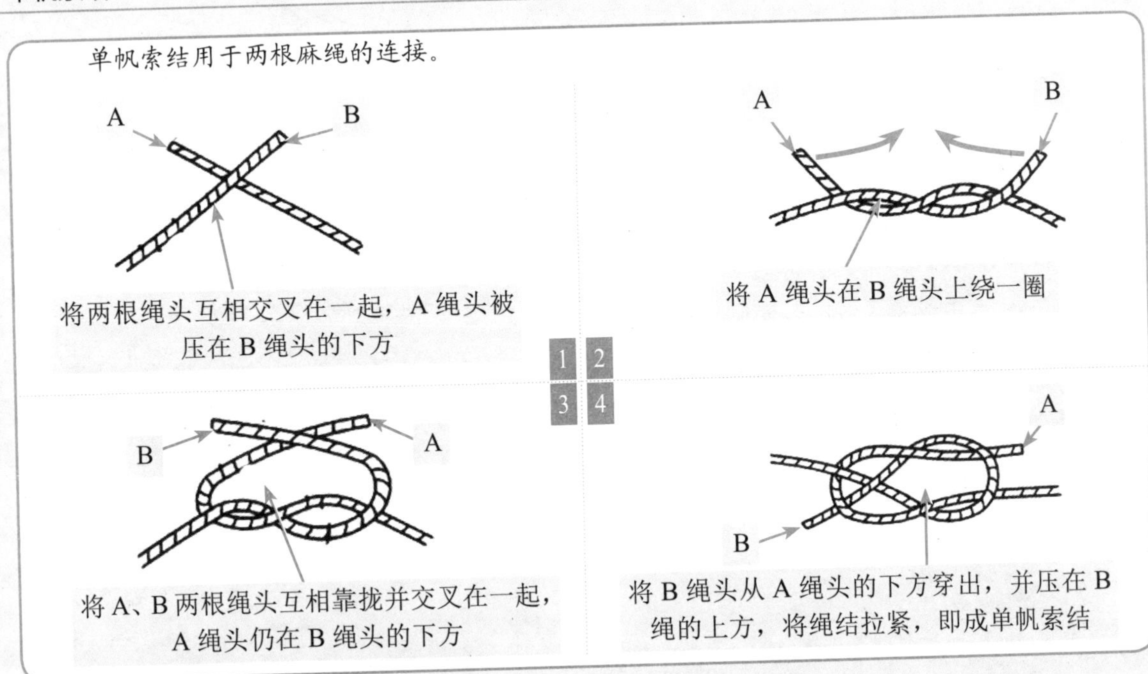

8 字结（梯形结、猪蹄扣）

8 字结主要用于捆绑物件或绑扎桅杆，其打结方法简单，而且可以在绳的中间打结，绳结脱开时不会打结，其打结方法有两种。

第一种方法如下。

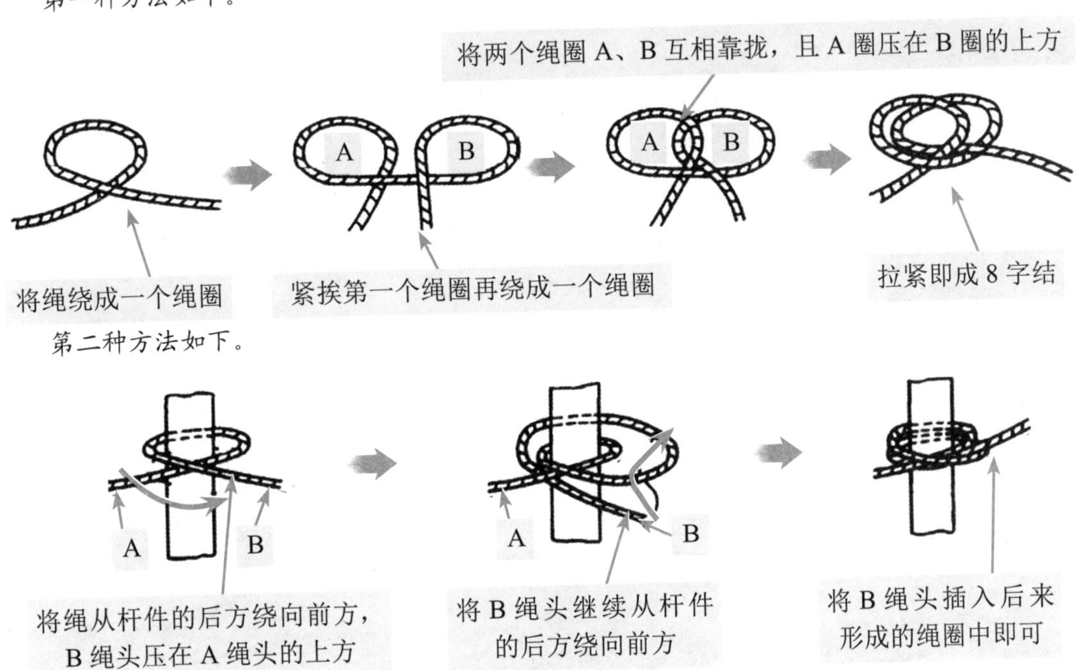

第5章

低压电器

5.1

低压断路器

低压断路器是一种用于交流 50Hz 或 60Hz、额定电压在 1200V 及以下，直流额定电压在 1500V 及以下能接通、承受和分断电流的配电电器。

5.1.1 低压断路器的外形、图形符号、结构及作用

低压断路器的图形符号

QF　QF　QF

低压断路器的结构

低压断路器的作用及与刀开关的比较

低压断路器能够接通、承受和分断正常电路条件下的电流，非正常条件下（如过载、短路、欠电压及单相接地故障时）接通、承受一定时间和分断故障电流。

刀开关作为最低廉的开关，常被使用，但它一般没有灭弧装置，不能带负荷操作，而切、合负荷电流引燃的电弧可能导致相间或相对地短路事故

二者比较

低压断路器在断开时有明显的断路点，因而胜任电气隔离作用，而断路器触头处于灭弧罩内，断开时没有明显的断开点

刀开关与低压断路器是相辅相成的，往往配套使用。在成套的低压配电柜中，刀开关一般都与断路器串联使用，刀开关上接电源下接断路器，断路器上接刀开关下接负载。

5.1.2 低压断路器的种类

万能式断路器

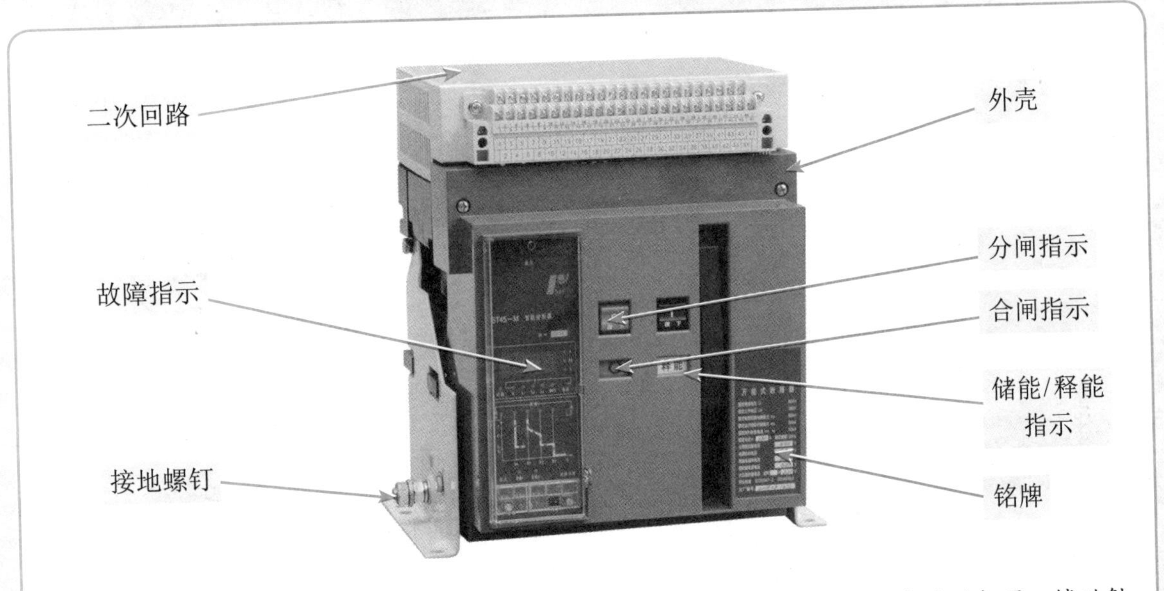

万能式断路器的容量较大，其额定电流一般为 200 ～ 6300A，可装设多种脱扣器，辅助触头的数量很多，不同的脱扣器组合可以构成不同的保护特性。

塑料外壳式断路器

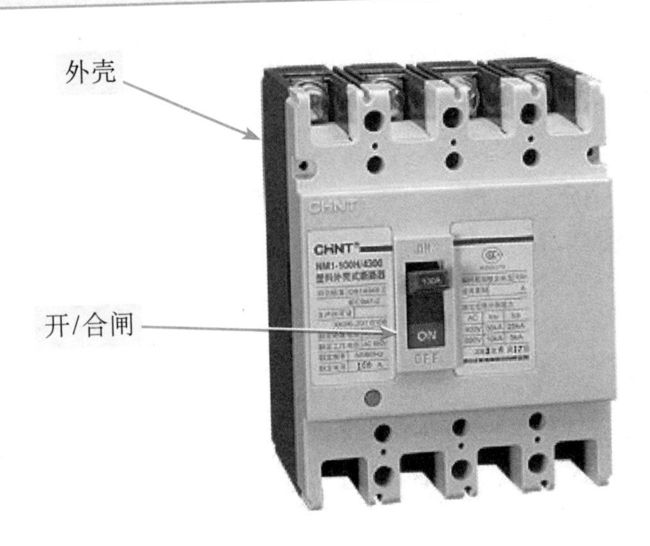

塑料外壳式断路器的所有零部件都安装在一个塑料外壳中，没有裸露的带电部分，使用比较安全。塑料外壳式断路器多为非选择型，而且容量较小，一般在 600A 以下。小容量的断路器 （50A 以下）一般采用非储能闭合、手动操作。

5.1.3 低压断路器的安装

1 低压断路器应水平或垂直安装，特殊形式的低压断路器应按产品说明书的要求进行安装

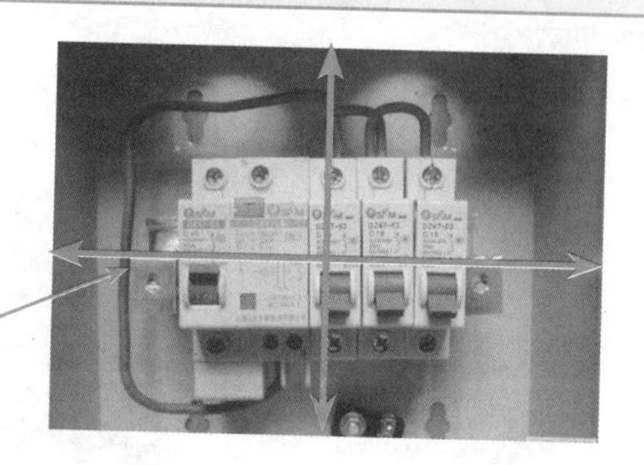

低压断路器要保持水平或垂直安装

2 低压断路器应安装牢固、整齐，并要便于操作和检修

3 在有易燃、易爆、腐蚀性气体的场所，应采用防爆等特殊类型的低压断路器

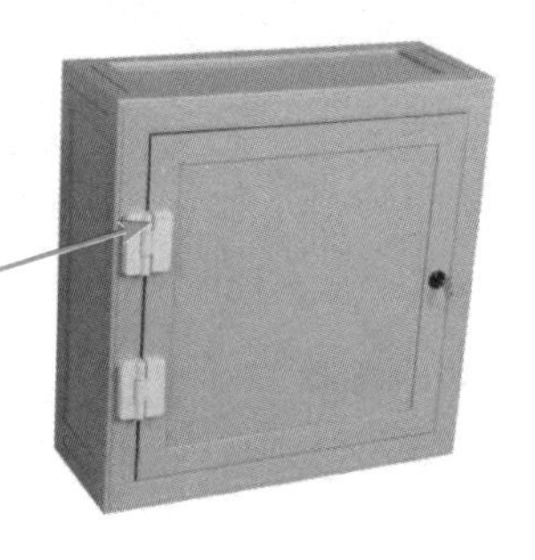

特殊场合可以加装此类防护盒

4 在多尘、潮湿、人易触碰和露天场所，应采用封闭式的低压断路器，采用开启式的，应加保护箱

5 落地安装的低压断路器，其底部应高出地面100mm

低压断路器距地面距离应有100mm

地面

6 安装低压断路器（尤其是万能式断路器）的盘面上一般应标明安装设备的名称及回路编号或路别

5.2 接触器

接触器是指仅有一个起始位置，能接通、承受和分断正常电路条件（包括过载运行条件）下电流的一种非手动操作的机械开关电器。

5.2.1 接触器的图形符号

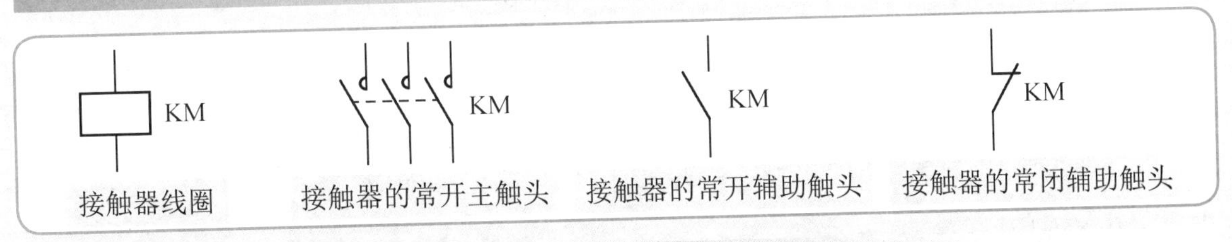

5.2.2 接触器的种类

交流接触器

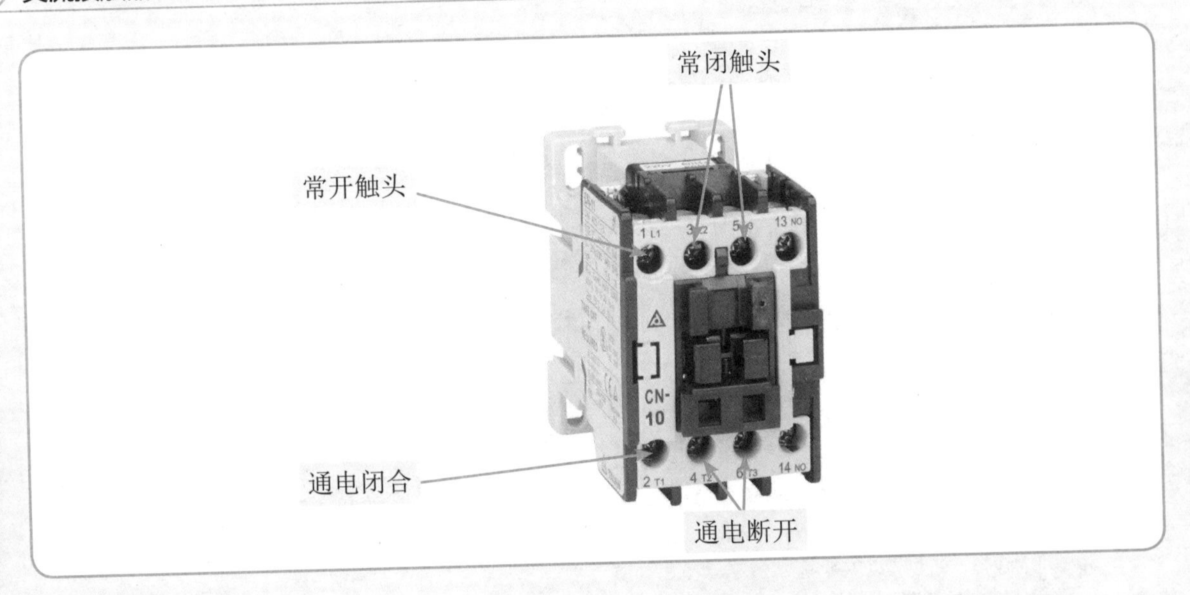

直流接触器

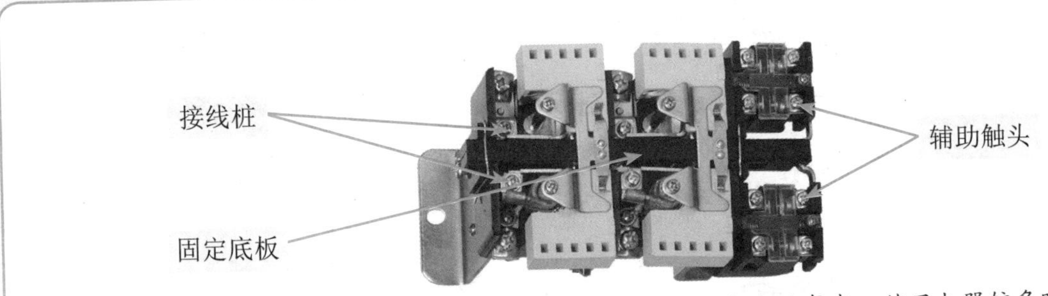

当线路简单、使用电器较少时，可选用 220V 或 380V；当线路复杂、使用电器较多时，可选用 36V、110V 或 127V。

5.2.3 接触器的选用和安装

接触器的选用

应根据控制线路的技术要求正确地选用接触器，通常考虑的因素有以下几种。

选择接触器的类型

根据所控制的电动机或负载电流的类型来选择接触器，即交流负载时选用交流接触器，直流负载时选用直流接触器。如果控制系统中以交流电动机为主，而直流电动机或直流负载的容量比较小，那么也可全部选用交流接触器进行控制，但是触头的额定电流应适当地选择得大一些。

选择接触器主触头的额定电压

通常情况下，所选用接触器主触头的额定电压应大于或等于负载回路的额定电压。

选择接触器主触头的额定电流

所选用接触器主触头的额定电流应大于电动机的额定电流。

电动机的额定电流可按下式进行计算，即

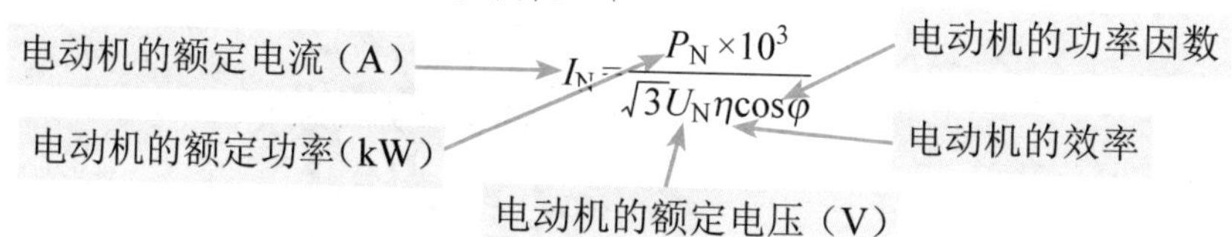

额定电压为380V、功率为100kW以下的三相电动机，其中$\eta\cos\varphi$为0.7～0.82，故

$$I_N=\frac{P_N\times10^3}{\sqrt{3}\times380\times(0.7\sim0.82)}$$
$$\approx(1.85\sim2.17)\,P_N\approx2P_N(\text{数值关系})$$

上式说明，额定电压为380V、功率为100kW以下的三相电动机可按每千瓦2A估算额定电流。三相电动机的额定电压为220V时，电动机的额定电流$I_N\approx3.5P_N$；三相电动机的额定电压为660V时，电动机的额定电流$I_N\approx1.2P_N$。

若接触器在频繁启动、制动和频繁正反转的场合下使用，则一般将接触器主触头的额定电流降低一个等级或将可控制的电动机最大功率减半使用。

选择接触器吸引线圈的电压

接触器吸引线圈的电压一般从人身和设备安全角度考虑要选择得低一些，但是当线路比较简单、用电量不大时，为了节省变压器，则可根据设备需要电压选用吸引线圈电压相同的接触器。

选择接触器触头的数目、种类

选择接触器触头的数目、种类等应满足控制线路的要求。

接触器的接线

接触器使用最为广泛的就是在电动机控制线路中，此处也以该接线为例进行展示。

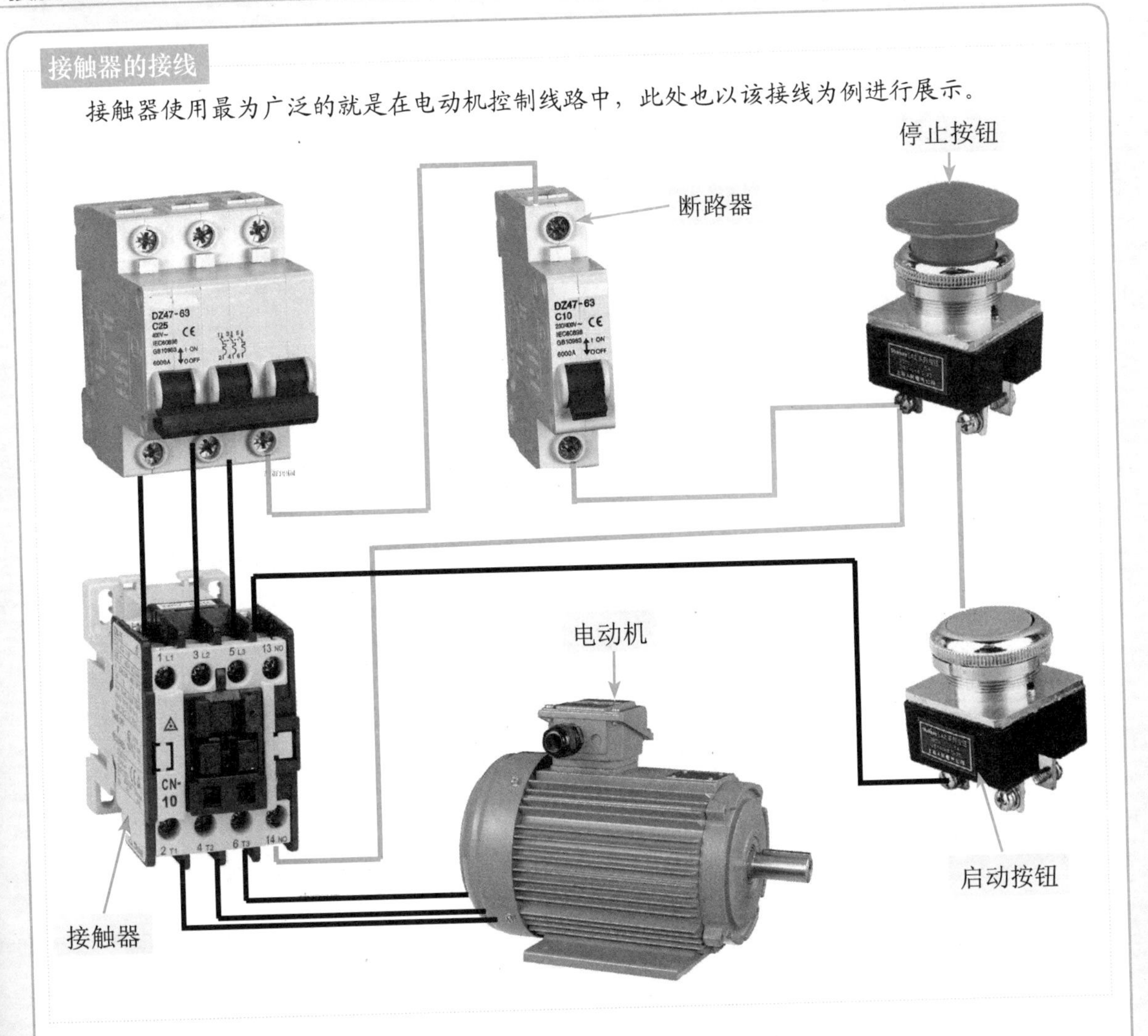

接触器安装注意事项

1. 安装时，接触器的底面应与地面垂直，倾斜应小于5°
2. 安装应牢固，接线应可靠，螺钉应加装弹簧垫和平垫圈，以防松脱和振动
3. 安装完毕后，应检查有无零件或杂物掉落在接触器上或内部，检查接触器的接线是否正确，还应在不带负载的情况下检测接触器的性能是否合格
4. 安装时，应注意留有适当飞弧空间，以免烧损相邻电器
5. 灭弧罩应安装良好，不得在灭弧罩破损或无灭弧罩的情况下将接触器投入使用
6. 确定安装位置时，还应考虑到日常检查和维修及日后使用中清洁的方便性

5.3 熔断器

熔断器是一种起保护作用的电器，串联在被保护的电路中，当线路或电气设备的电流超过规定值足够长的时间后，其自身产生的热量能够熔断一个或几个特殊设计的和相应的部件，断开其所接入的电路，切断电源．从而起到保护作用。

5.3.1 熔断器的外形及图形符号

熔断器结构简单、使用方便、价格低廉，广泛应用于低压配电系统和控制线路中，主要作为短路保护器件，也常作为单台电气设备的过载保护器件。

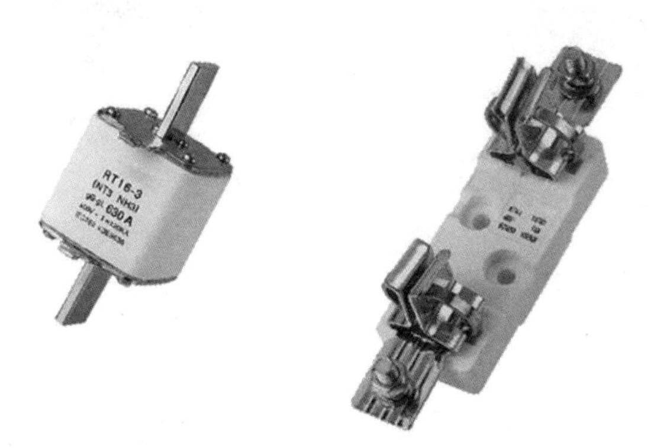

熔断器　　熔断器座

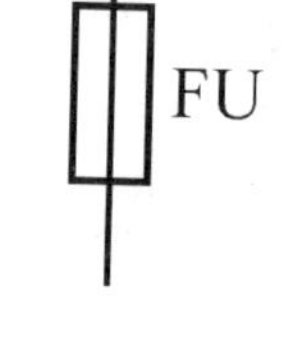

熔断器的图形符号

5.3.2 熔断器的选用

选择熔体的额定电流

（1）对变压器、电炉及照明等负载的短路保护，熔体的额定电流应稍大于线路负载的额定电流。

（2）对电动机进行短路保护时，熔体的额定电流 I_{FN} 应大于或等于 1.5 ～ 2.5 倍电动机的额定电流，即 $I_{FN} \geqslant (1.5 \sim 2.5)I_N$ 。

（3）在同时保护几台电动机的情况下，熔体的额定电流 I_{FN} 应大于或等于其中最大容量的一台电动机的额定电流 I_{NMAX} 的 1.5 ～ 2. 5 倍再加上其余电动机额定电流的总和，即 $I_{FN} \geqslant (1.5 \sim 2.5)I_{NMAX}+\Sigma I_N$。

（4）在电动机功率较大而实际负载较小时，熔体的额定电流可适当小些，小到以启动时熔体不熔断为准。

选择熔断器的额定电压和额定电流

（1）熔断器的额定电压必须大于或等于线路的工作电压。

（2）熔断器的额定电流必须大于或等于所装熔体的额定电流。

5.4
继电器

继电器是一种自动和远距离操纵用的电器，广泛地用于自动控制系统、遥控系统、遥测系统、电力保护系统及通信系统中，起着控制、检测、保护和调节的作用，是现代电气装置中最基本的器件之一。

5.4.1 继电器的种类及作用

常用继电器的种类如下。

种　类	动作特点
电流继电器	当电路中通过的电流达到规定值时动作
电压继电器	当电路中端电压达到规定值时动作
中间继电器	当电路中端电压达到规定值时动作
时间继电器	自得到动作信号起至触头动作有一定延时

电流继电器

电流继电器常被用于电动机的过载及短路保护、直流电机的磁场控制及失磁保护。

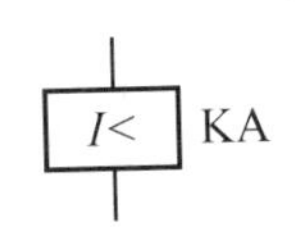

欠电流继电器线圈

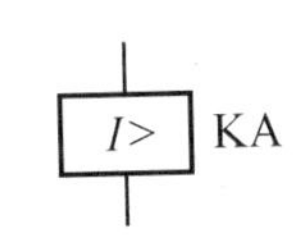

过电流继电器线圈

常开触头

常闭触头

电压继电器

电压继电器是一种当电路中端电压达到规定值时而接通或断开电路的继电器，即触头的动作与线圈的动作电压大小有关的继电器。电压继电器常被用于电动机失压或欠电压保护及制动和反转控制等。

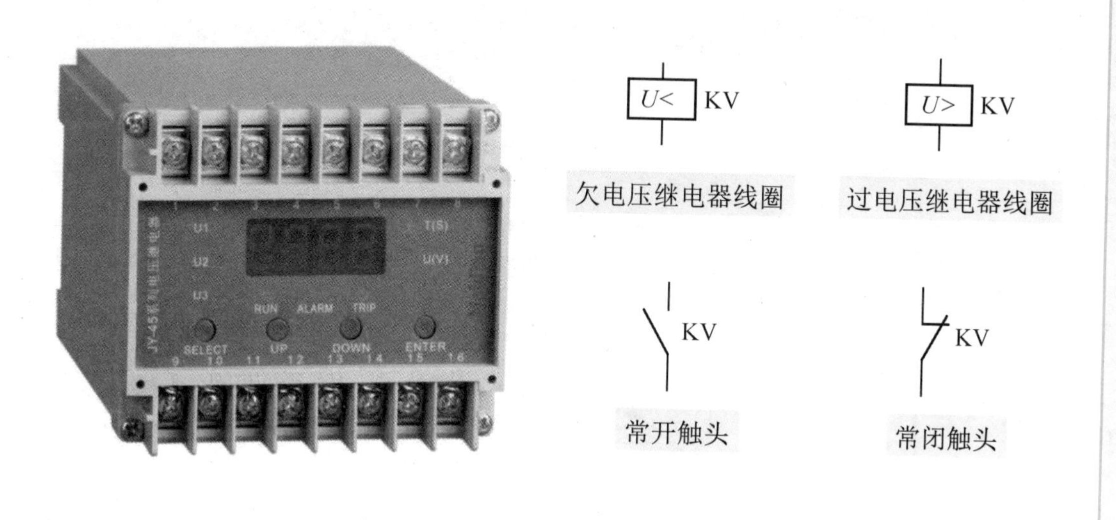

中间继电器

中间继电器是一种通过控制电磁线圈的通断将一个输入信号变成多个输出信号或将信号放大（即增大触头容量）的继电器。中间继电器因其触头数量比较多，容量比较大，在线路中常被用于增加控制回路数或起信号放大作用。

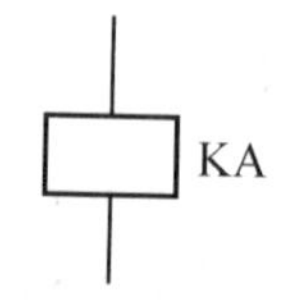

中间继电器线圈

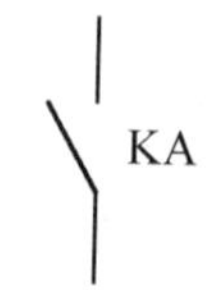

常开触头

常闭触头

时间继电器是一种自得到动作信号起至触头动作或输出电路产生跳跃式改变有一定延时，该延时又符合其准确度要求的继电器，即从得到输入信号（线圈的通电或断电）开始，经过一定的延时后才输出信号（触头的闭合或断开）的继电器。时间继电器常被用于交、直流电动机，作为以时间为函数启动时切换电阻的加速继电器，控制笼式电动机的星形－三角形启动、能耗制动及各种生产工艺程序等。

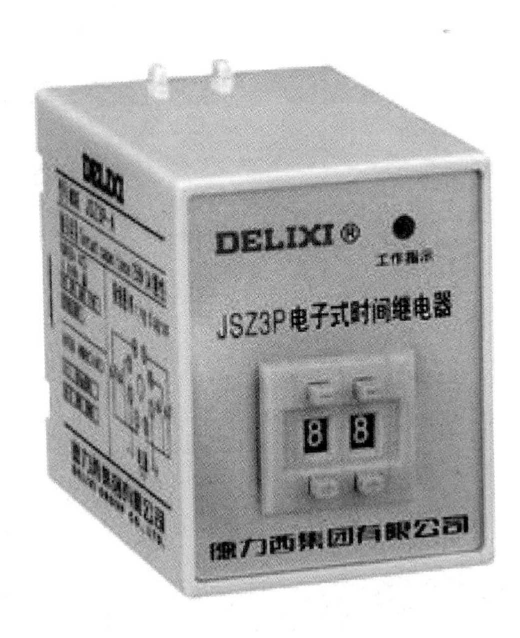

时间继电器的图形符号较多，在电路中的不同位置中，用于表现继电器的状态。

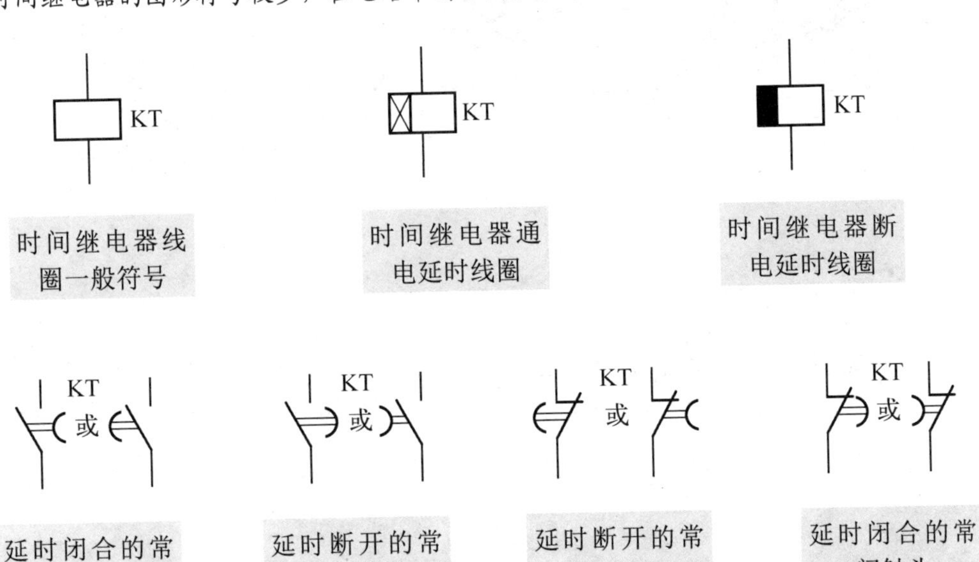

时间继电器线圈一般符号

时间继电器通电延时线圈

时间继电器断电延时线圈

延时闭合的常开触头

延时断开的常开触头

延时断开的常闭触头

延时闭合的常闭触头

5.4.2 继电器的安装

继电器的接线

继电器使用非常广泛，此处以照明线路的断电延时控制电路为例展示其接线方法。

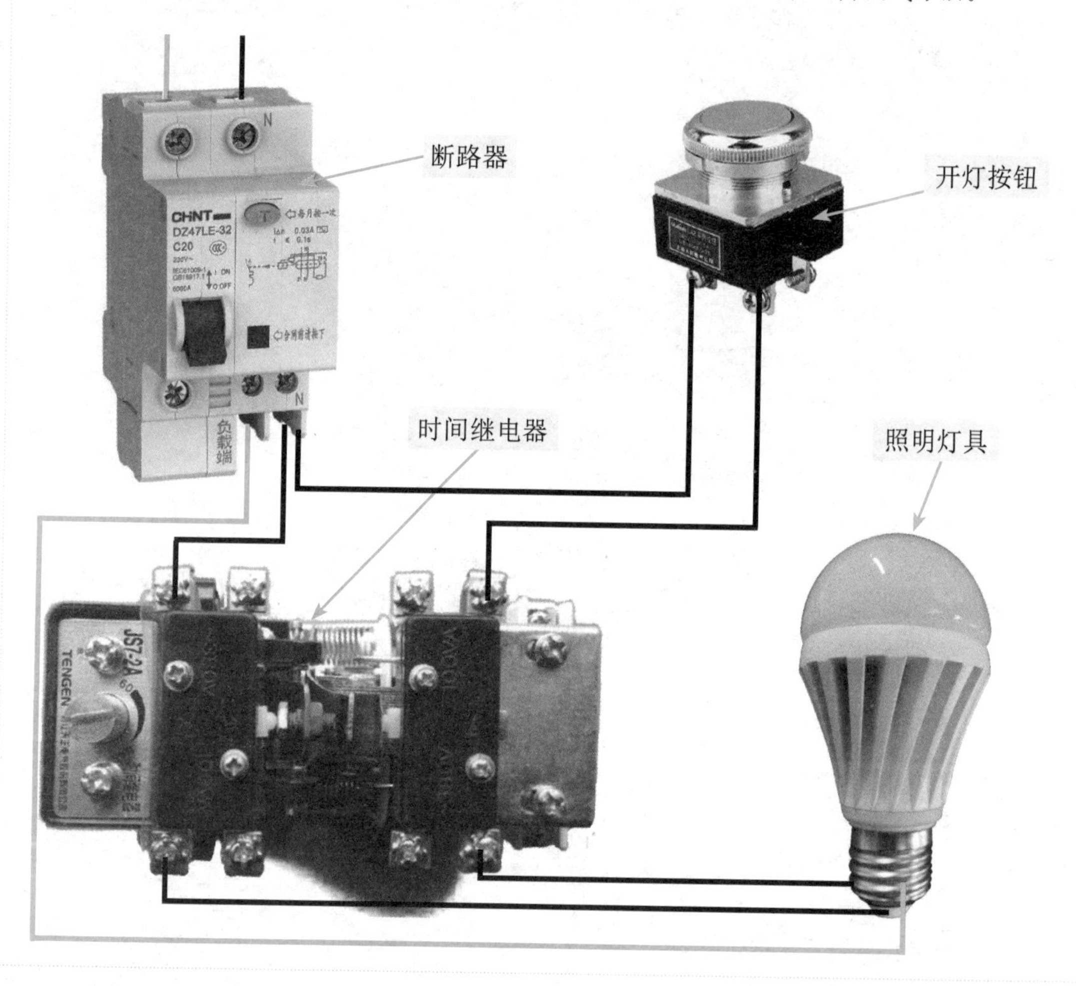

继电器安装注意事项

1 当需要许多只继电器紧挨着安装在一起时，由于产生的热量叠加可能会导致非正常高温，所以安装时彼此间应有足够的间隙（一般为 5mm）以防止热量累积

2 当使用插座时，应保证插座安装牢固，继电器引脚与插座接触可靠，安装孔与插座配合良好，并正确使用插座及继电器安装支架

3 若需要用引线连接继电器，则应按照其负载大小，选取适当截面积的引线

5.5 行程开关

行程开关又称限位开关或位置开关，是一种利用生产机械某些运动部件的碰撞来发出控制指令的主令电器。通常，行程开关用于限制生产机械的运动方向、行程大小，使生产机械按一定位置或行程自动停止、反向运动、变速运动或自动往返运动等。

5.5.1 行程开关的种类、结构及图形符号

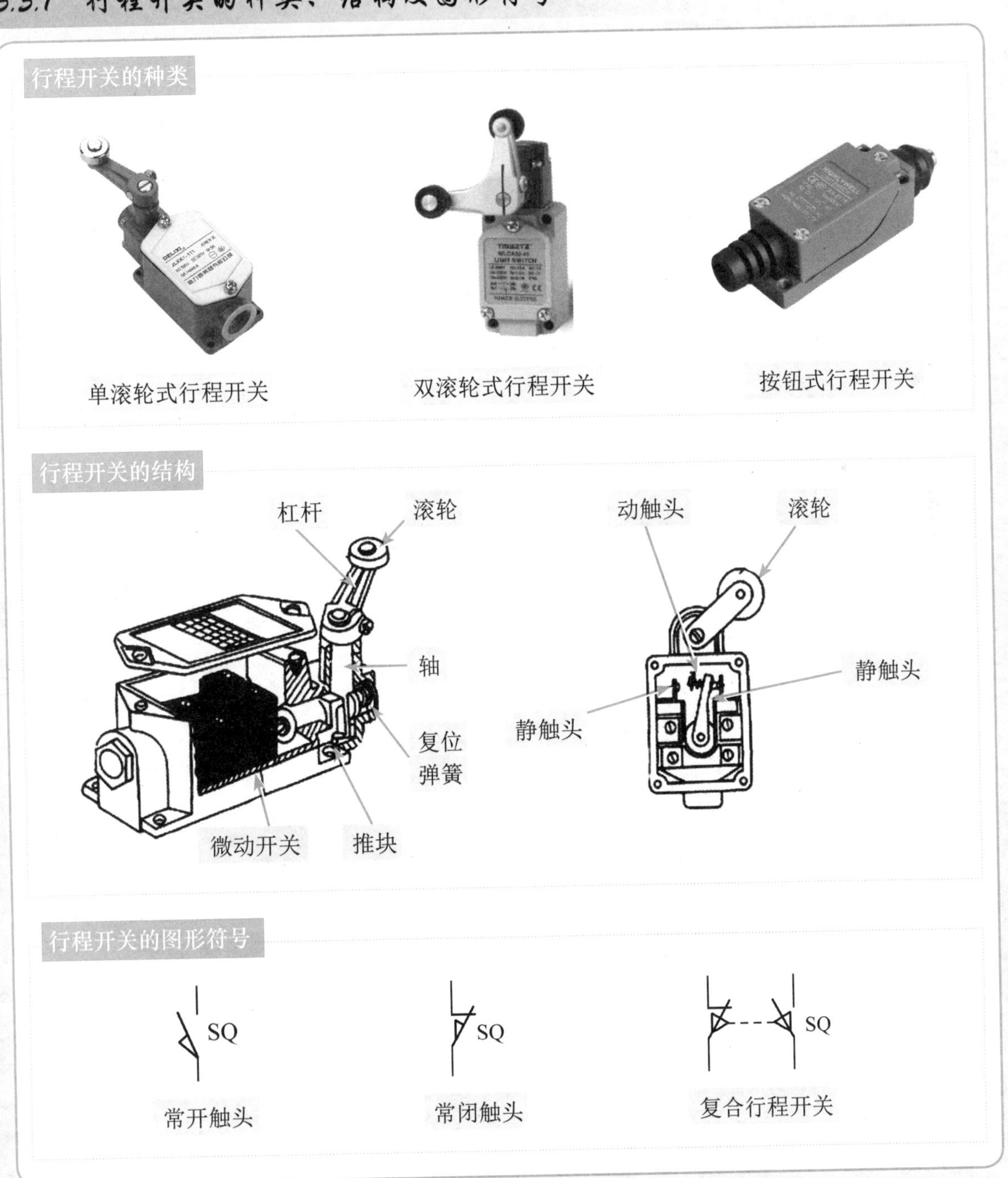

5.5.2 行程开关的选用和接线

行程开关的选用

（1）根据使用场合和控制对象来确定行程开关的种类。当生产机械运动速度不是太快时，通常选用一般用途的行程开关；当生产机械行程通过的路径不宜装设直动式行程开关时，应选用凸轮轴转动式的行程开关；在工作效率很高、对可靠性及精度要求也很高时，应选用接近开关。

（2）根据使用环境条件，选择开启式或保护式等防护形式。

（3）根据控制电路的电压和电流选择系列。

（4）根据生产机械的运动特征，选择行程开关的结构形式（即操作方式）。

行程开关的接线

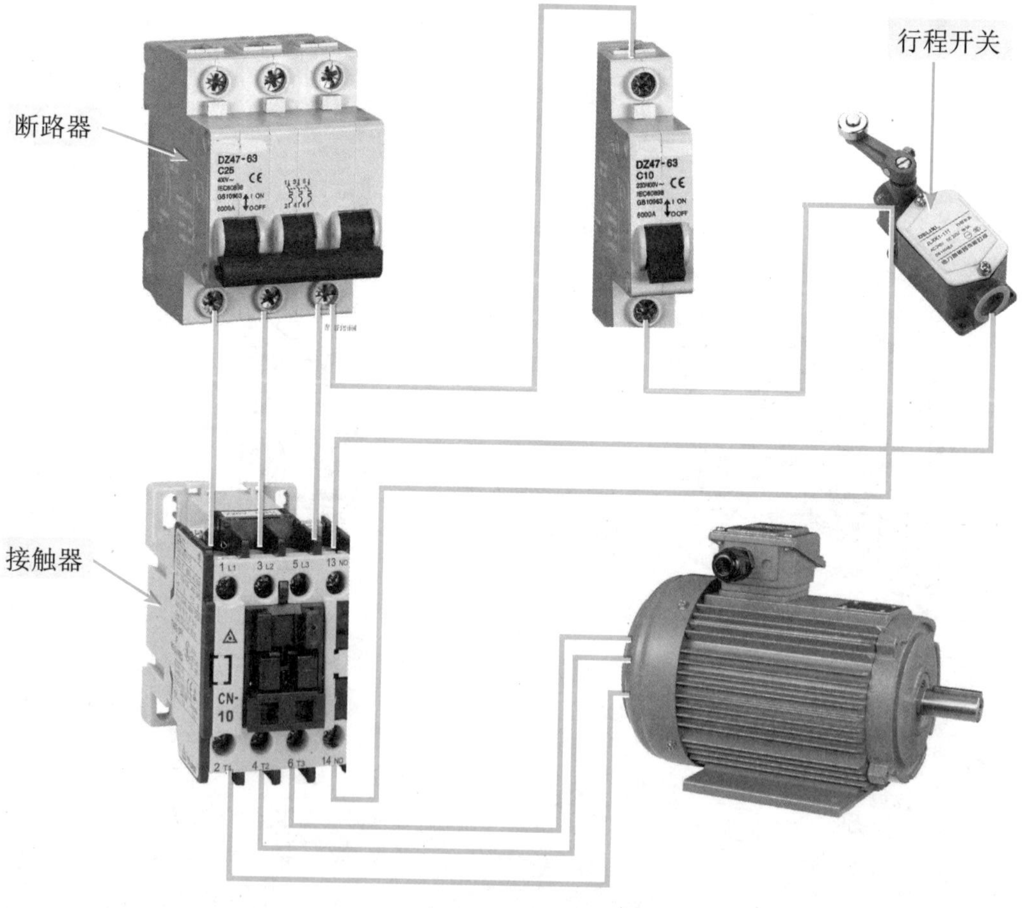

5.6 按钮开关

按钮开关是一种手动且一般可自动复位的主令电器。它不直接控制主电路的通断，而是通过控制电路的接触器、继电器、电磁启动器来操纵主电路。

5.6.1 按钮开关的种类及图形符号

按钮开关的种类

启动按钮

启动和停止按钮

启动、停止和后退按钮

按钮开关的图形符号

SB
E-

常开按钮

常开按钮在操作前触头是断开的，按下时触头接通，放松后，触头自动复位。

常闭按钮

常闭按钮在操作前触头是闭合的，按下时触头断开，放松后，触头自动复位。

复合按钮

复合按钮有两组触头，操作前有一组闭合，另一组断开；按下时，闭合的触头断开，而断开的触头闭合；放松后，两组触头全部自动复位。

5.6.2 万能转换开关

万能转换开关是一种对电路进行多种功能转换的主令电器，主要用于电压表、电流表的换相测量控制，小型电动机的启动、制动及正反转转换控制，以及各种控制线路的转换等。由于开关的触头挡位多，换接线路多，用途广泛，故称为万能转换开关。

万能转换开关的种类

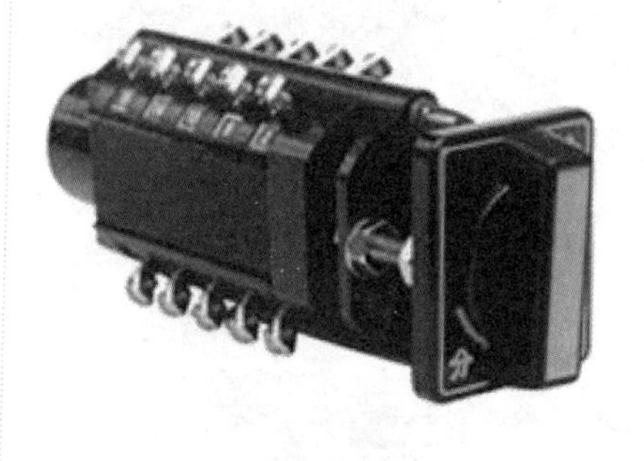

复杂型万能转换开关

普通型万能转换开关

万能转换开关的图形符号和触头通断表

万能转换开关的触头很多；位置也很多，在机电控制系统图中经常把万能转换开关的图形符号和触头通断表结合使用。

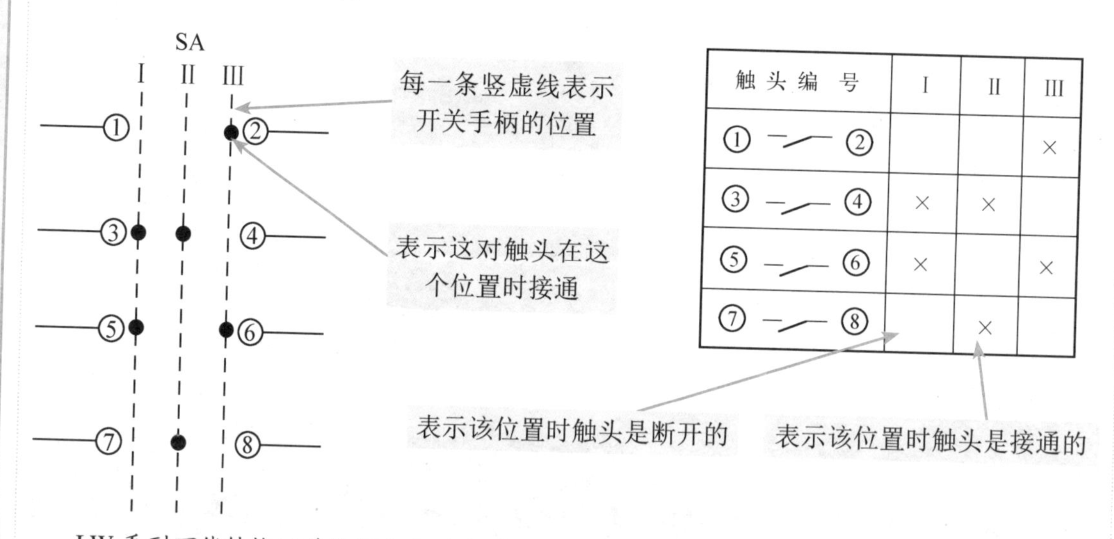

触头编号	I	II	III
①—⁄—②			×
③—⁄—④	×	×	
⑤—⁄—⑥	×		×
⑦—⁄—⑧		×	

LW 系列万能转换开关的额定电压为 500V，额定电流为 15A，操作频率为 120 次/分。

5.6.3 按钮开关的选用

（1）应根据使用场合和具体用途选择按钮开关的类型。例如，控制台面板上的按钮开关一般可用开启式；若需显示工作状态，则应选用带指示灯式；在重要场所，为防止无关人员误操作，一般采用钥匙式；在有腐蚀的场所一般采用防腐式。

（2）应根据工作状态指示和工作情况的要求选择按钮开关和指示灯的颜色。例如，停止或分断用红色，启动或接通用绿色，应急或干预用黄色。

（3）应根据控制回路的需要选择按钮开关的数量。例如，需要进行“正（向前）”、“反（向后）”及“停”3种控制时，可用3只按钮开关，并装在同一个按钮盒内；只需进行“启动”及“停止”控制时，则用两只按钮开关，并装在同一个按钮盒内。

>> 提示

在维修或安装操作中，常常需要接触到各种颜色的导线，现将不同应用场合所用导线的颜色进行简单的概括，如下所示。

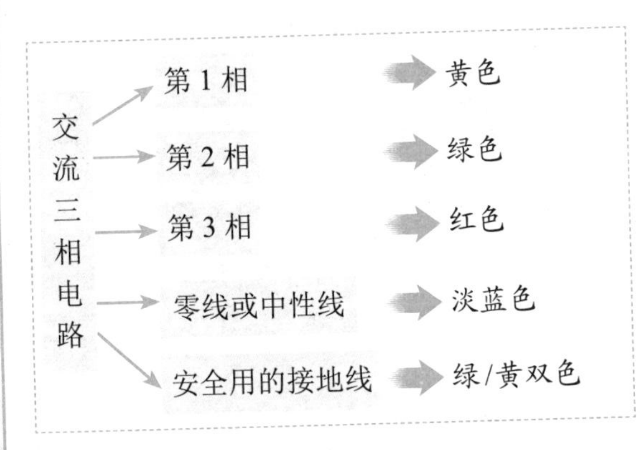

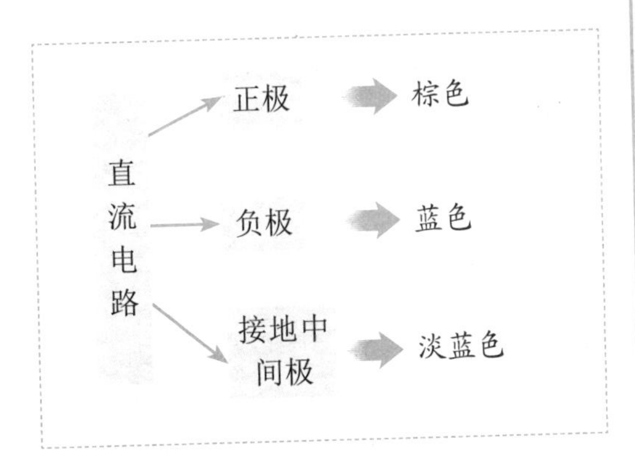

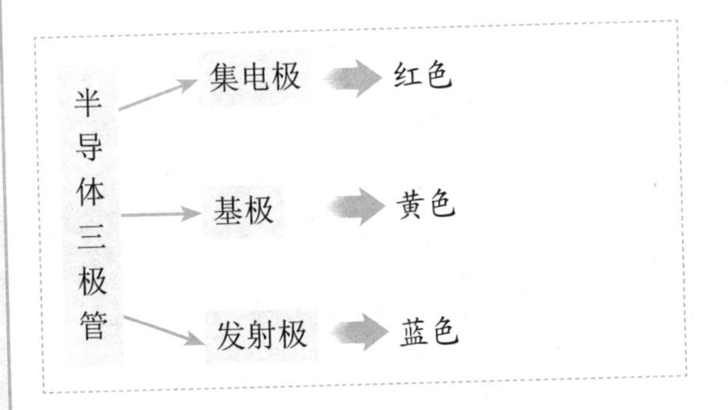

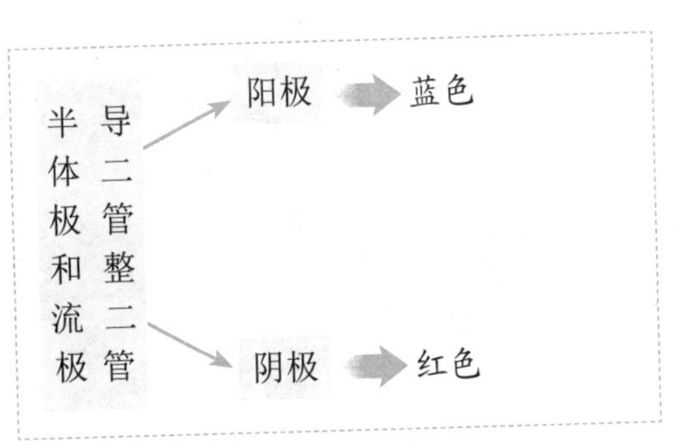

当然，对于不同的安装场合，导线的颜色可能略有区别，请读者在使用时多加注意。

第6章

室内配线和照明线路设备与照明灯具的安装

6.1
室内配线

6.1.1 室内配线的工序、要求和基本操作

按导线敷设方式的不同，通常可将室内配线分为明敷设和暗敷设两种。导线沿墙壁、顶棚、梁、柱等处布线称为明敷设（简称明敷）。导线穿管埋设于墙壁、地坪、楼板等处内部或装设在顶棚内称为暗敷设（简称暗敷）。常用的室内配线方法有夹板配线、瓷瓶配线、板槽配线、线管配线、护套线配线等。

室内配线的工序

步骤序号	操作说明
1	熟悉施工图，做好预埋、敷设准备工作（如确定配电箱、灯座、插座、开关、启动设备等的位置）
2	沿建筑物确定导线敷设的路径、穿过墙壁和楼板的位置及所有布线的固定点位置
3	在建筑物上，将布线所有的固定点打好孔洞，预埋螺栓、角钢支架、保护管、木榫等
4	装设绝缘支持物、线夹或管子
5	敷设导线
6	进行导线连接、分支、恢复绝缘和封端，并将导线出线接头与设备连接
7	检查验收

室内配线的要求

序号	操作说明
1	要求导线的额定电压大于线路的工作电压，其绝缘层应符合线路的安装方式和敷设环境条件，其截面积应满足供电的要求和机械强度
2	导线敷设的位置应便于检查和维修
3	导线的连接和分支处不应受机械力的作用
4	线路中尽量减少线路的接头，以减少故障点
5	导线与电器端子的连接要紧密压实，力求减小接触电阻和防止脱落
6	线路应尽量避开热源，不在发热的表面敷设
7	若水平敷设的线路距地面小于2m或垂直敷设的线路距地面小于1.8m，均应装设预防机械损伤的装置
8	为防止漏电，线路的对地电阻不应小于0.5MΩ

导线敷设安全规范

1 电气线路中暗敷的相关规定

电气线路采用符合防火要求的暗敷配线，导线采用绝缘铜线，表前线截面积不应小于 $10mm^2$，户内分支线截面积不小于 $2.5mm^2$。

厨房、空调器分支线截面积不应小于 $4mm^2$。每套住宅的空调器电源插座、一般电源插座与照明电源应分路设计。电源插座回路设有漏电保护。每套住宅分支回路数不少于5回。

2 强电禁用塑料管布线

配电用保护管采用热镀锌钢管或聚氯乙烯阻燃塑料管，但吊顶内强电严禁采用塑料管布线。

3 根据导线耐压规定选择导线

导线的耐压等级应高于线路的工作电压，截面的安全电流应大于负荷电流和满足机械强度要求。

4 导线敷设时水平、垂直高度的规定

各种明敷布线应水平、垂直敷设。导线水平敷设时距地面不小于2.5m，垂直敷设时不小于2m，否则需加保护，防止机械损伤。

5 导线连接时的相关规定

导线应尽量减少接头。导线在连接和分支处不应受机械应力的作用。

导线与电器端子连接时要牢靠压实。大截面积导线的连接应使用与导线同种金属的接线端子。

导线穿墙应装过墙管，两端伸出墙面应不小于100mm。

6 导线布线规定

布线便于检修，导线与导线、管道交叉时，需套以绝缘管或做隔离处理。

7 导线布线尽量避开热源

线路应避开热源，若必须通过，则应做隔热处理，使导线周围温度不超过35℃。

照明线路容量和电流的计算

需要系数

照明线路容量和电流一般根据需要系数进行计算。当三相负荷不均匀时，取最大一相的计算结果作为三相四线制照明线路容量（或照明线路电流）。需要系数的选择见下表。

建筑类别	需要系数
大型厂房及仓库、商业场所、户外照明、事故照明	1.0
大型生产厂房	0.95
图书馆、行政机关、公用事业	0.9
分隔或多个房间的厂房或多跨厂房	0.85
实验室、厂房辅助部分、托儿所、幼儿园、学校、医院	0.8
大型仓库、变配电所	0.6
支线	1.0

照明线路容量的计算

单相两线制照明线路容量的计算公式为

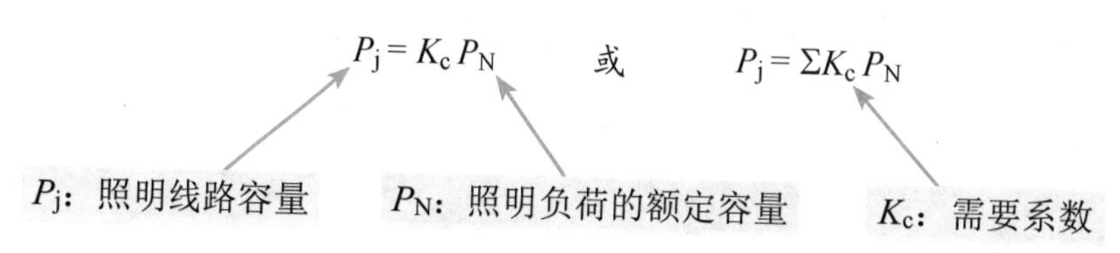

照明线路电流的计算

照明负荷电流的估算

照明负荷电流的估算，应根据不同的照明光源分别进行。

热辐射电光源电流的估算

热辐射电光源（白炽灯、卤钨灯）照明线路中的额定电流可进行如下估算：单相线路按 4.5 A/kW 估算，三相线路按 1.5A/kW 估算。估算照明负荷电流为估算额定电流乘以需要系数。

例如，某单位有一个大型仓库，采用单相线路提供照明，白炽灯、卤钨灯总功率为4kW，按4.5A/kW估算，估算额定电流为18A，查需要系数表得知大型仓库的需要系数为0.6，则该大型仓库的估算照明负荷电流 I_i=0.6×18A=10.8A。

若该单位采用三相线路提供照明，白炽灯、卤钨灯总功率为4kW，按1.5A/kW估算，估算额定电流为6A，则该大型仓库的估算照明负荷电流 I_i =0.6×6A=3.6A。

弧光放电光源电流的估算

弧光放电光源（荧光灯、其他气体放电光源）照明线路中的额定电流可进行如下估算：单相线路按6A/kW估算，三相线路按2A/kW估算。估算照明负荷电流为估算额定电流乘以需要系数。

例如，某单位有一个大型仓库，采用单相线路提供照明，荧光灯和其他气体放电光源总功率为4kW，按6A/kW估算，估算额定电流为24A，查需要系数表得知大型仓库的需要系数为0.6，则该大型仓库的估算照明负荷电流 I_j=0.6×24A=14.4A。

若该单位采用三相线路提供照明，荧光灯和其他气体放电光源总功率为4kW，按2A/kW估算，估算额定电流为8A，则该大型仓库的估算照明负荷电流 I_j=0.6×8A=4.8A。

熔断器和断路器的选择

熔断器的选择

（1）应根据线路的要求、使用场合和安装条件选择熔断器的类型。

（2）熔断器的额定电压必须大于或等于线路的工作电压。

（3）熔断器的额定电流必须大于或等于所装熔体的额定电流。

（4）熔体额定电流的选择如下。

①用于电炉、白炽灯等电阻性负载的短路保护，熔体的额定电流等于或稍大于线路的工作电流。

②熔体的极限分断能力必须大于线路中可能出现的最大故障电流。

断路器的选择

（1）断路器的额定电压和额定电流应大于或等于线路、设备的正常工作电压和工作电流。

（2）断路器的极限分断能力应大于或等于线路的最大短路电流。

（3）欠电压脱扣器的额定电压等于线路的额定电压。

（4）过电流脱扣器的额定电流大于或等于线路的最大负载电流。

国产断路器主要有DW15、D215、DZX10、DS12系列产品；从国外引进的断路器产品有德国的ME系列、3WE系列，日本的AE、AH、TG系列，法国的C45、S060系列，美国的H系列等。

常用塑料管的种类及裁切

在住宅水电安装中，塑料管是替代金属管的理想材料。与金属管相比，塑料管具有质轻、安装便捷、耐腐蚀力强和价格低廉等优点，因而被广泛采用。

常用塑料管的种类

塑料管的种类不同，加工方法也不相同。常用塑料管的种类和加工方法如下表所示。

常用塑料管的种类	加 工 方 法	
PVC 管 （聚氯乙烯硬质塑料管）	PVC 管的弯曲必须填沙、加热，操作很麻烦，对接也需要加热、扩口对插，小管径管现在已经很少使用，大管径管已有定型的弯管和连接管箍。PVC 管的裁切一般用钢锯，也可以用专用剪管钳（也称截管器）	
FPG 管 （聚氯乙烯半硬质塑料管）	FPG 管不需要加热，可以直接冷弯，为了防止弯瘪，弯管时在管内插入弯管弹簧，弯管后将弯管弹簧拉出。在管中间弯曲时，将弯管弹簧两端拴上铁丝，便于拉动。不同内径的管子应配用不同的弯管弹簧。FPG 管的裁切可用钢锯，也可以用专用剪管钳。FPG 管连接使用专用配套套管。FPG 管冷接时，在管头涂上接口胶后，对插入套管，待接口胶干燥即可；FPG 管热接时，只要套上配套套管，放热接机上，通电片刻即可	
KPC 管 （聚氯乙烯塑料波纹管）	KPC 管有专用连接套管，也是一段波纹管，可将波纹管直接旋入	

其中，阻燃 PVC 管具有抗压力强、防潮、耐酸碱、防鼠咬、阻燃、绝缘、可冷弯等优点，适用于公用建筑、住宅等建筑物的电气配管，可浇筑于混凝土内，也可明装于室内及吊顶等场所。本书多以 PVC 管为例进行讲述。

常用塑料管的裁切

管径 32mm 及以下的小管径管材使用专用剪管钳（或特制剪刀），裁切完后应用剪管钳的刀背切口倒角。

1 操作时先打开剪管钳的手柄，把 PVC 管放入刀口内

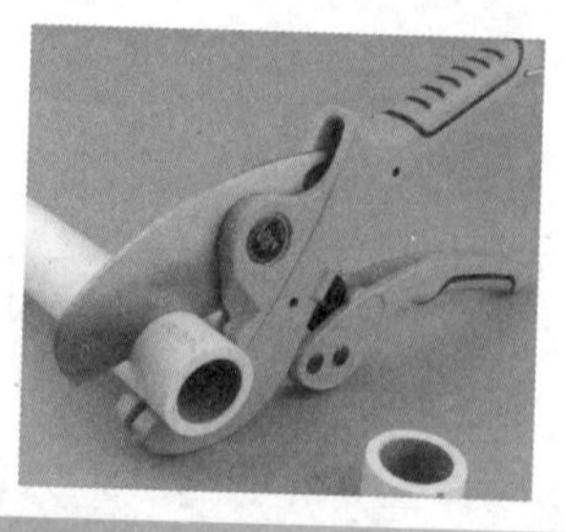

2 握紧手柄，边转动管子边进行裁切，刀口切入管壁后，应停止转动，继续裁切，直至管子被切断

管径 32mm 及以下的小管径管材采用冷弯，冷弯方式有弹簧弯管和弯管器弯管；管径 32mm 以上的管材宜用热弯。

弯管弹簧弯管

弯管弹簧适用于管径 32mm 及以下的小管径管材的弯管操作

将弯管弹簧插入 PVC 管中

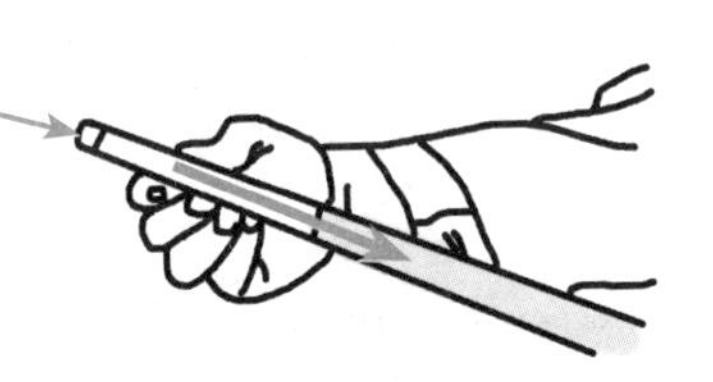

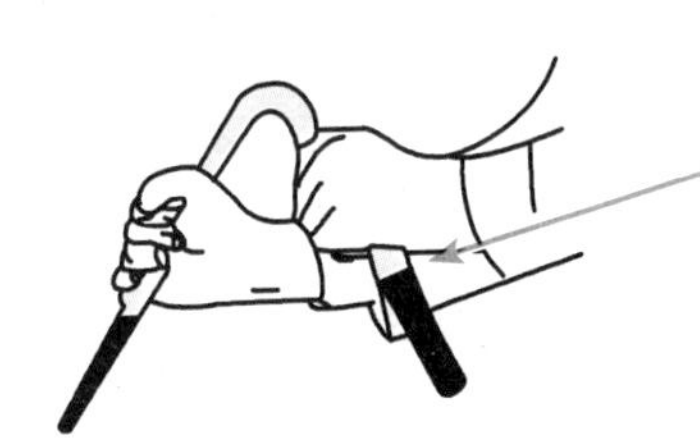

两手均匀用力，弯制成所需要的弧度

在使用冷弯方式弯管时，尤其是使用弯管弹簧弯管时，若双手力气不足以使管子弯曲，则可借助身体（如腿）按右图方式弯管

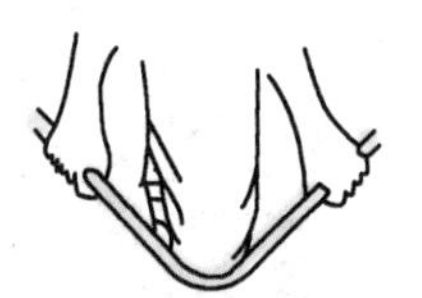

弯管器弯管

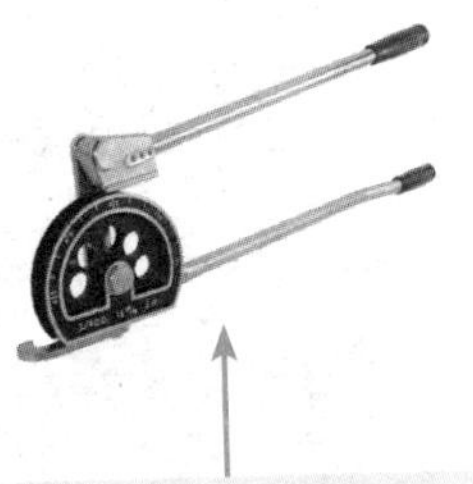

弯管器的外形有很多种

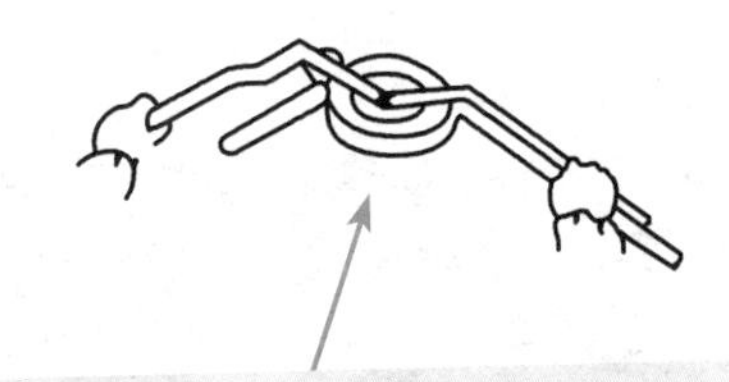

弯管时，只需要将 PVC 管插入弯管器管口处，手扳一次即可弯出所需要的管子

热弯管

边弯边用热风或热水进行加热，温度可控制为 80 ～ 100℃，同时要注意加热应均匀

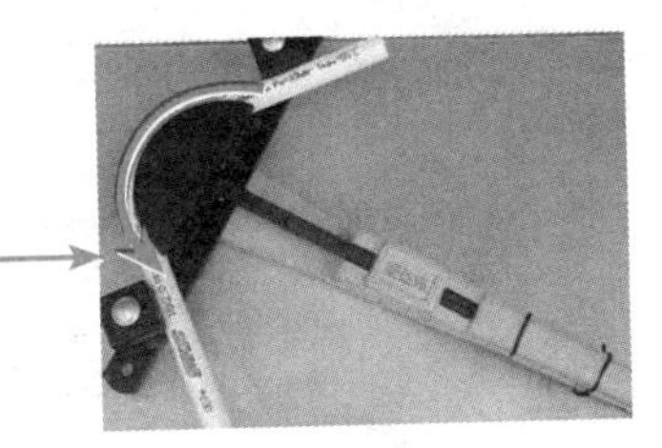

PPR 热熔器

PPR 热熔器又称熔接器，用于加热对接 PPR 管。

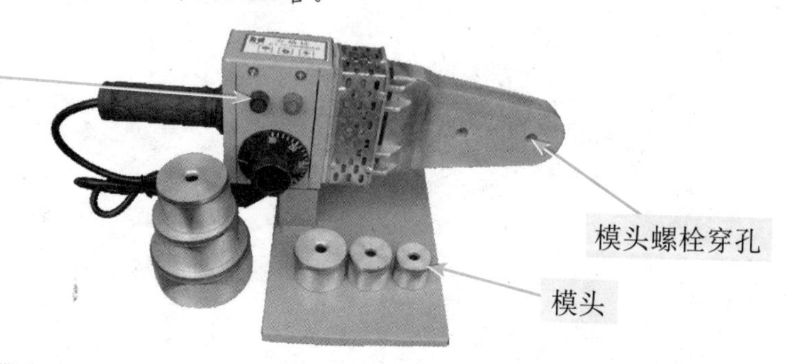

热熔连接步骤

进行热熔连接前，先清理出一定范围的空间，要求不存在易燃易爆品；然后将其放置在支架上。

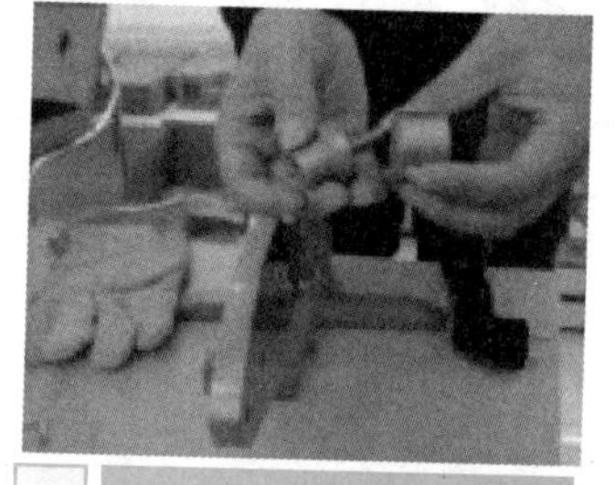

1 选择适合管径大小的模头，并检查模头是否完整

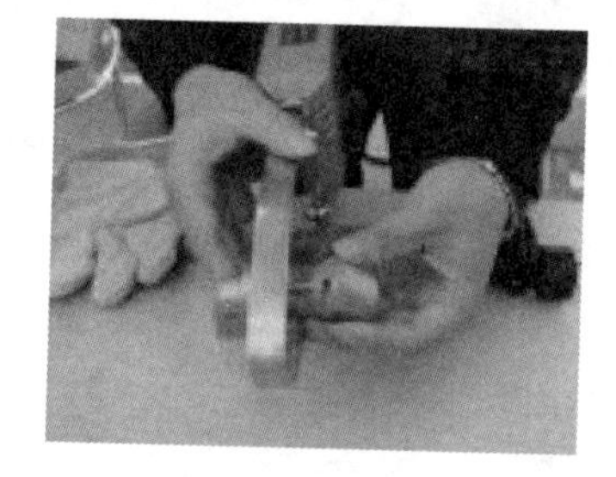

2 将模头固定在热熔器上

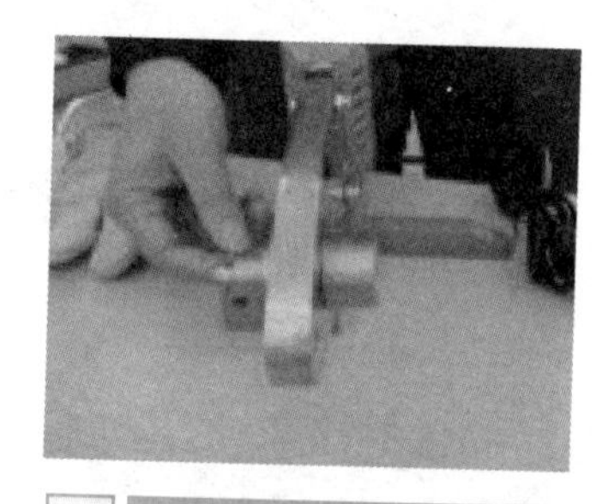

3 固定时需要用六角扳手进行加固

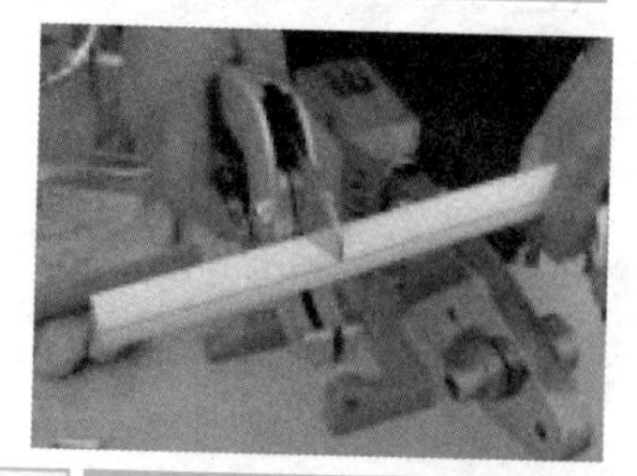

4 根据需要的长度，垂直剪断 PPR 管，然后将管材表面的灰尘、脏物清理干净

5 将 PPR 管及需要连接部位垂直插入热熔焊头

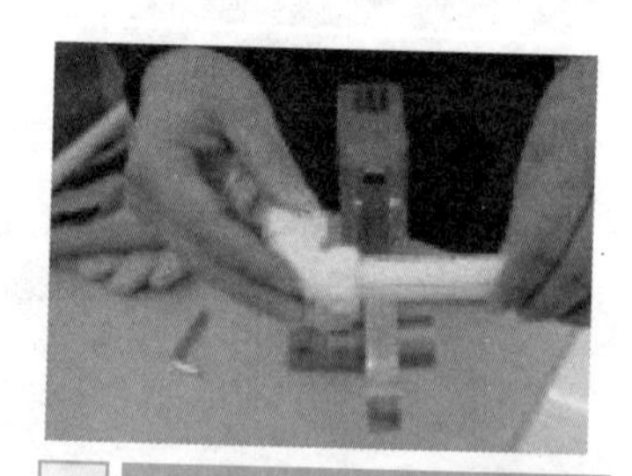

6 加热完成，将管材与管件拔出，迅速垂直插入并维持一段时间

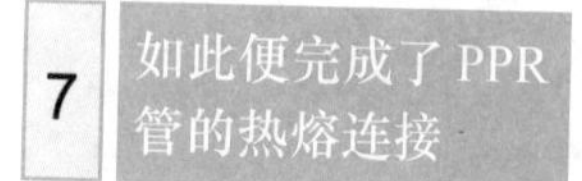

7 如此便完成了 PPR 管的热熔连接

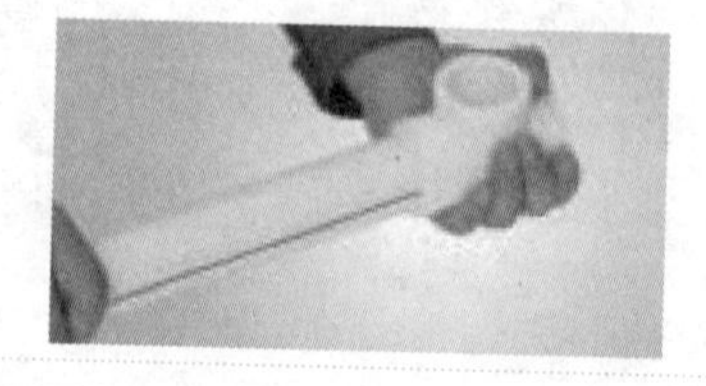

PPR 管公称尺寸与热熔连接时间对照

PPR 管公称尺寸与热熔连接时间对照可见下表。在规定的加工时间内，刚熔好的接头还可校正，但不得旋转。

D_n/mm	20	25	32	40	50	63	75	90	110
热熔深度/mm	L-3.5≤P≤最小承口长度								
加热时间/s	5	7	8	12	18	24	30	40	50
加工时间/s	4	4	4	6	6	6	10	10	15
冷却时间/s	3	3	4	4	5	6	8	8	10

注：①若环境温度低于 5℃，则加热时间应延长 50%。

②D_n<75mm 时可人工操作，D_n>75mm 时应采用专用进管机具。

③熔接弯头或三通时，按设计图样要求，要注意其方向。

④当管材质量差、热熔器温度不够时，PPR 管焊接时会粘模头。

PVC 管的连接

PVC 管与管接头或套管的连接

将管接头或套管（可用比连接管管径大一级的同类管材作为套管）及管子清理干净，在管子接头表面均匀刷一层 PVC 胶水后，立即插入管接头或套管内，不要扭转，保持 15s 不动，即可粘牢。

插入法连接

将两根管子的管口，一根内倒角，一根外倒角，加热内倒角管至 145℃左右，将外倒角管涂一层 PVC 胶水后，迅速插入内倒角管，并立即用湿布冷却，使管子恢复硬度。

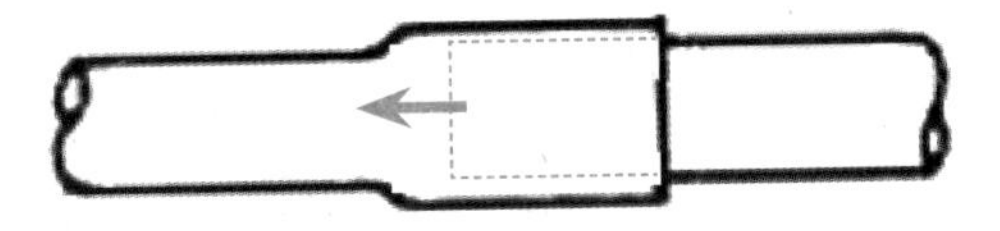

PVC 管与开关盒（箱）的连接

PVC 管与开关盒(箱)的连接如下图所示。操作时，先将入盒接头和入盒锁扣紧固在盒(箱)壁上；将入盒接头及管子插入段擦干净，在插入段外壁周围涂抹专用 PVC 胶水；用力将管子插入接头，插入后不得随意转动，待约 15s 后即完成。

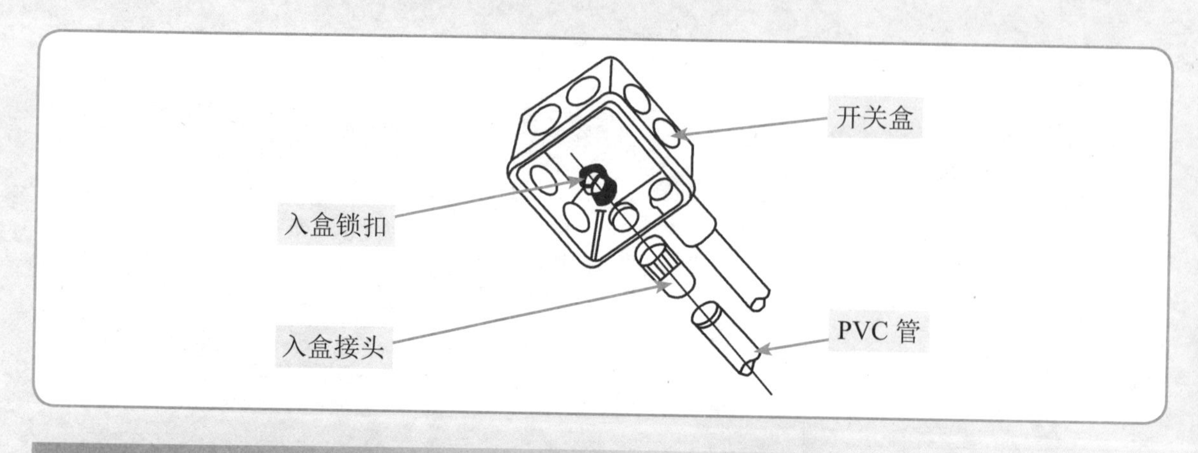

6.1.2 明敷操作

室内线管明敷操作是在土建抹灰之后进行的，为使线路安装得整齐、美观，应尽量沿房屋的线脚、横梁、墙角等处敷设。房子装修完成居住一段时间后，当用户发现房子内某处需要增加一个新的插座或安装一个新的电器而需要增加一条线路时，大多使用线管明敷的方式。

PVC 管的明敷安装如下图所示。

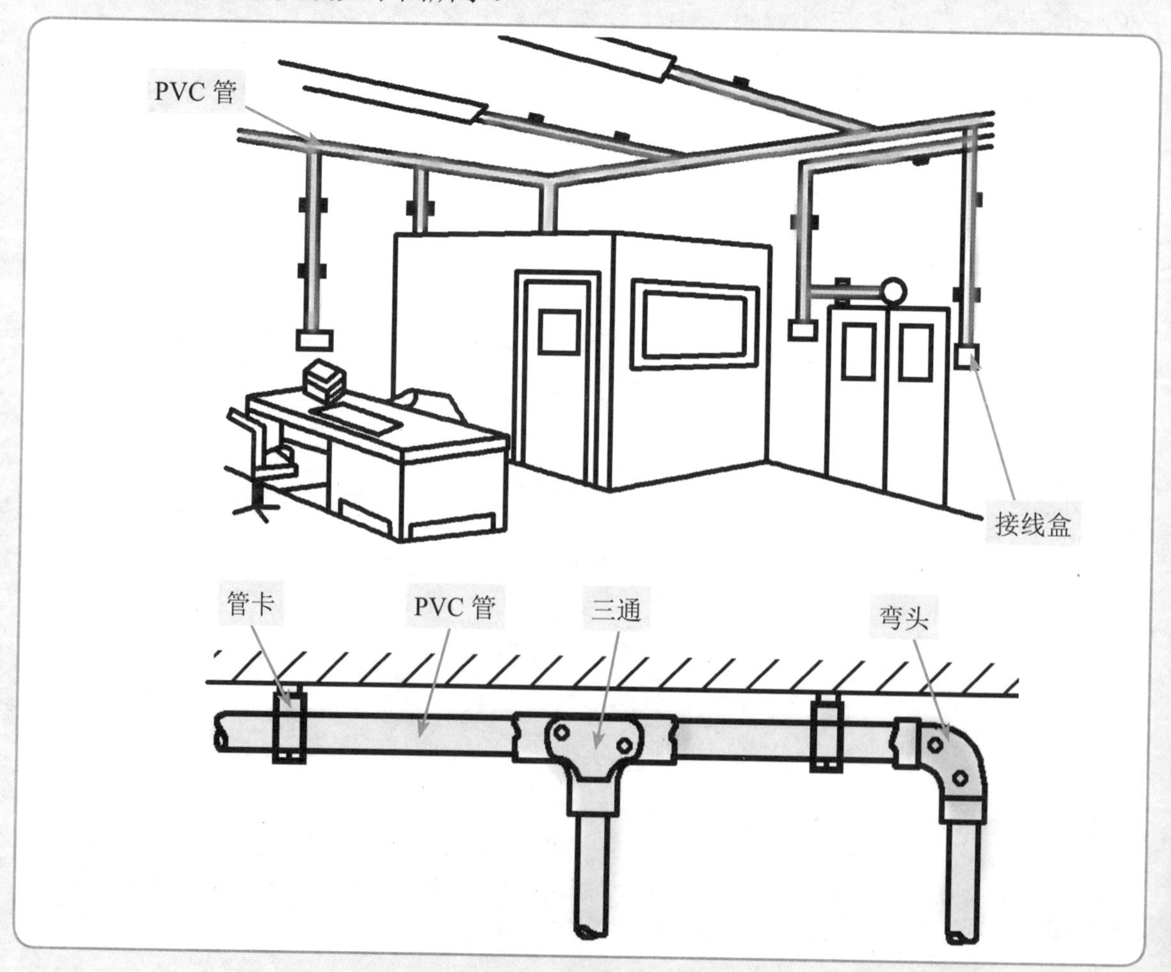

定位

例如，随着社会的不断发展，两室一厅中原厨房中的插座已经不能满足现在的需要，因此需要增加一个新的插座线路，以增加厨房中插座的数量。下图所示为在两室一厅的厨房中新增插座的定位图。定位画线应与建筑物的线条平行或垂直。

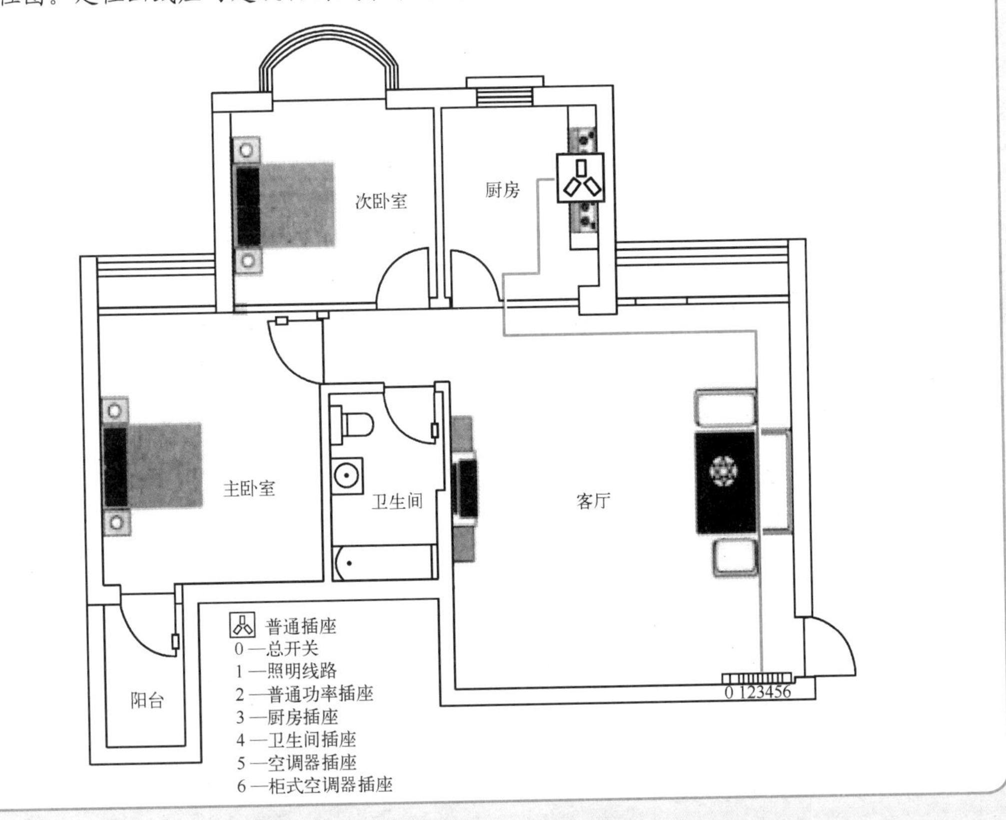

画线

画线时，应考虑线路的整洁和美观，要沿建筑物表面逐段画出导线的走线路径，并在每个开关、灯具、插座等固定点中心画出“×”记号。画线时应避免弄脏墙面。明敷中客厅的画线图如下图所示。

图中槽板底板固定点距转角、终端及设备边缘的距离应为50mm左右，中间固定点间距不大于500mm。

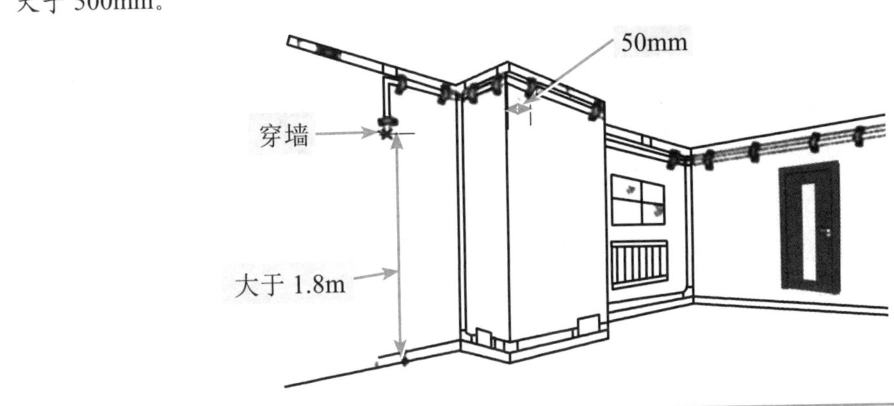

根据使用场合选择线管

常用的线管有水煤气管、薄钢管（电线管）、塑料管、金属软管和瓷管 5 种。这 5 种线管分别适用于不同的场合，具体适用场合见下表。

线管种类	适用场合
水煤气管	适用于有机械外力或有轻微腐蚀性气体的场所进行明敷和暗敷
薄钢管	适用于干燥场所进行明敷和暗敷
塑料管	适用于腐蚀性较强的场所进行明敷和暗敷
金属软管	适用于活动较多的场所进行明敷和暗敷
瓷管	用于穿越墙壁、楼板及导线交叉敷设时的保护

线管管径的要求

管内绝缘导线或电缆的总截面积（包括绝缘层）不应超过管内径截面积的 40%。线管管径可参照下表选择。

导线截面积/mm²	线管直径/mm										
	水煤气钢管穿入导线根数				电线管穿入导线根数				硬塑料管穿入导线根数		
	2	3	4	5	2	3	4	5	2	3	4
1.5	15	15	15	20	20	20	20	25	15	15	15
2.5	15	15	20	20	20	20	25	25	15	15	20
4	15	20	20	20	20	20	25	25	15	20	25
6	20	20	20	25	20	25	25	32	20	20	25
10	20	25	25	32	25	32	32	40	25	25	32
16	25	25	32	32	32	32	40	40	25	32	32
25	32	32	40	40	32	40	—	—	32	40	40
35	32	40	50	50	40	40	—	—	40	40	50
50	40	50	50	70					40	50	50
70	50	50	70	70					40	50	50
95	50	70	70	80					50	70	70
120	70	70	80	80					50	70	80
150	70	70	80	—					50	70	80
185	70	80	—	—							

线管质量的要求

管壁内不能存有杂物、积水，金属管不能有铁屑毛刺。

线管长度的要求

当线管超过下列长度时，线管的中间应装设分线盒或拉线盒，否则应选用大一级的管子：

（1）线管全长超过 45m，并且无弯头时；

（2）线管全长超过 30m，有 1 个弯头时；

（3）线管全长超过 20m，有 2 个弯头时；

（4）线管全长超过 12m，有 3 个弯头时。

线管垂直敷设时的要求

敷设于垂直线管中的导线，每超过下列长度时，应在管口处或接线盒内加以固定：

（1）导线截面积为 $50mm^2$ 及以下，长度为 30m 时；

（2）导线截面积为 70 ～ $95mm^2$，长度为 20m 时；

（3）导线截面积为 120 ～ $240mm^2$，长度为 18m 时。

这里选择塑料管中的板槽来进行明敷操作演示，其外形如下图所示。

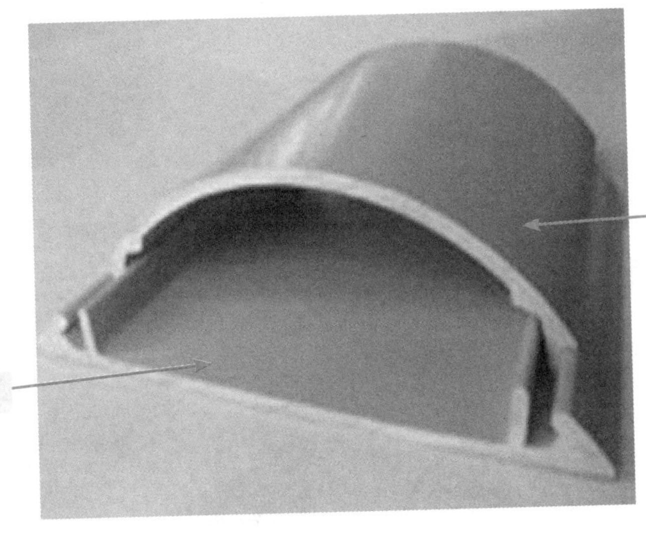

塑料板槽的加工

塑料板槽的清洁

在塑料板槽使用前，应先对其进行清洁，如果板槽内部有杂物或油污等，会造成穿线困难，甚至造成导线的损坏。清洁的方法是：使用钢刷将塑料板槽内壁进行仔细的清扫，确保塑料板槽内壁光滑无阻碍。

塑料板槽长度的确定加工

塑料板槽清洁完成后，接下来是对塑料板槽进行加工。根据接线盒或电气设备的连接和转角情况，确定实测的长度来进行塑料板槽的加工。其中，应先确定弯曲部分，再确定直线部分。阳转角部分的测量应特别注意。

塑料板槽转角、分支的加工

塑料板槽长度加工完成后，接下来是对需要阳转角、阴转角或分支等操作的塑料板槽进行裁切，主要是使用钢锯、锉刀进行。转角、分支的裁切外形如下图所示。

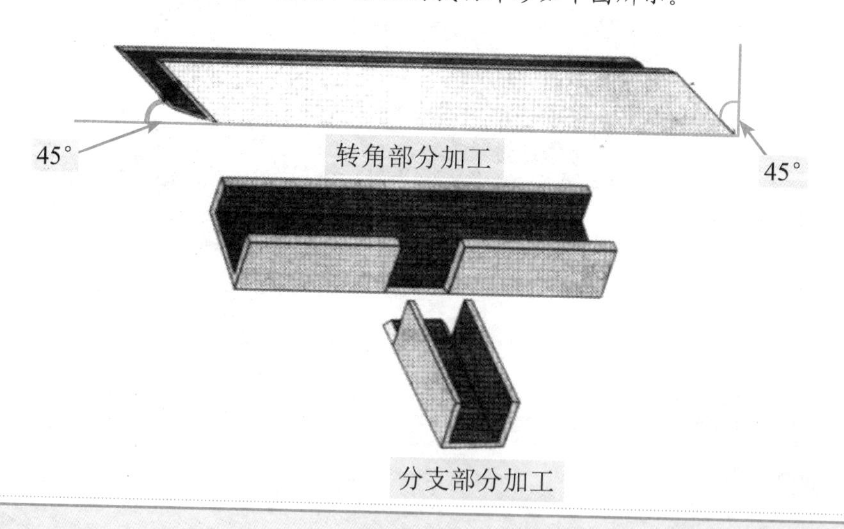

打眼、安装固定件

打眼

在画好的固定点处用电钻或冲击钻打眼。打眼时应注意深度，避免过深或过浅，适当超过膨胀螺栓或塑料胀塞即可。

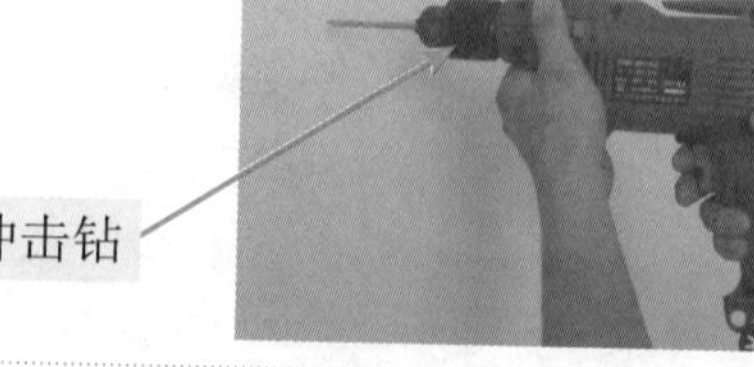

安装固定件

在打眼孔中逐个放入固定件（膨胀螺栓或塑料胀塞、木塞等），然后将固定件安装入刚打好的眼孔中。

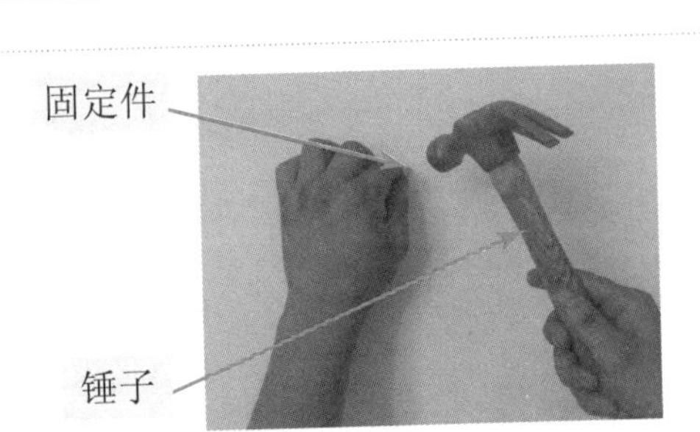

塑料板槽的安装

沿墙敷设

一般采用管卡将塑料板槽直接固定在墙壁或墙支架上。

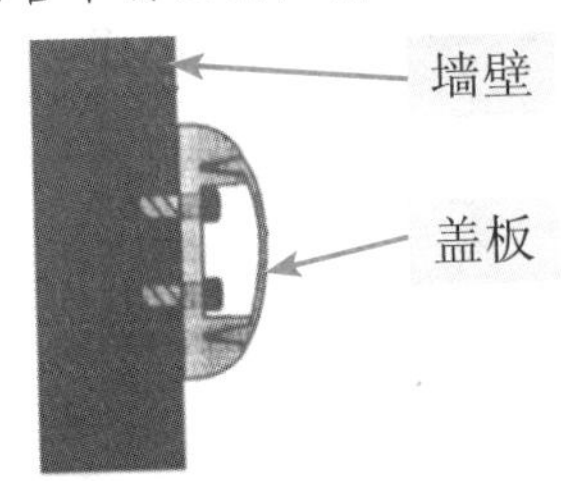

横向沿墙敷设

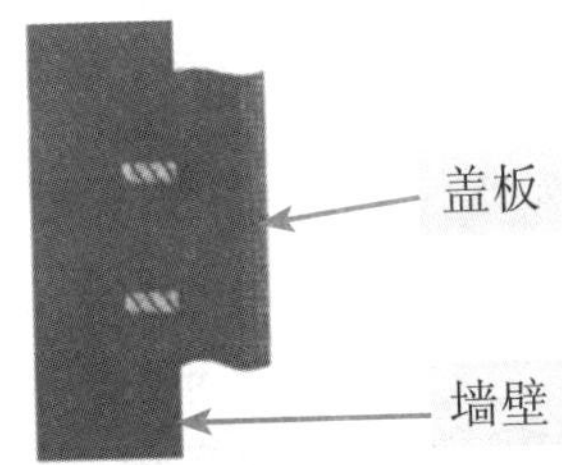

纵向沿墙敷设

吊装敷设

多根塑料板槽或较粗的塑料板槽在楼板下敷设时，可采用吊装敷设（如吊扇灯的线路敷设），如下图所示。

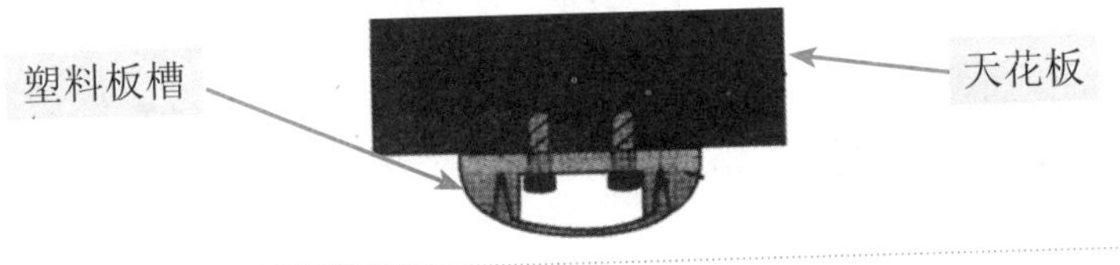

导线敷设、塑料板槽盖板及其附件的安装

导线敷设

将导线捋顺后，将其分别敷设于塑料板槽内，在板槽的内部不能出现导线的接头部分。如果导线的长度不够，则应将不够长的导线拉出，重新使用足够长的导线进行敷设。敷设完成后导线两端需留出 100mm 线头，便于与其他导线的连接。

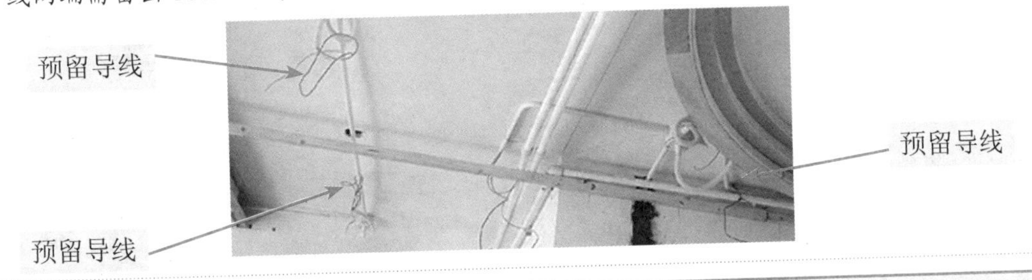

塑料板槽盖板的安装

在敷线的同时，边敷线边将盖板固定在底板上，盖板与底板的接口应相互错开。

塑料板槽附件的安装

安装好盖板后，接下来是对塑料板槽的转角及分支部分安装配套部件。塑料板槽的配套部件主要有分支三通、阳转角、阴转角及直转角。安装好各个转角后，最后进行分线盒的安装。

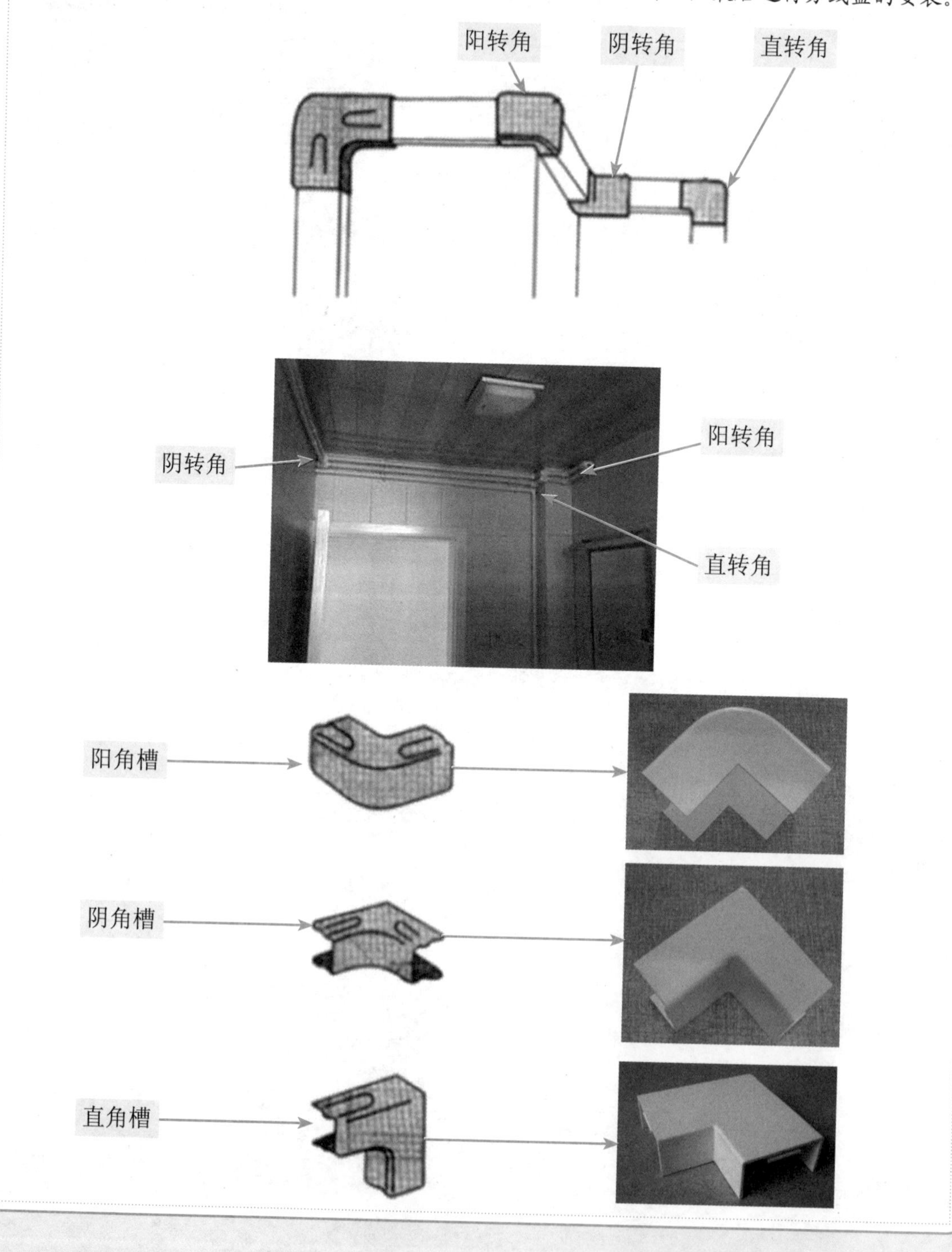

6.1.3 暗敷操作

在土建抹灰之前，房子进行线管敷设时，一般采用暗敷的操作方式。或者开发商只是提供了照明和简单电器使用的线路，需要重新进行线管敷设，也可采用暗敷的操作方式。采用线管暗敷的房子，在装修完成后一般比明敷更加美观，更加安全。

PVC 管在墙、柱中的暗敷如下图所示。同时给出错误安装方式及正确安装方式。

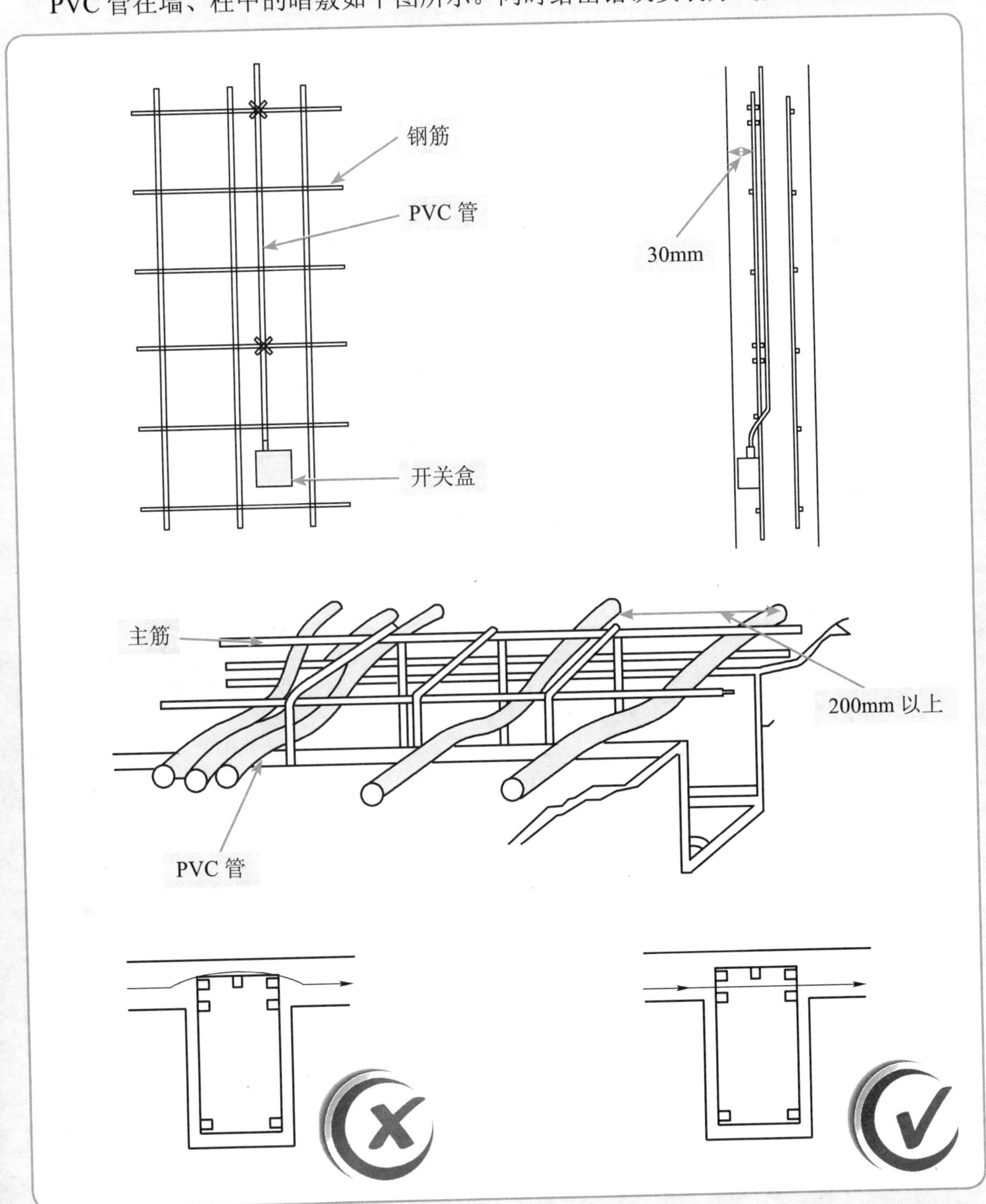

定位

定位时，首先按施工图确定网线端子、有线电视线端子、电话线端子等设备的安装位置；弱电的布线线路及中间固定点的安装位置，线管的固定点距转角、终端及设备边缘的距离与明敷的相同。下图所示为两室一厅中网线端子、有线电视线端子、电话线端子的定位图。

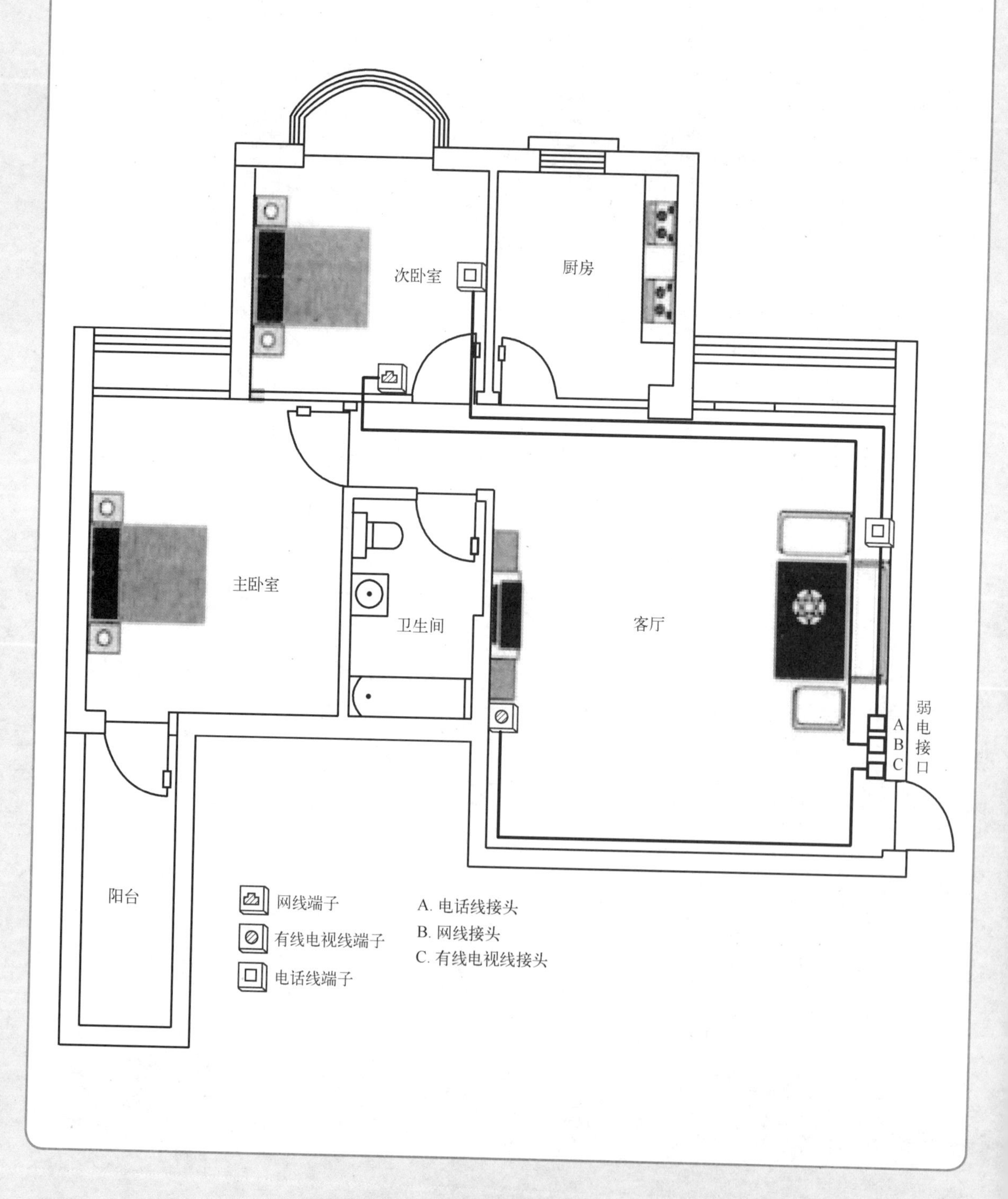

画线

画线时，应考虑线路的整洁和美观，要沿建筑物表面逐段画出导线的走线路径，并在每个网线端子、有线电视线端子、电话线端子等固定点中心画出“×”记号。画线时应避免弄脏墙面。其中，强、弱电一定要分别布线，这样可以避免强电磁场干扰弱电的信号，包括电视信号、电话信号、网络信号等弱电信号，强、弱电线路的间距至少为200mm。暗敷中各线路敷设与画线图如下图所示。

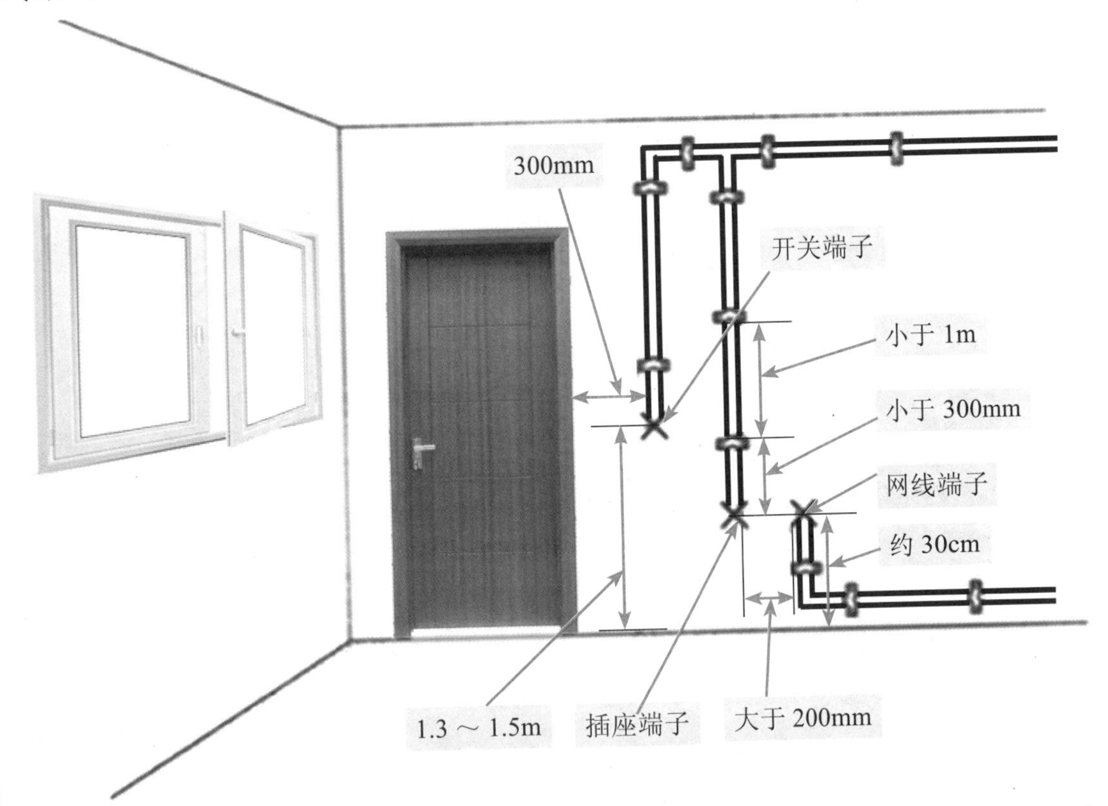

常用的工具有卷尺和铅笔。开线槽和预埋线管的时候，要保持横平竖直，这样方便以后生活中往墙上钉挂东西或维修。可使用吊垂、墨斗和水平尺等工具，保证线槽横平竖直。

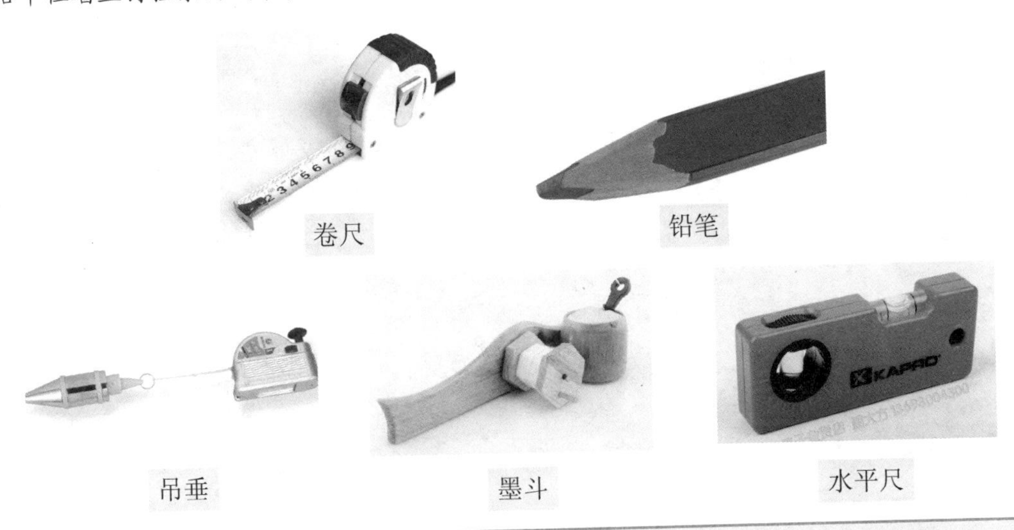

卷尺　铅笔

吊垂　墨斗　水平尺

画线完成后，接下来是对画线部分进行开线槽的操作，开线槽期间要注意灰尘，特别是在使用切割机切割墙体时，极易造成大量的灰尘。过多的灰尘会对肺造成损害，也会污染环境，因此在开线槽时，要做好降尘、防尘工作。

1 在使用切割机之前，可以先将画线部分用水进行浇灌，使墙面潮湿。在开始切割时，一边切割一边向切割位置注水。此时应注意，不要将水流入切割机中造成短路，从而烧毁切割机；并且要注意，切割机的电线要与切割机的砂轮保持距离，避免将电线切断

2 使用锤子和凿子进行细凿，即将切割机切割线槽需要去除部分凿下来，使线槽内整齐无突起，并且保证线槽的深度能够容纳线管和线盒，其深度一般为线管埋入墙体抹灰层的厚度（大于 15mm）

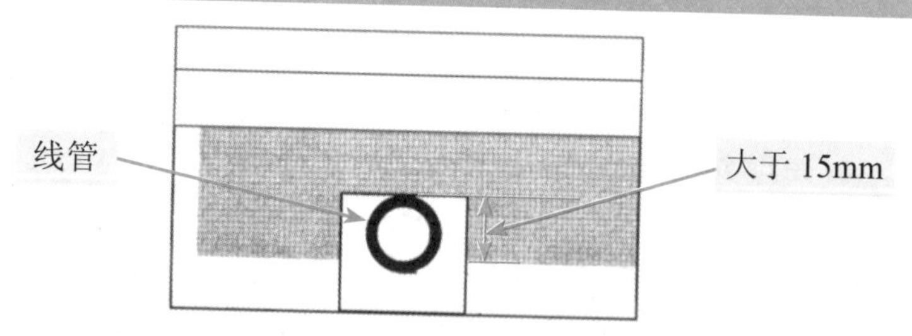

3 使用冲击钻将一些很难细凿下来的部分去除并清理干净，以保证线管和线盒的安装

开线槽要求横平竖直、工工整整，歪歪斜斜不仅不美观，而且还容易发生其他问题。

穿墙走线

穿墙走线主要是要注意其安全性、可靠性、机械强度及美观性。

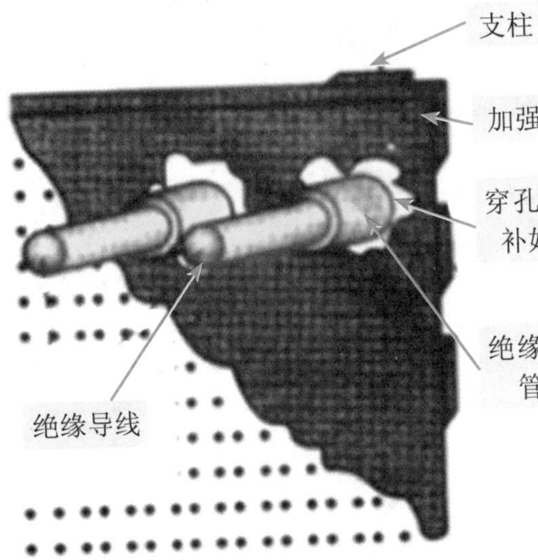

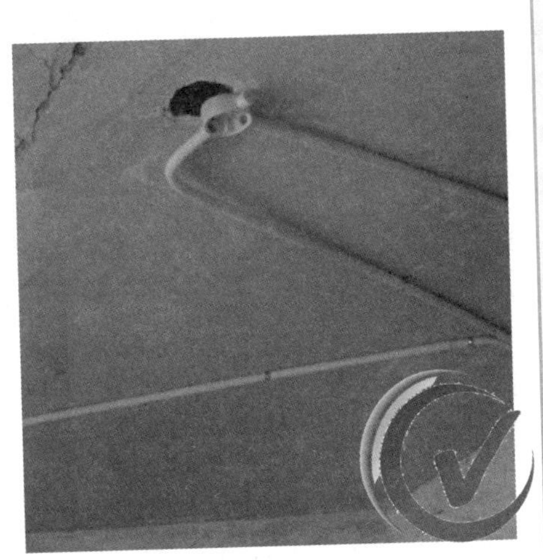

穿墙走线时，该弯管就弯管，不要无故多加直角及弯角，这样容易造成死线。故意追求走直线而多绕线的情况更是不可取的。

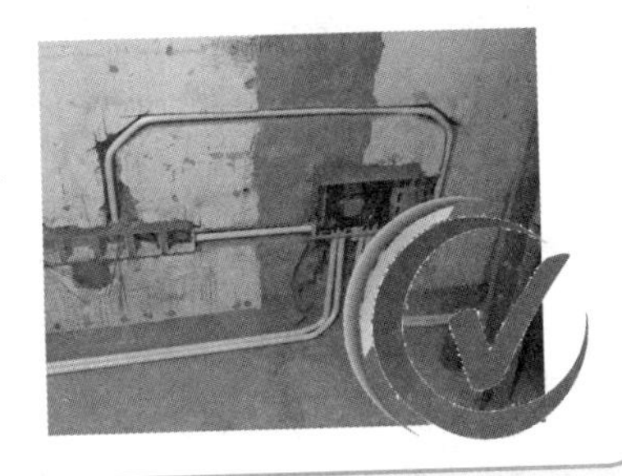

塑料线管的清洁

将压缩空气吹入塑料线管中，可以除去线管中的灰尘、杂物和积水，或者使用绑着纱布的钢丝来回拉动，将线管中的灰尘和水分擦净，其操作如下图所示。线管清洁后，可向线管内吹入少量的滑石粉，使线管内壁润滑利于穿线。

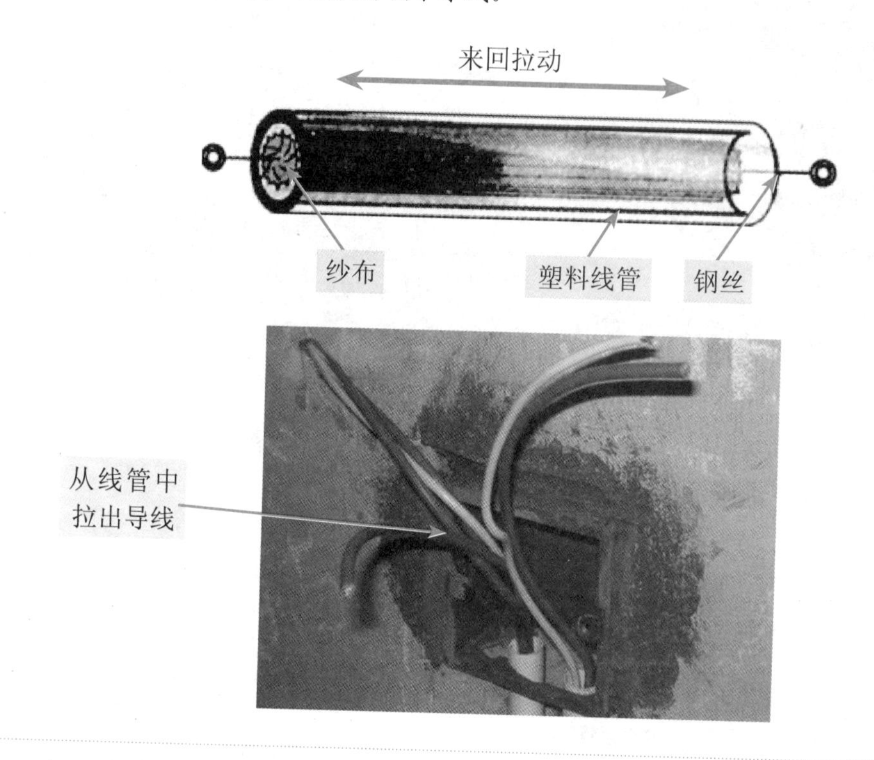

塑料线管的裁切

塑料线管清洁完成后，接下来根据布线的需要对线管进行裁切。裁切方法与明敷的裁切方法相同，即使用钢锯、锉刀或专用剪管钳将其裁切为需要的长度。

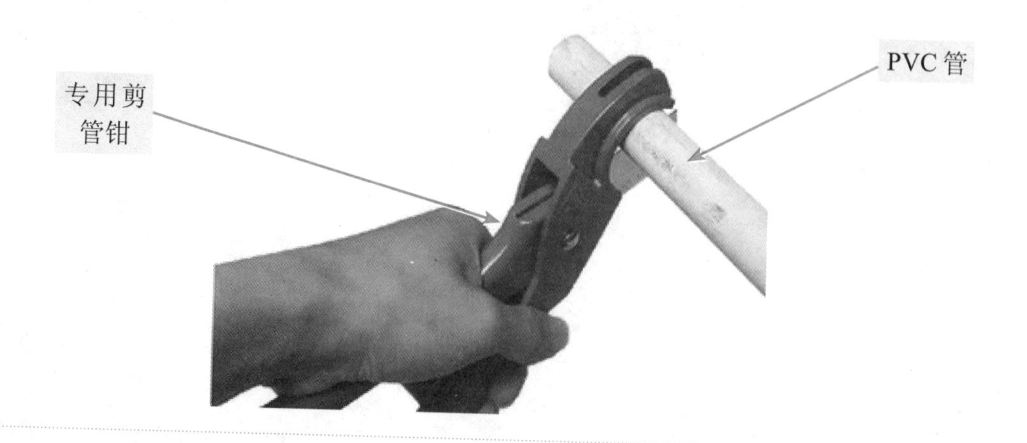

塑料线管的弯管

塑料线管加工中，由于使用的线管是PVC塑料，弯折时极易造成线管的折扁，因此需要弯管时，一般会用弹簧进行辅助，这样做出的弯头才能保持和直管同样的直径。也可以采用填沙煨弯的方法，管径为25mm及以上时应采用此法。煨弯时先将管子一端用木塞堵好，然后将干沙灌入蹾实后，将另一端堵好，最后加热放在模具上弯制成型。

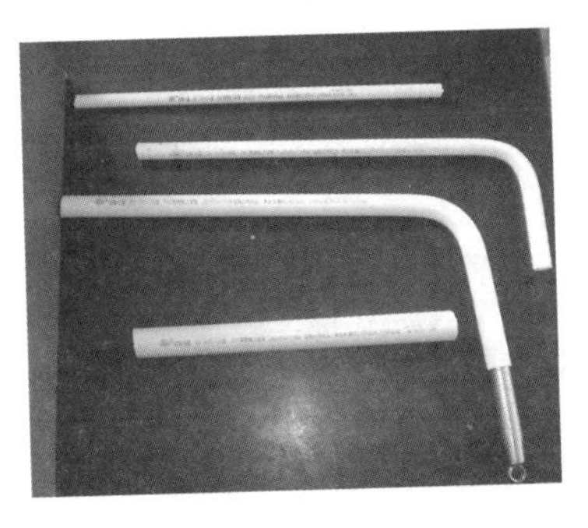

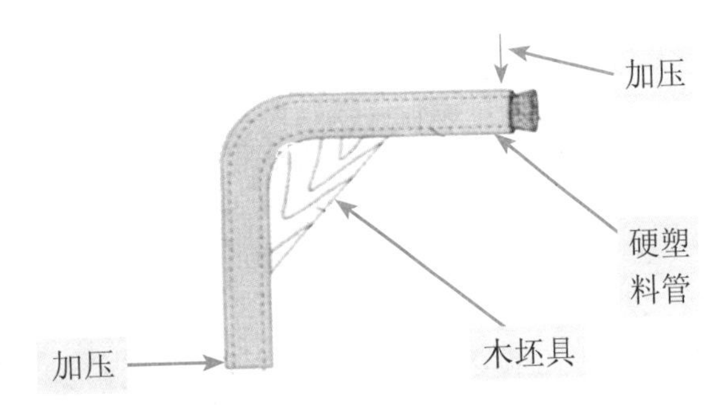

弯管的弯曲半径应符合下表中的规定，弯曲角度α应在90°以上，如下图所示。金属管的焊缝应放在弯曲的侧面。

配管条件	弯曲半径R和线管外径D之比
明敷时	6
明敷只有一个弯时	4
暗敷时	6
埋设于地下或混凝土楼板内时	10

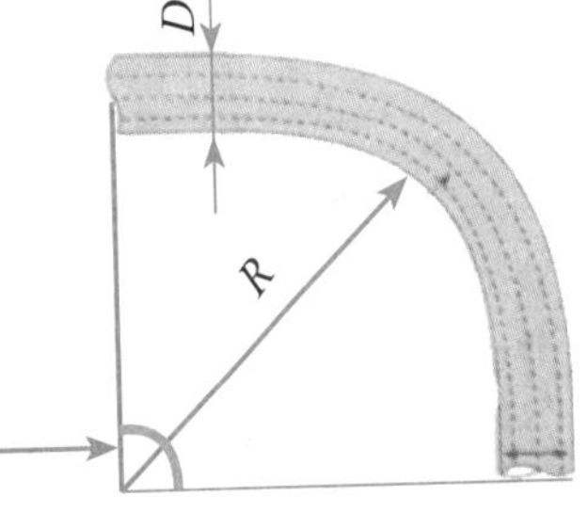

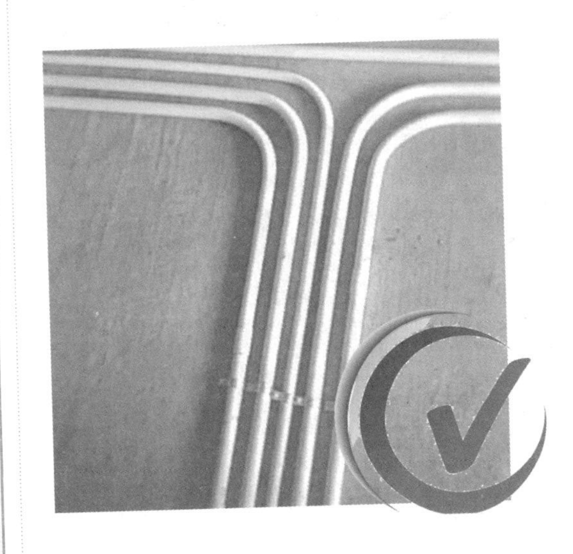

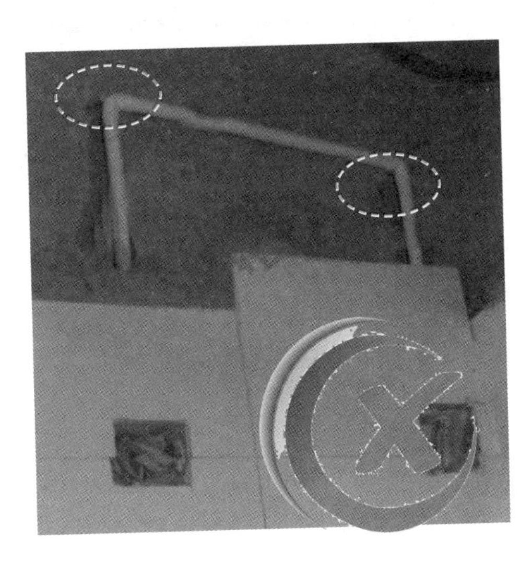

细凿完成后，接下来使用水泥将线管和接线盒进行安装固定。如果线槽深度不够，则可以使用凿子对其重新进行凿切，然后再进行线管和接线盒的固定。

线管的敷设和固定

现浇混凝土结构敷设线管时，应在土建施工前将管子固定牢靠，并用垫块（一般厚度为10～15mm）将管子垫高，使线管与开槽内壁保持一定距离，然后用铁丝将线管固定在土建结构上，如下图所示。

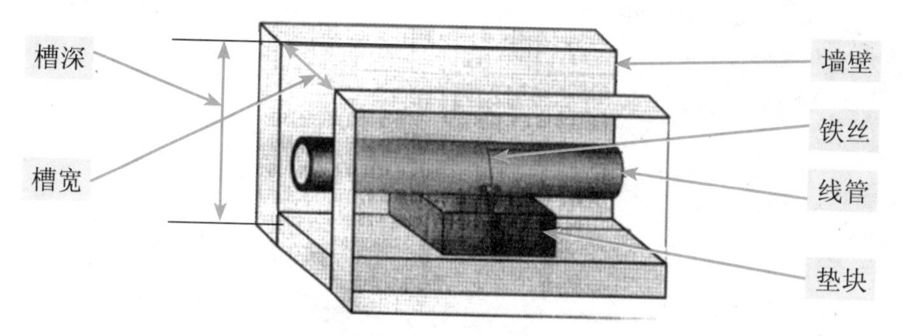

单线管走线

多线管走线

接线盒的敷设和固定

接线盒敷设时，应将线管从接线盒的侧孔中穿出，并利用根母和护套将其固定，如下图所示。

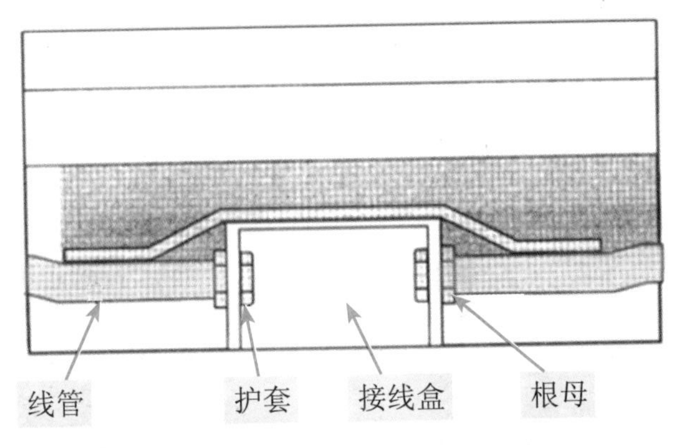

固定后，应将线管的管口用木塞或其他塞子堵上，如下图所示，其目的是防止水泥、砂浆或其他杂物进入线管内，造成堵塞。

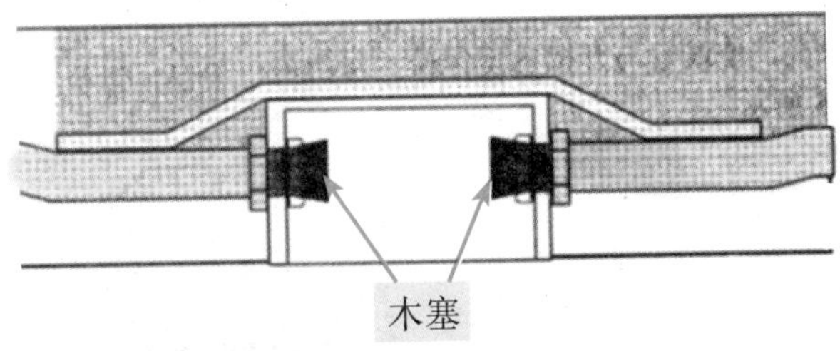

在线管敷设完成后，接下来进行穿线操作，可以借助穿线器和穿线弹簧进行操作。

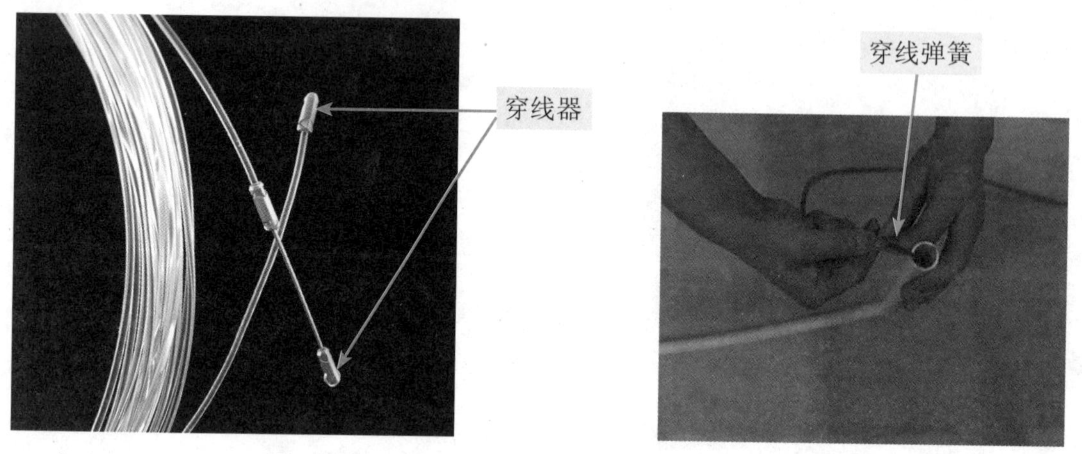

穿线时，使用连接着导线的穿线弹簧从线管的一端穿入，直到从另一端穿出。为了避免导线过热，穿线时，应注意内部导线的截面积不能超过线管截面积的40%。导线从另一端穿出后，拉动导线的两端，查看是否有过紧卡死的状况。

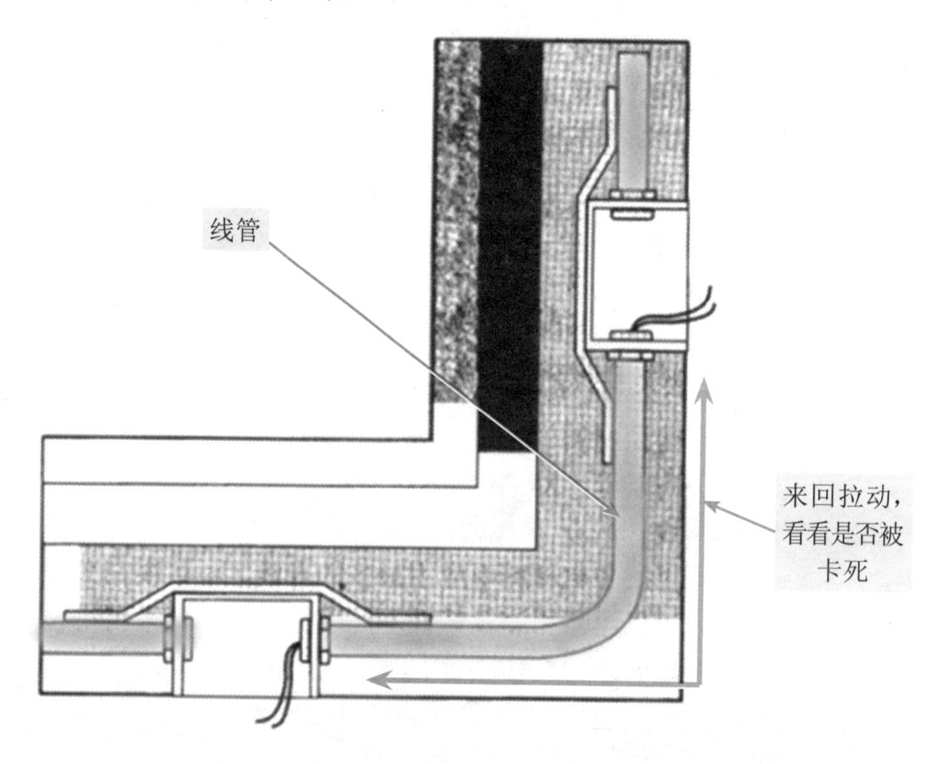

导线穿入线管前，管口应套上护圈，以免穿线时损伤导线绝缘层。如果线管较长或弯头较多，穿线困难时，可用滑石粉润滑，但不可用油脂或墨粉等润滑。导线穿好后，要留出适当余量，便于以后接线。预留长度宜为：接线盒内以绕盒一周为宜，开关盒内以绕盒半周为宜。为了在接线时能方便地分辨出各种导线的用途，可在导线的端头做记号。

布线时注意事项

在布线时，需要使用合成树脂管接头将塑料管和分线盒进行连接，并且需要使用线夹将导线芯线连接起来，如下图所示。

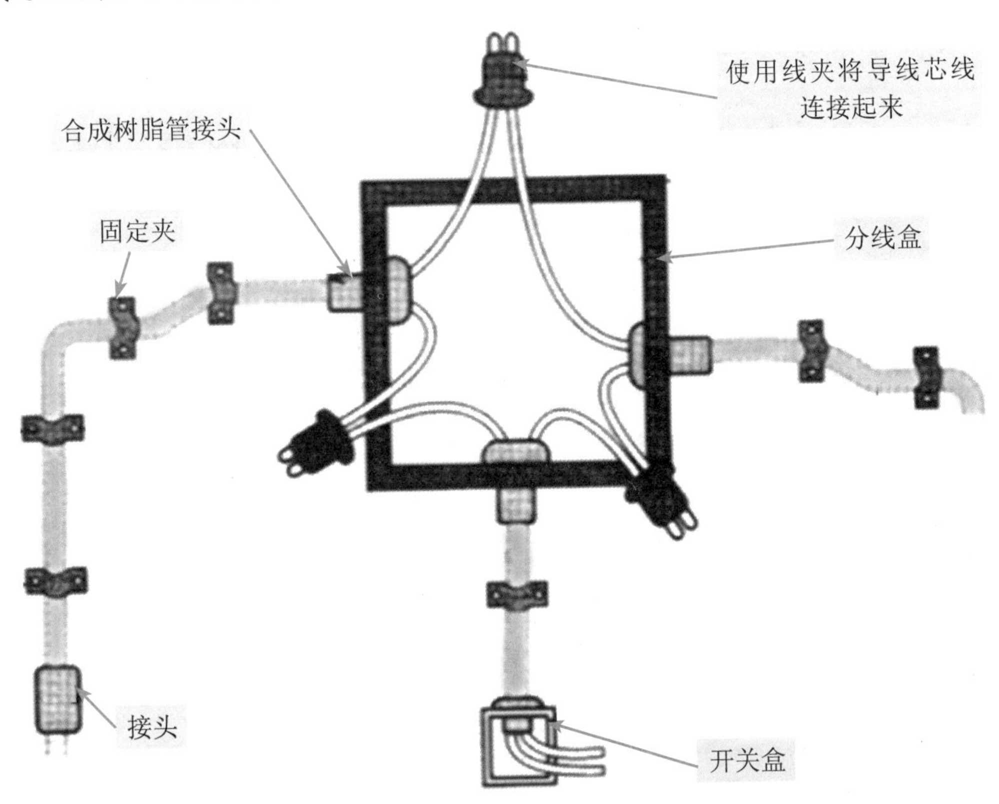

导线穿过接线盒

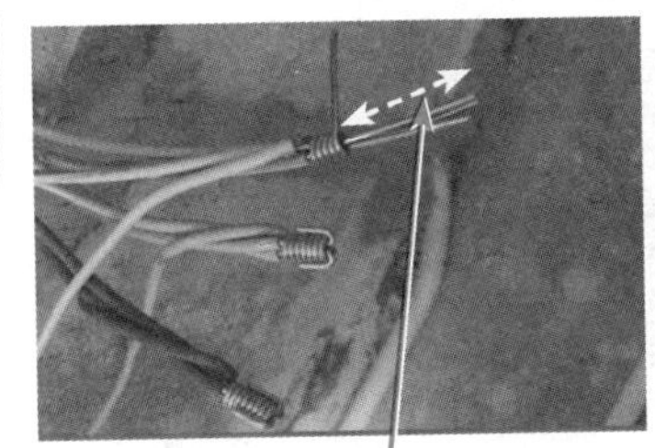

预留一定长度

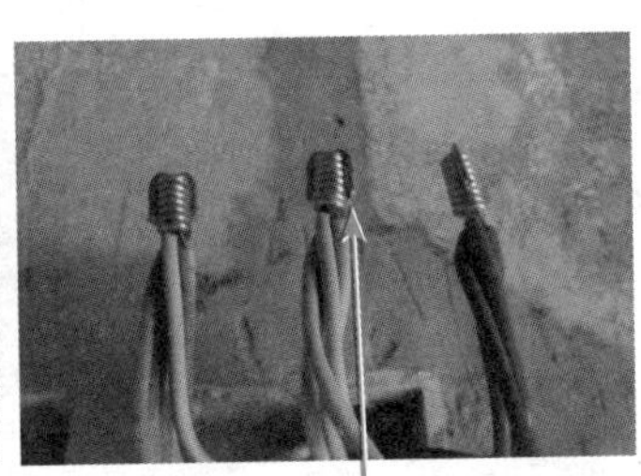

做成接线端，连接线帽

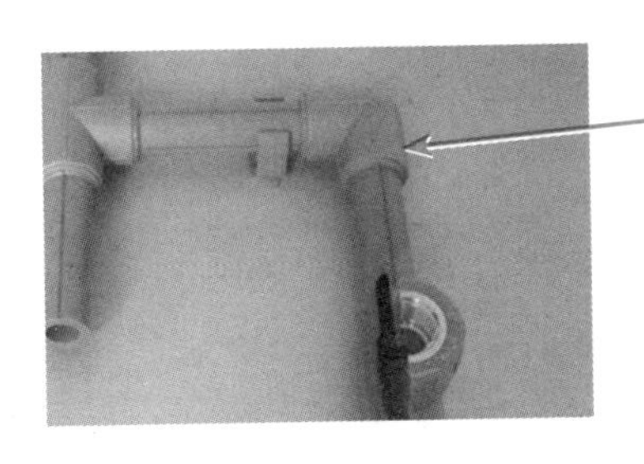

将导线穿过线管

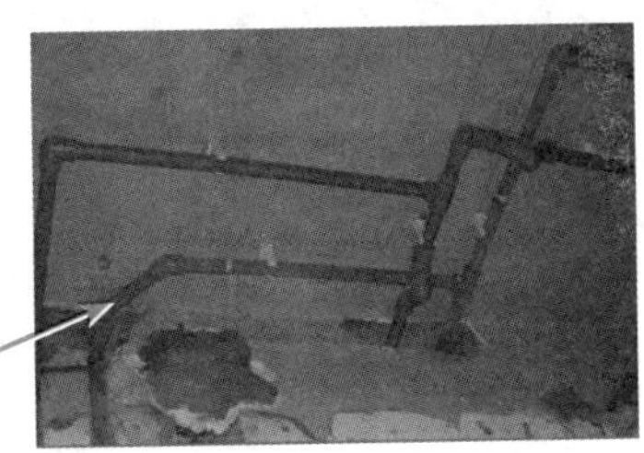

6.2 照明线路设备的安装

6.2.1 开关的安装

控制灯具、电器等电源通断的器件——开关，是装饰、装修不可缺少的元素。按开关的安装方式不同，有明装和暗装之分。

明装开关即传统的拉线开关，如下面左图所示。随着社会的发展与生活质量的提高，越来越多的明装开关被弃之不用，转而安装暗装开关。原因是暗装开关的安全性比明装开关要高，并且更加美观，且不易损坏。下面右图所示为常用暗装开关。

明装开关

暗装开关

单控开关的安装

单控开关的外形及控制电路图

我们这里所讲的单控开关，顾名思义，是只对一条线路进行控制的开关。而单控开关又包含单位单控开关、双位单控开关及多位单控开关等。单控开关的控制电路图如下面右图所示。

单位单控开关

这里展示的是单位单控开关，而上面右图所示为双位单控开关。

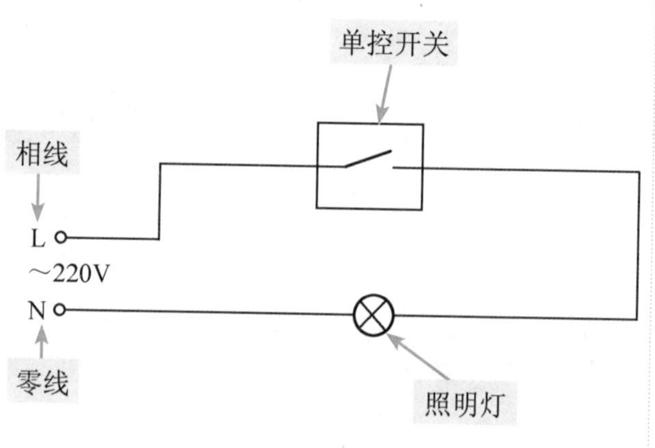

单控开关安装位置的设定

在安装开关时，还要注意开关的安装位置，距地面的高度应为1.3m，距门框的距离应为0.15～0.2m，如下图所示。

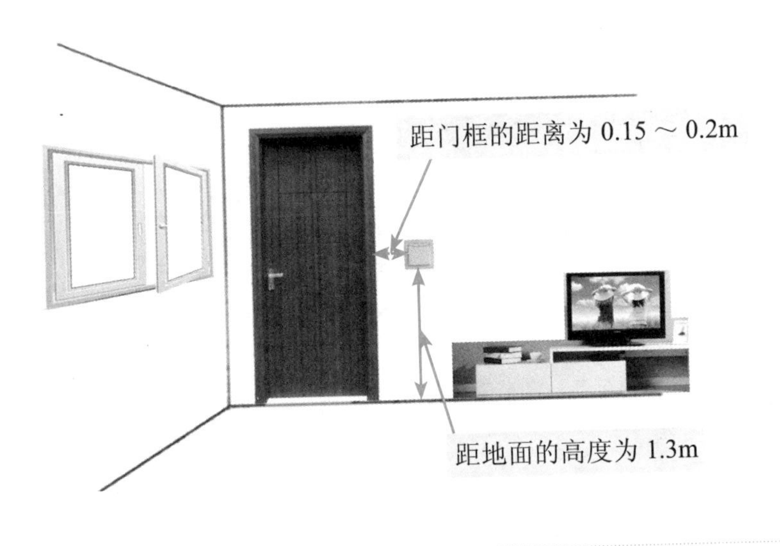

处理安装部位

开关插座的安装应在木工、油漆工等之后进行。久置的底盒难免堆积大量灰尘。在安装前先对开关插座底盒进行清洁，特别是将盒内的灰尘、杂质清理干净，并用湿布将盒内残存灰尘擦除。这样做可预防灰尘、杂质影响电路使用。

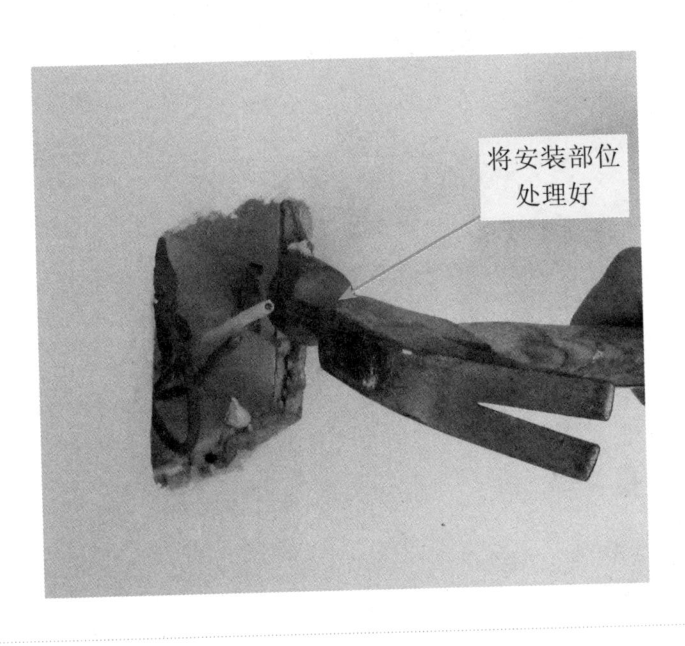

处理导线

将盒内甩出的导线留出维修长度，然后剥出芯线，注意不要碰伤芯线。将导线按顺时针方向盘绕在开关或插座对应的接线柱上，然后旋紧压头，要求芯线不得外露。

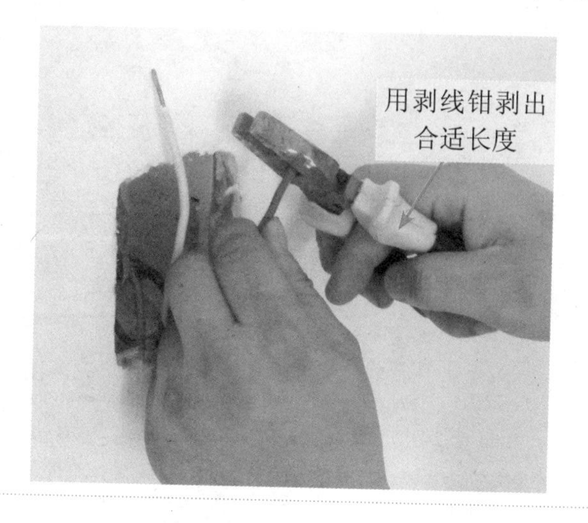

接线

相线接入开关两个孔中的一个A标记，再从另一个孔中接出绝缘线，接入下面的插座3个孔中的L孔内接牢。零线直接接入插座3个孔中的N孔内接牢。地线直接接入插座3个孔中的E孔内接牢。若零线与地线错接，则使用电器时会出现跳闸现象。

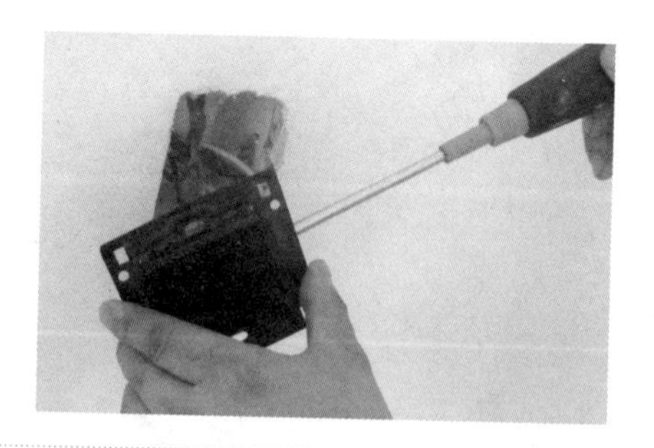

固定

先将盒子内甩出的导线由塑料台的出线孔中穿出，再把塑料台紧贴于墙面用螺钉固定在盒子上。固定好后，将导线按各自的位置从开关插座的线孔中穿出，按接线要求将导线压牢。

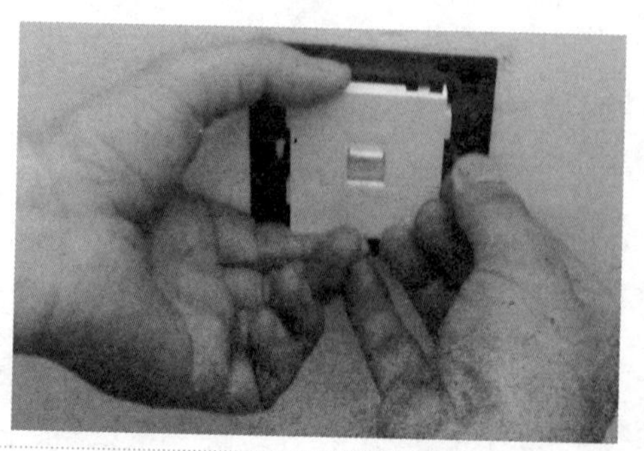

前面已经介绍了单控开关的安装，而多控开关与单控开关的安装有些不同，因为它可以对两条甚至3条线路进行控制，并且主要使用在两个开关控制一盏灯或多个开关同时对照明灯具进行控制的环境下。

多控开关的控制电路图

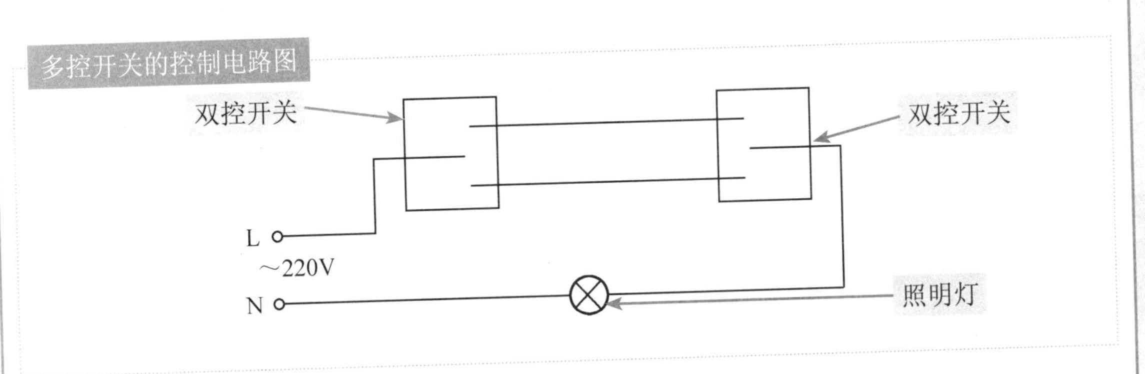

选配部件

装饰、装修中开关的布置一定要尽可能考虑到未来生活的使用方便。在施工之前，就要反复模拟入住后的生活场景，逐一规划每个房间的功能需求。若有些细节欠缺，则会对将来的生活造成极大不便。例如，泡在舒适的浴缸中时电话铃突然响了，卫生间又没装电话，这时接也不是不接也不是，悠闲的心情也一扫而空；明亮的餐厅虽然舒适，但用餐时却没法看电视，等等。类似问题都是容易被忽略的电路布局问题。所以，在偌大的厅堂中，往往好的电路设计都会有多控开关的影子。右图所示为常用的多控开关。

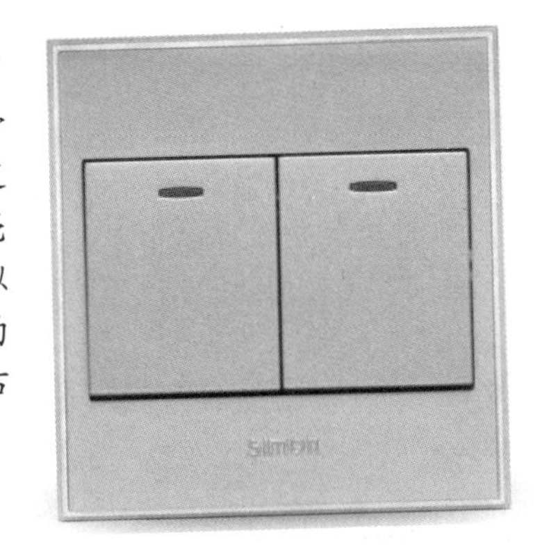

安装方法

其实在学会了单控开关的安装之后，多控开关对电工来说并不难，只是在安装时需要注意相线的连接。在安装时一定要注意，每个双控开关有3个头，分别是L_1、L_2和L，如果做双控的话，就是两个成对使用，按照电路图把两个开关的L_1相连，L_2相连，一个开关的L直接接到相线，另外的一个开关的L通过灯和零线相连。其他的安装方法与单控开关类似，所以此处就不再赘述。

6.2.2 插座的安装

供电插座是为电气设备提供电量的常用器件，按其安装方式分类，主要有明装插座和暗装插座两种。

明装插座主要在室外环境或室内装修完成后，用户临时提出要求进行安装等情况下使用，明装插座按其插座孔数分为三孔明装插座和两孔明装插座。

暗装插座按插座孔数分为单相两孔插座、单相三孔插座、三相四孔插座和三相五孔插座。其中，单相两孔插座和单相三孔插座与1根相线进行连接，而三相四孔插座和三相五孔插座则需要与3根相线进行连接。

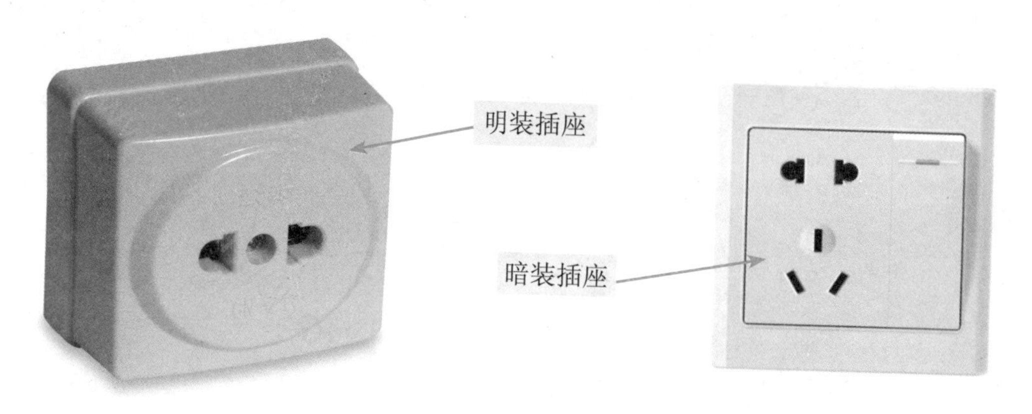

强电插座与弱电插座的距离如下图所示。

小功率插座的安装

小功率插座包含两孔和三孔插座安装在同一个插座面板中的形式，也有单独的三孔插座及两孔插座。在安装小功率插座时，安装位置距地面高度应不小于0.3m。

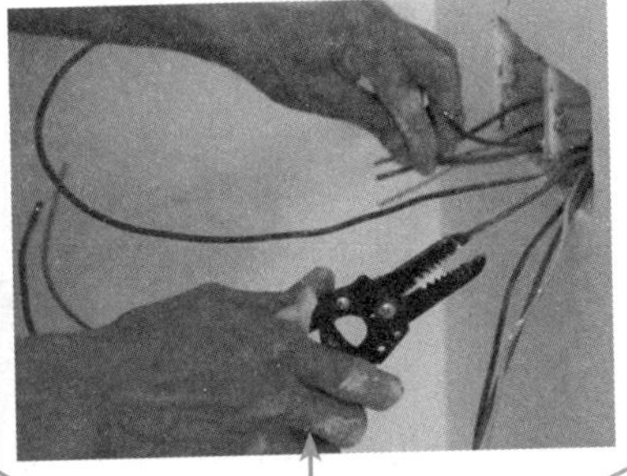

3 将导线连接到插座

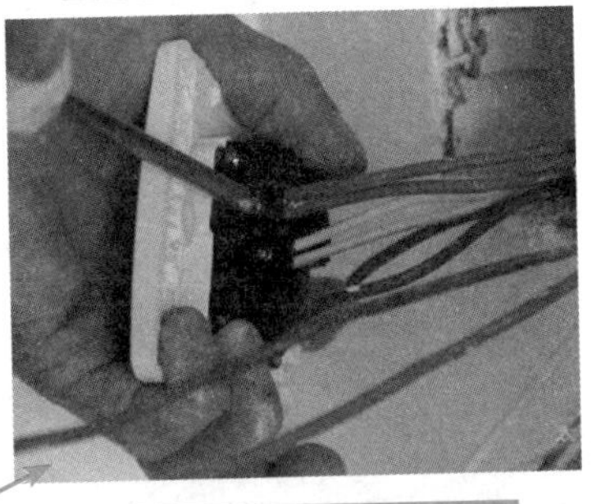

4 安装面板紧固螺钉

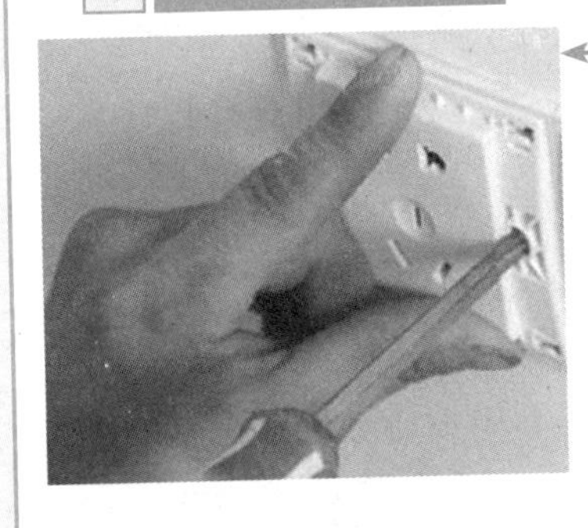

安装插座

5 检测插座是否水平

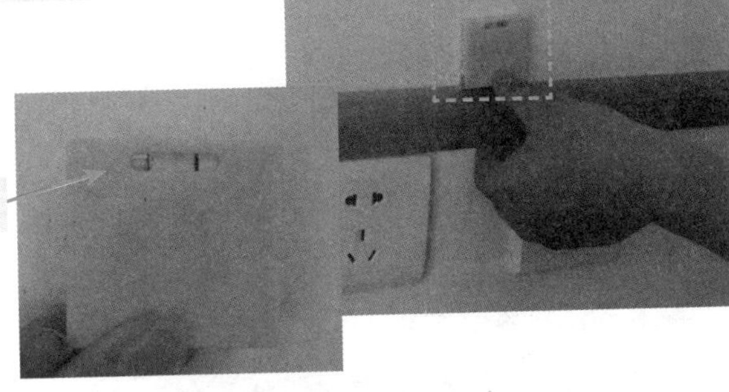

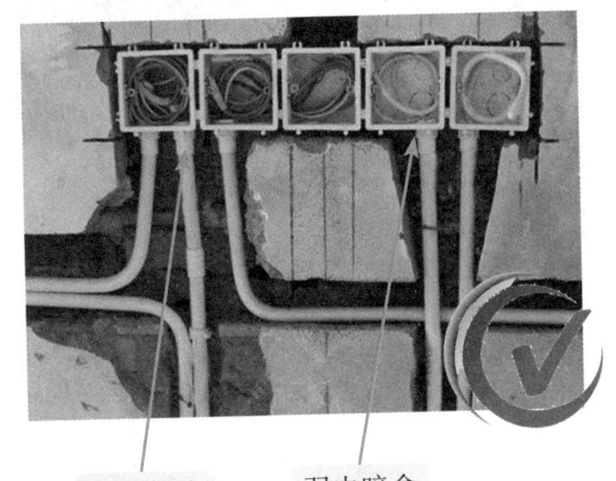

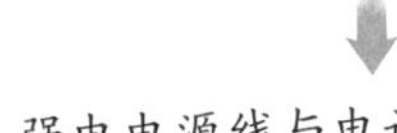

强电电源线与电话线、电视线、网线、音响线等弱电线不得穿入同一根管内。因为会产生电流干扰，从而导致弱电信号不稳定。

在地面电路敷设完毕后，应在敷设的PVC管两侧放置木方，或用水泥砂浆做护坡，以防止PVC管在工人施工中因来回走动而被踩破。

大功率插座的安装

家庭装饰、装修中，除了有小功率插座，大功率插座也少不了。安装大功率插座时，同样需要注意其安装的高度，一般应安装在距地面 1.8m 的位置。

由于大功率插座的使用并不非常频繁，一般在选用插座时，应选择带有控制开关的插座，不用时可以直接关掉，有助于节省能源。带有控制开关的大功率插座如下图所示。

大功率插座的安装与小功率插座的安装类似，此处仅介绍大功率插座的安装与小功率插座的安装有区别的地方。

1 查看接线盒与护管位置相对应后，取下接线盒的挡片，检查预留导线连接端子的长度是否合适，如果不够长则需要进行剥线操作

2 将剥线后的导线端子嵌入墙的开槽中。需要注意的是，如果在对插座进行连接时，插座的控制开关处于开启状态，则要将其关闭，然后再对插座进行安装

3 红色线接相线连接端，蓝色线接零线连接端，黑色线或蓝/黄色线接地线连接端

4 相线连接端、零线连接端与地线连接端连接完成后，检查所连接的导线是否牢固，以免连接不牢固而造成漏电事故的发生。检查后，将剩余的导线盘绕在接线盒中

5 将插座的固定点与接线盒的固定点对齐，并选用合适的螺钉拧紧固定，至此大功率插座安装已经完成，可以测试使用了

6.2.3 配电箱的安装

配电箱有塑料和金属两种材料制成的箱体，按安装方式可分为明装和暗装两类。箱内装有总开关、分路开关、熔断器和漏电开关等元器件。在住宅居室中使用的配电箱以暗装为主。配电箱包括盘面板和配电箱体两个部分，其主要结构部件有透明罩、上盖、箱体、安装轨道或支架、电排、护线罩和电气开关等，箱体周围及背面设有进、出线孔，以便于接线。配电箱有标准型与非标准型之分，选择时应根据回路数量和开关型号等选择不同规格的箱体。

配电箱的明装

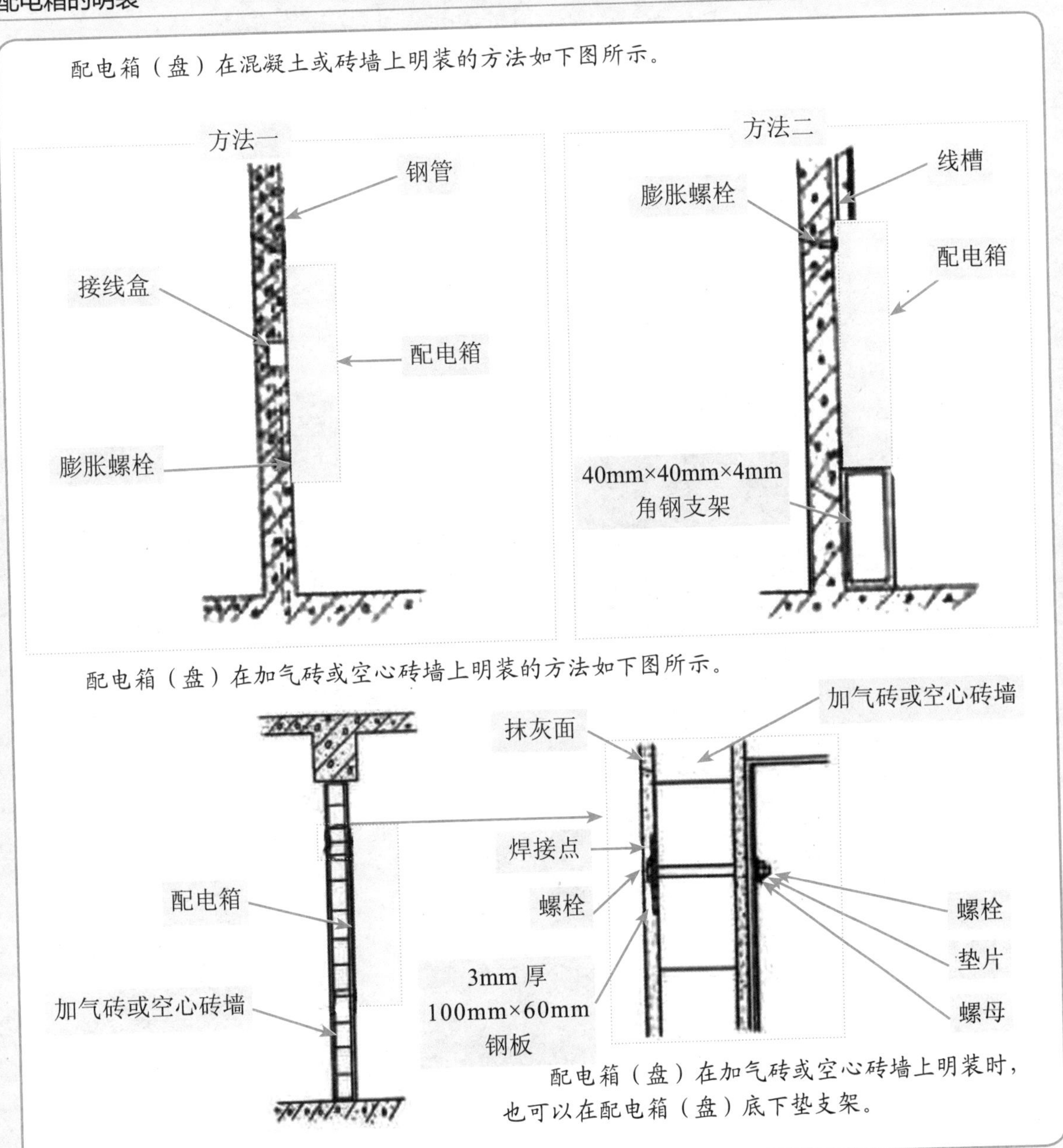

配电箱的暗装

配电箱（盘）在墙上暗装的方法如下图所示。

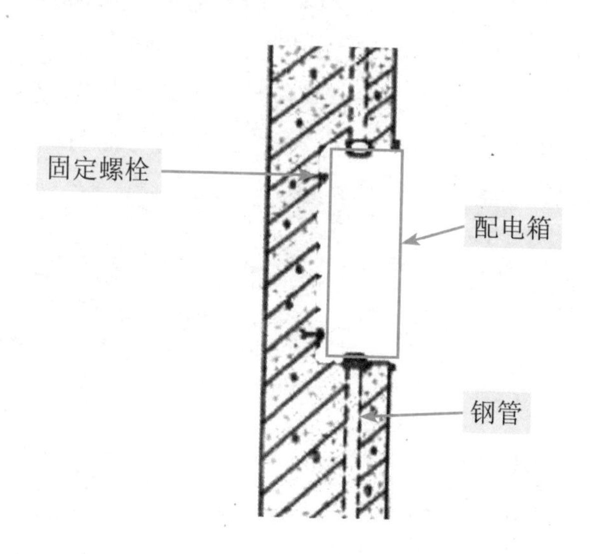

配电箱(盘)采用螺栓固定的，应用软铜黄绿双色绝缘线接至规定的接地螺栓处接地并拧紧；采用焊接固定的，为美观，焊缝宜在箱内侧，且应不少于 4 处，焊缝长约 100mm，施焊处应进行防腐处理。在有振动场所安装时，一般在箱与基础型钢间垫上厚约 100mm 的弹性垫片。

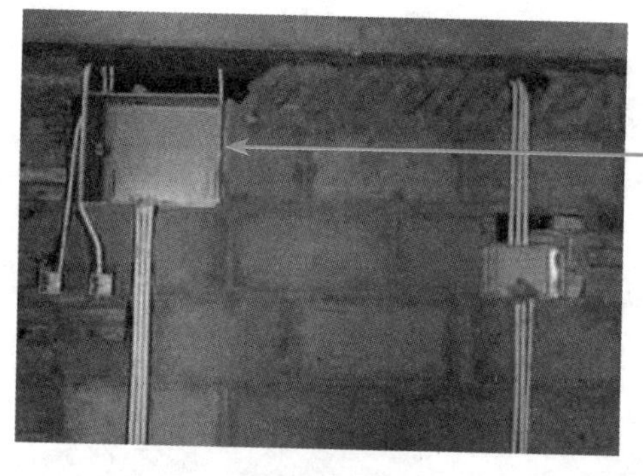

安装所用材料如下。

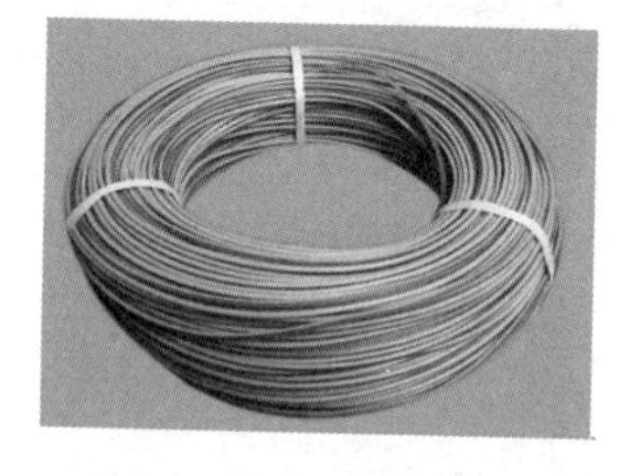

软铜黄绿双色绝缘线

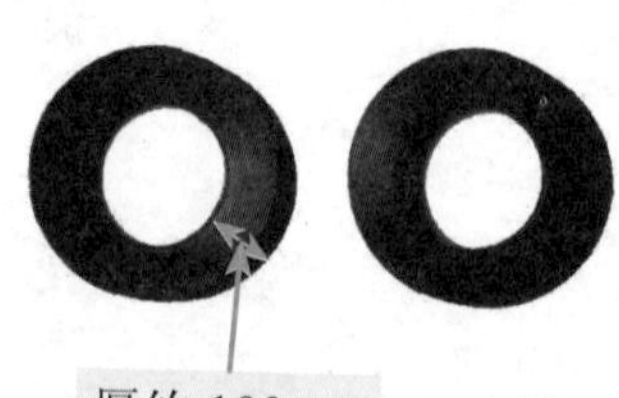

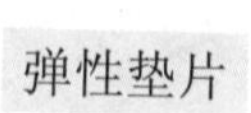

弹性垫片

钢管防腐剂

6.3 照明灯具的安装

照明灯具在居住环境中具有非常重要的作用，并且随着生活水平的提高，人们对室内照明灯具的布置和安装提出了更高的要求。家庭照明灯具在选择时，日光灯被使用的频率最高。日光灯又称荧光灯，在家居生活中通常安装在需要明亮的环境中，如客厅、卧室、地下室等。根据不同的安装环境，对日光灯亮度、外形的选择也各有不同。

6.3.1 筒灯的安装

筒灯是嵌入式灯具，适用于在吊棚上安装，安装后紧贴吊棚，有很好的装饰性。灯具筒体两侧对称部位各有一只卡簧作为固定装置。

筒灯的安装步骤如下。

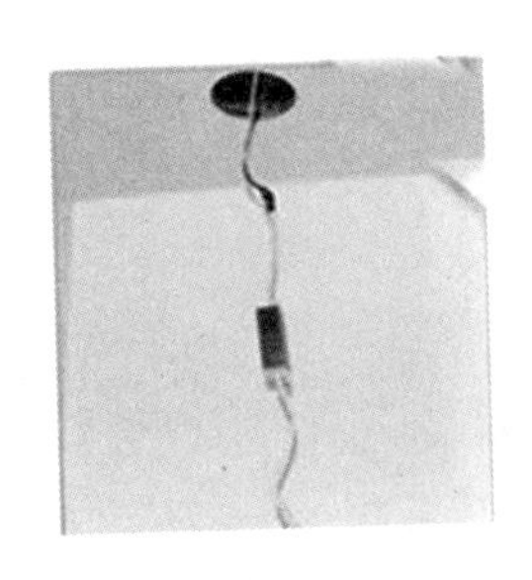

1 按筒灯的尺寸在吊棚安装位置处画线钻孔

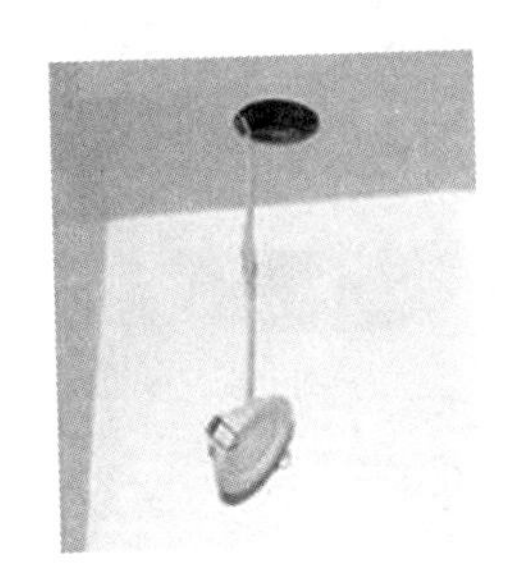

2 将吊棚内预留电源线与灯具接好

3 调整筒灯固定弹簧片的蝶形螺母，使其与吊棚高度相等

4 把筒灯推入吊棚开孔处，装上合适的灯泡

6.3.2 吸顶灯的安装

吸顶灯的安装步骤如下。

1 安装前应了解灯具的形式、大小、连接构造，以便确定预埋件位置和打孔位置及大小

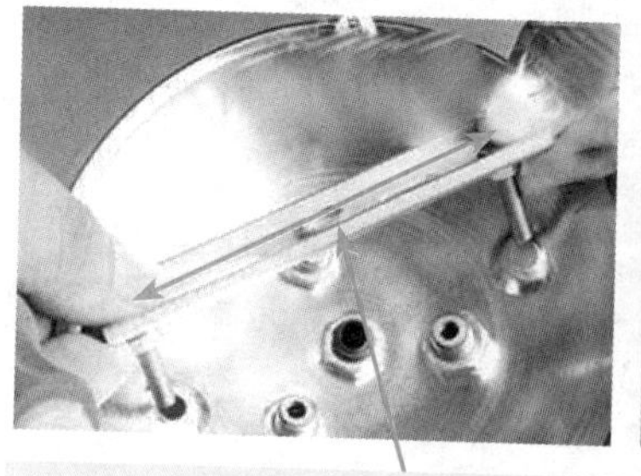

根据底座孔眼宽度，调整挂板宽度

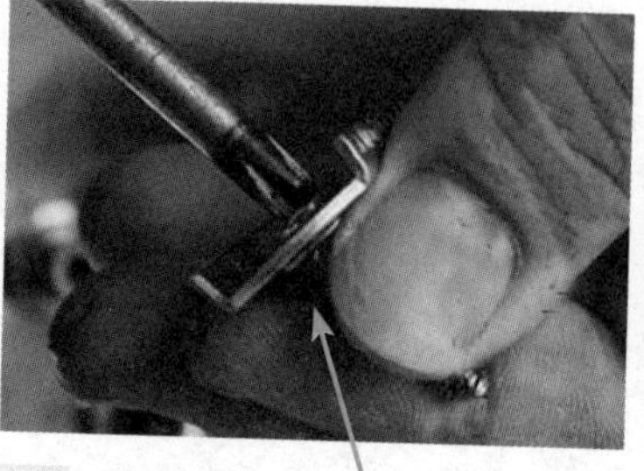

将安装螺钉旋到合适位置

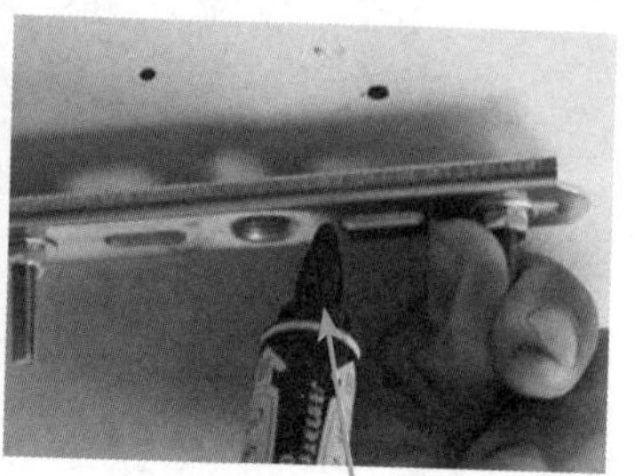

根据挂板宽度确定打孔位置

2 根据画的打孔位置，使用冲击钻在天花板上钻孔，一般选择 6mm 钻头即可

3 埋入膨胀螺栓，并用锤子将其安装到位

根据孔径安装膨胀螺栓

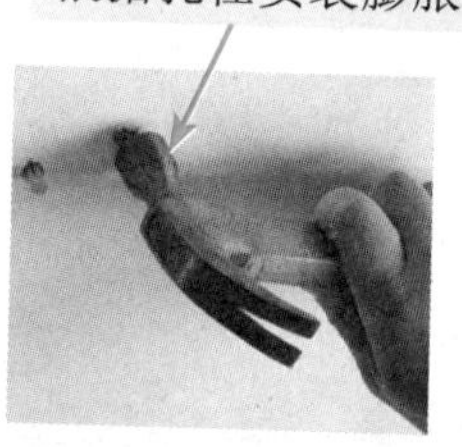

膨胀螺栓安装到位，装另一个

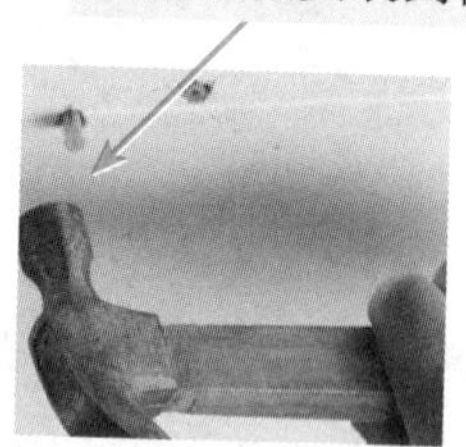

4 固定灯座，然后连灯头，再罩入灯罩，吸顶灯的安装便完成了

安装螺钉

固定灯座

吸顶灯安装完成

6.3.3 LED灯的安装

LED是英文Light Emitting Diode（发光二极管）的缩写。LED灯的基本结构是一块电致发光的半导体材料芯片，用银胶或白胶固化到支架上，然后用银线或金线连接芯片和电路板，四周用环氧树脂密封。LED灯属于冷光源，眩光小，无辐射，使用中不产生有害物质。LED灯工作电压低，废弃物可回收，没有污染，不含汞元素，可以安全触摸，属于典型的绿色照明光源。

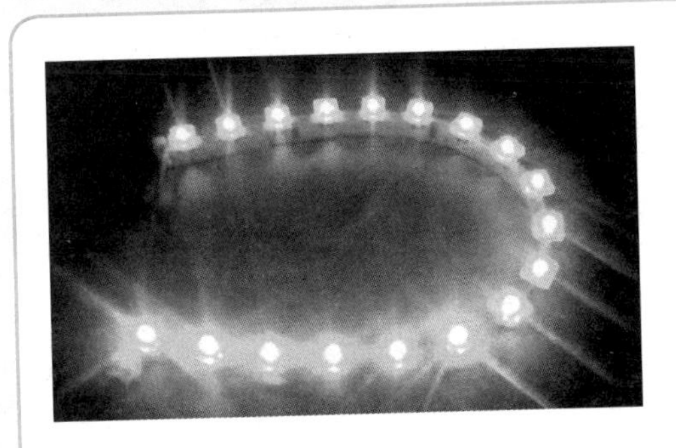

LED灯带

LED灯泡

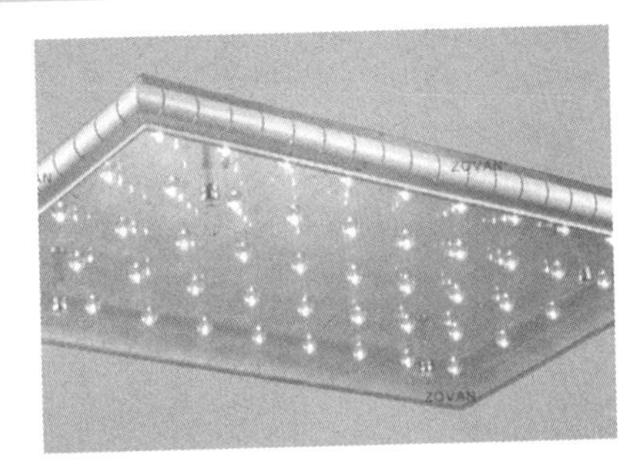

LED吸顶灯

LED灯的特点

1. 传统灯具含有大量的水银蒸气，如果破碎，水银蒸气则会挥发到大气中。但LED灯不使用水银，且LED灯也不含铅，对环境起到保护作用。LED灯被公认为是21世纪的绿色照明光源

2. 传统灯具会产生大量的热能，而LED灯则是把电能全都转换为光能，不会造成能源的浪费。而且，照射文件、衣物也不会产生褪色现象

3. LED灯不会产生噪声，对于使用精密电子仪器的场合为上佳之选，适合于图书馆、办公室之类的场合

4. 传统灯具使用的是交流电，所以每秒会产生100～120次的频闪。LED灯是把交流电直接转换为直流电，不会产生闪烁现象，保护眼睛

5. LED灯不会产生紫外线，因此不会像传统灯具那样，有很多蚊虫围绕在灯源旁。室内会变得更加干净、卫生、整洁

6. LED灯的耗电量是传统日光灯的1/3以下，寿命是传统日光灯的10倍，可以长期使用而无须更换，减少人工费用，更适合于难以更换的场合

新装 LED 灯

新装 LED 灯比较简单，只需要按照以下步骤安装即可。

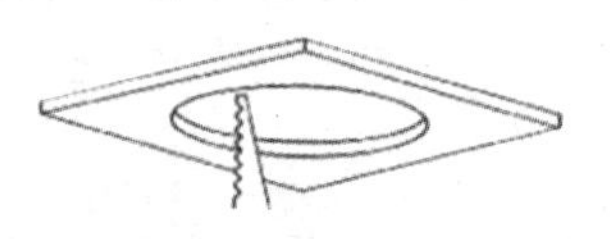

1 按灯具的尺寸开孔

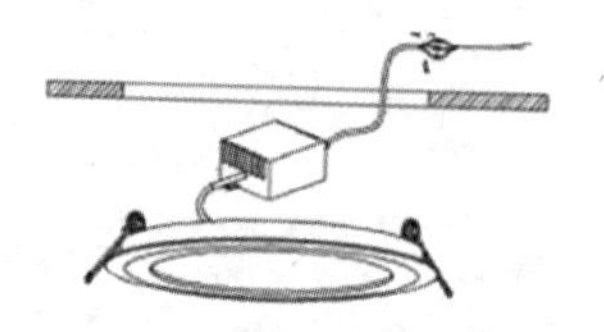

2 将灯具连接 220V 市电

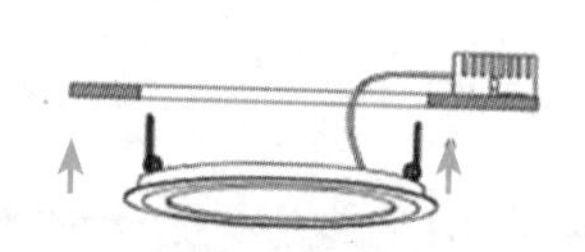

3 将灯具推入槽中

这里选用的是杰胜 LED 面板灯，是一种嵌入式灯具，而且四周设计有卡扣，还需要做以下安装操作。

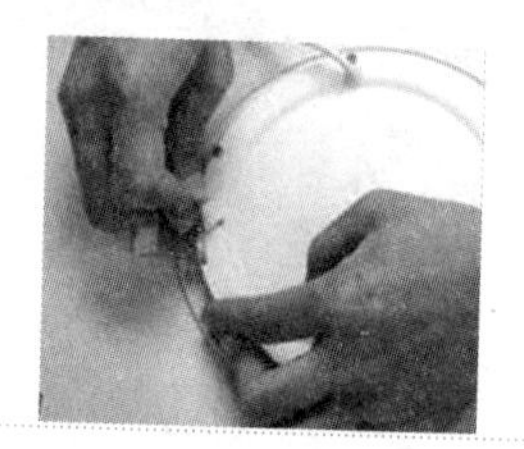

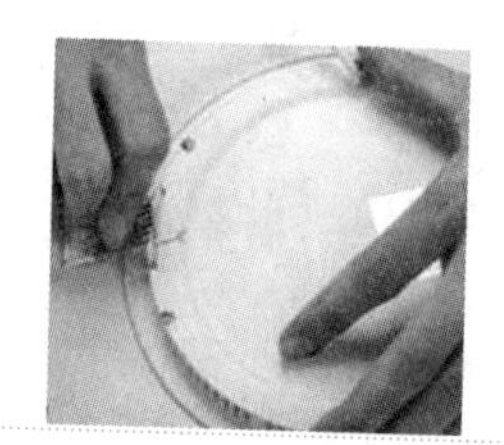

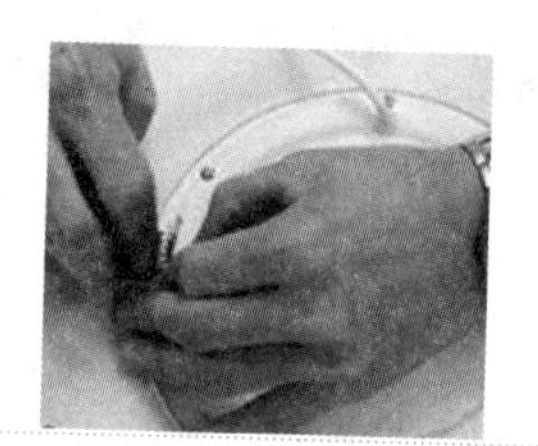

改装 LED 灯

改装时，不管原来是何种灯具，都需要将原灯具完全拆下，然后再进行安装。

1 将原灯具完全拆下，露出屋顶

2 按照普通灯具接好底座电线

3 安装灯具及灯罩后，即安装完成

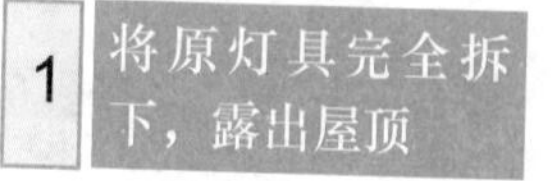

第 7 章

电动机的基本知识和电动机电气控制线路

7.1 电动机的基本知识

7.1.1 电与磁

磁场

磁力线

在物质世界中，在磁体物质周围存在磁场，具有力和能的特性。为了描绘磁场的分布情况，通常引入磁力线的概念。

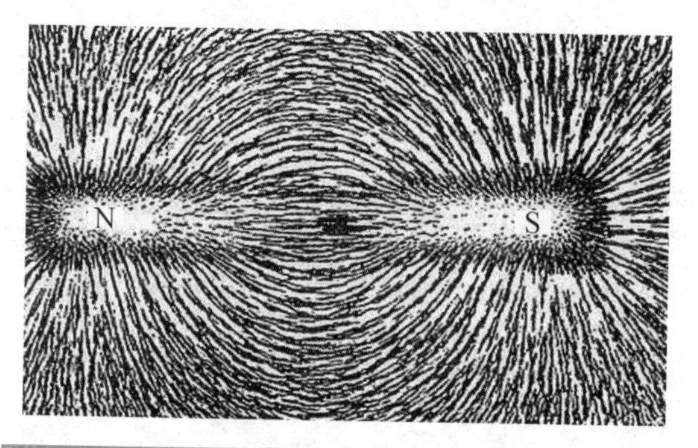

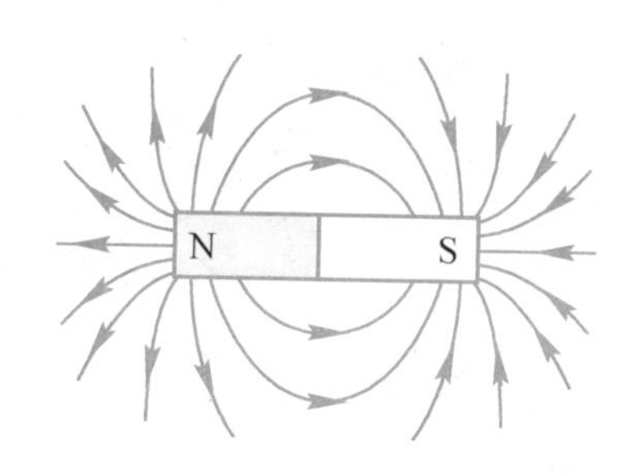

1. 磁力线是互不交叉、不能中断的闭合曲线，在磁体外部由N极指向S极，在磁体内部由S极指向N极
2. 磁极总是N、S极成对出现的。磁铁具有同性相斥、异性相吸的特性
3. 磁力线上任意一点的切线方向，就是该点磁场的方向，即在该点的小磁针N极所指的方向
4. 磁力线越密表示磁场越强，均匀磁场中磁力线是相互平行而均匀分布的

磁场强度和方向

磁场强度和方向，通常会用一个专业术语——磁感应强度来表示，磁感应强度又称磁通密度。某点的磁感应强度定义为单位面积内的磁通 Φ，表达式为

$$B=\frac{\Phi}{S}$$

B 代表磁感应强度（T）

Φ 代表穿过 S 的磁通（Wb）

S 代表面积（m^2）

载流直导线产生的磁场

载流直导线产生的磁力线是一簇以通电导线为中心的同心圆，这些同心圆所在的平面与导线垂直，如下面左图所示。

磁力线方向符合安培定则（也叫右手螺旋定则） ➡ 右手握住通电直导线，大拇指与四指垂直，大拇指所指方向为电流方向，则四指所指方向为磁力线方向，如下面右图所示。

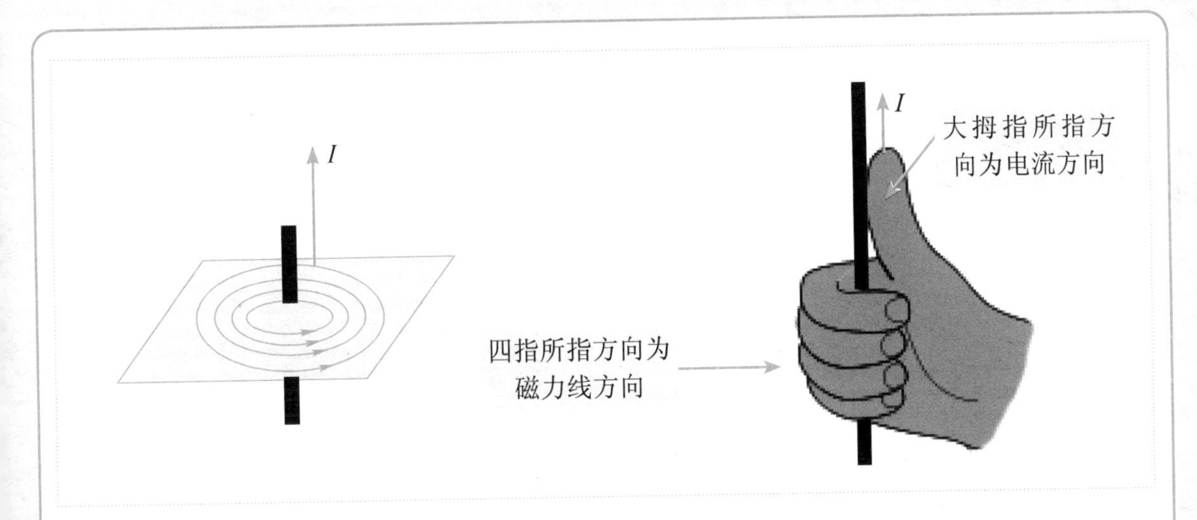

环形载流线圈产生的磁场

环形载流线圈产生的磁力线是一系列穿过线圈内孔的闭合回线，如下面左图所示。

磁力线方向符合安培定则

右手握住线圈，大拇指与四指垂直，四指所指方向为电流方向，则大拇指所指方向为磁场方向，如下面右图所示。

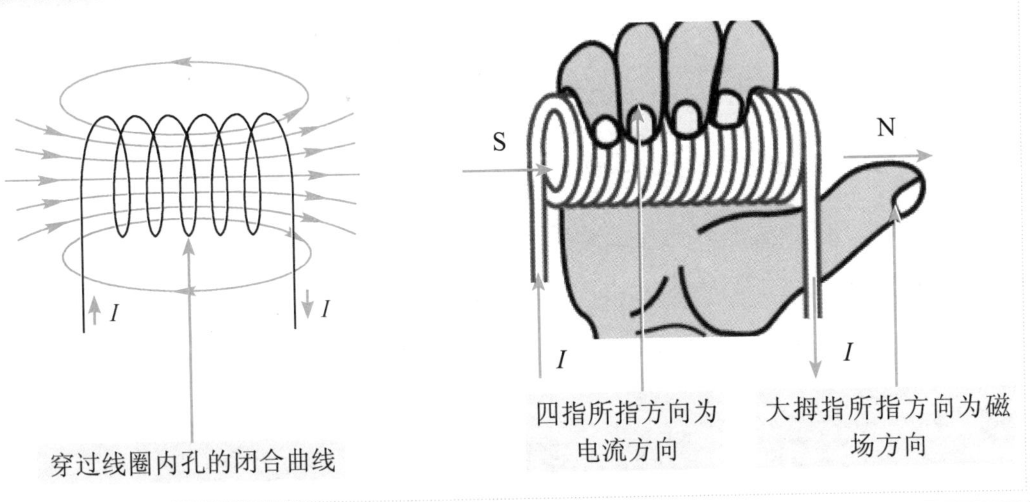

电磁感应

因为磁通变化产生电动势的现象称为电磁感应。由电磁感应产生的电动势叫作感应电动势，由它引起的电流叫作感应电流。

楞次定律

只要穿过闭合导体回路的磁通发生变化，闭合导体回路中就有感应电流。感应电流具有这样的方向，即感应电流的磁场总要阻碍引起感应电流的磁通的变化。这就是楞次定律。

用楞次定律可以判定感应电流的方向。

右手定则

在下面左图中，闭合电路中的导线以速度 v 垂直切割磁力线，此时导线中产生了感应电动势 e 和感应电流 i，感应电流的方向用右手定则来判定。如下面右图所示，伸开右手，使大拇指与其余四指垂直，并且都与手掌在同一个平面内，让磁力线从掌心进入，并使大拇指指向导线运动的方向，这时四指所指方向就是感应电流的方向。这就是判定导线切割磁力线时感应电流方向的右手定则。

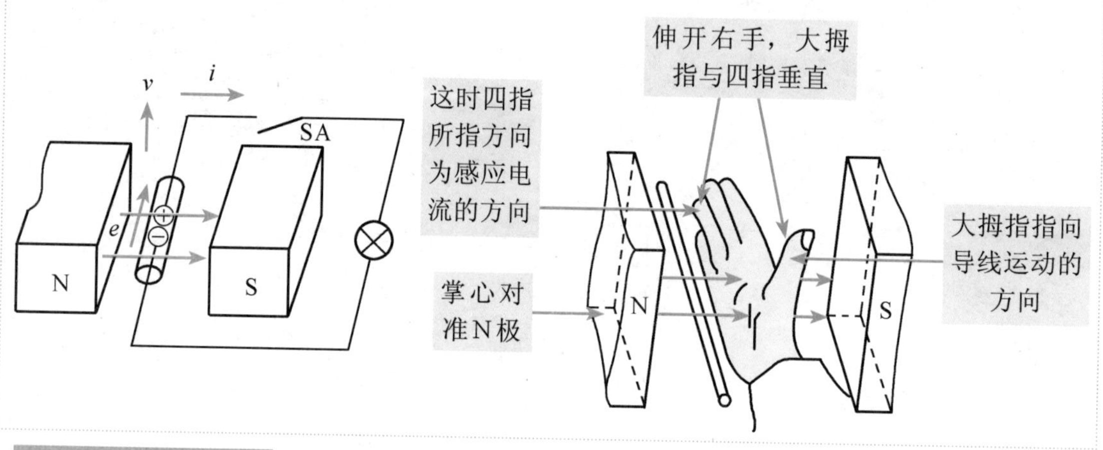

法拉第电磁感应定律

法拉第电磁感应定律为：闭合电路中感应电动势的大小，跟穿过这一电路的磁通的变化率成正比。闭合电路常常是一个匝数为 n 的线圈，则电磁感应定律可表示为

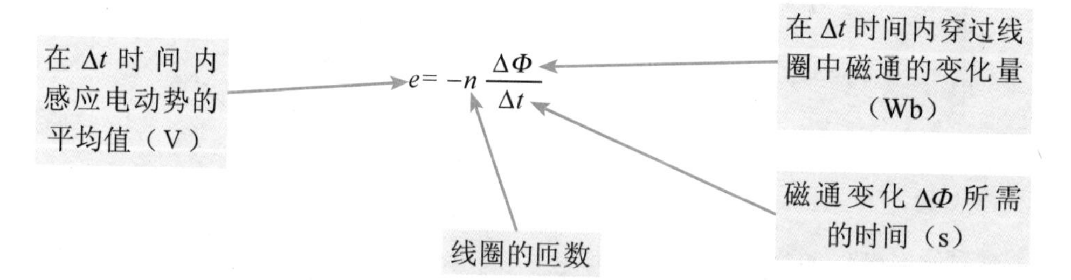

从物理意义上讲，负号表示 e 的方向始终与 $\Delta\Phi$ 体现的变化趋势相反，或者说负号表示 e 总是企图阻碍原磁通的变化。

根据法拉第电磁感应定律，导线做切割磁力线运动产生的感应电动势为

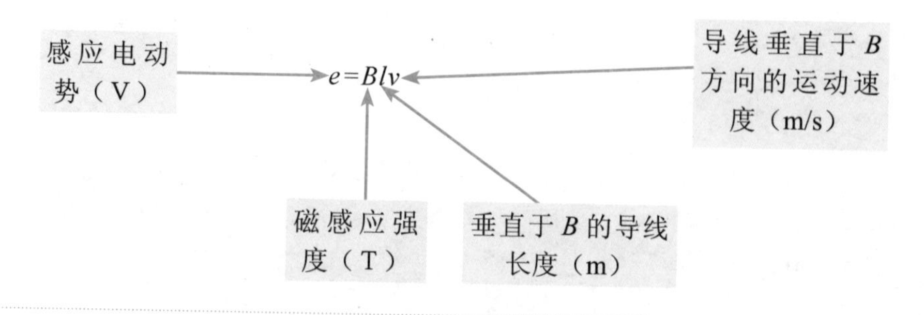

如下图所示，如果把一根通电导线置于磁场中，则导线就会受到电磁力 F_{em} 的作用而移动。如果改变导线中通过的电流方向，则导线移动的方向随之改变。

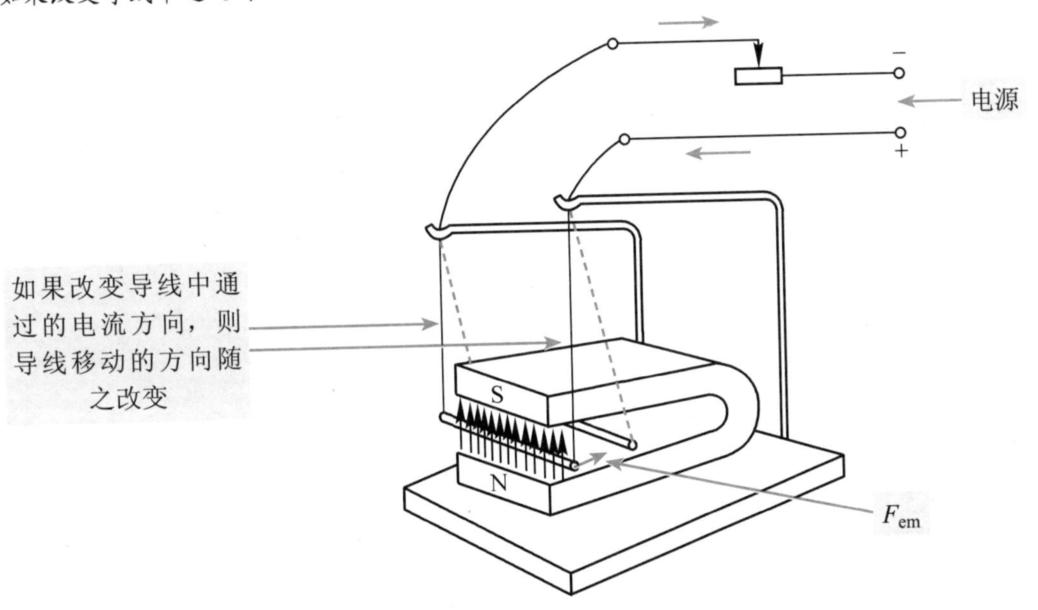

磁力线、电流、电磁力三者方向的关系，可以用左手定则来确定。如下图所示，伸开左手，使大拇指与其余四指垂直，并且都与手掌在同一个平面内，让磁力线从掌心进入，并使四指指向电流方向，这时大拇指所指方向就是通电导线在磁场中所受电磁力的方向。这就是判定通电导线在磁场中受力方向的左手定则。

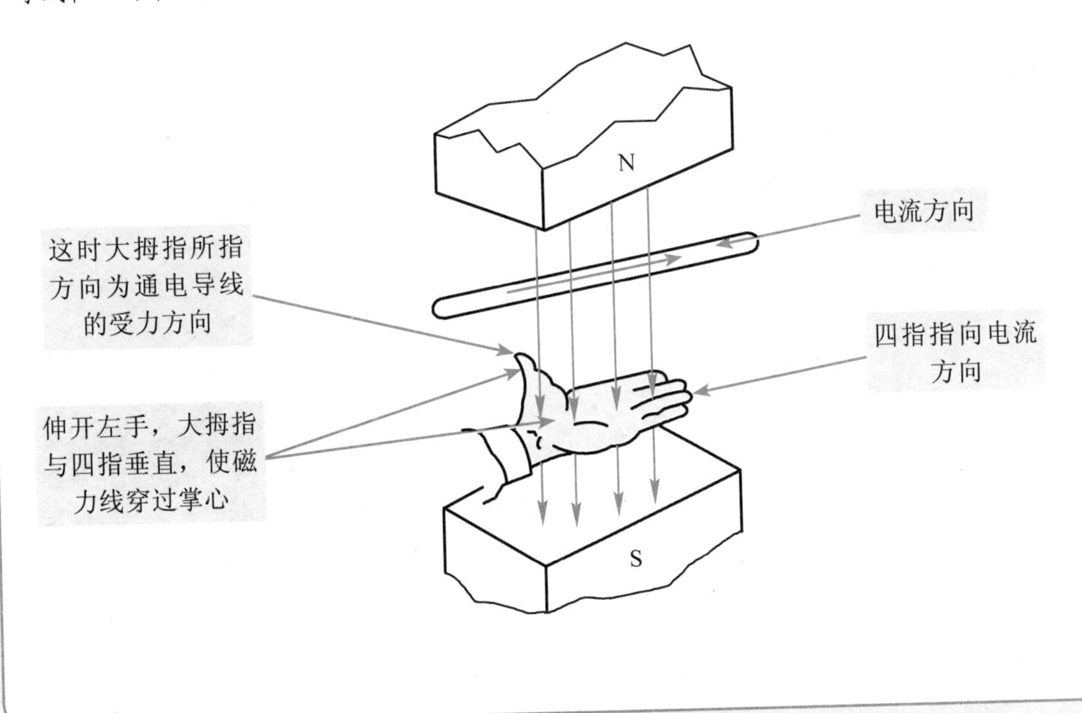

电磁力 F_{em} 的大小为

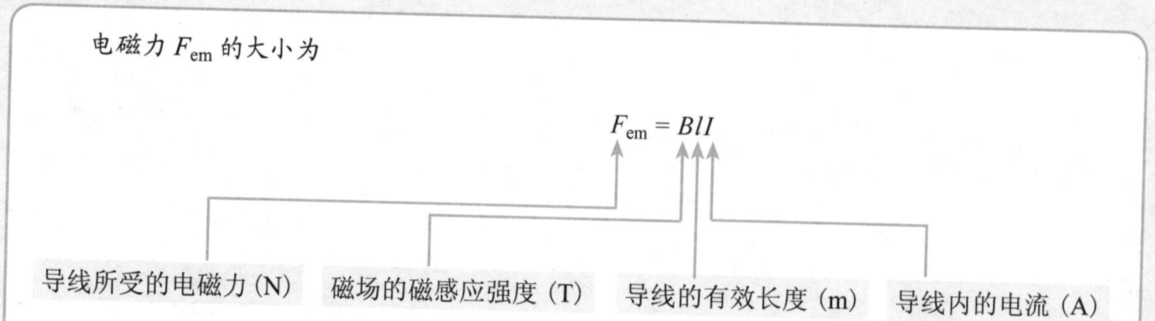

上式仅适用于磁力线方向、电流方向和导线所受电磁力方向三者相互垂直的情况。如果通电导线与磁场磁力线间的夹角为 θ 时，则

$$F_{em} = BlI\sin\theta$$

电动机就是根据通电导线在磁场中受到电磁力的原理工作的。

7.1.2 直流电动机

将机械能转换成电能的机械为发电机，将电能转换成机械能的机械为电动机。它们是根据电与磁的相互作用、相互转化的特性而工作的。

直流电动机的工作原理

下面 3 个图所示为简单直流电动机的工作原理图。在主磁场内随轴旋转的线圈 ab-cd（电枢绕组），经换向片及电刷与直流电源相连构成电流的通路。

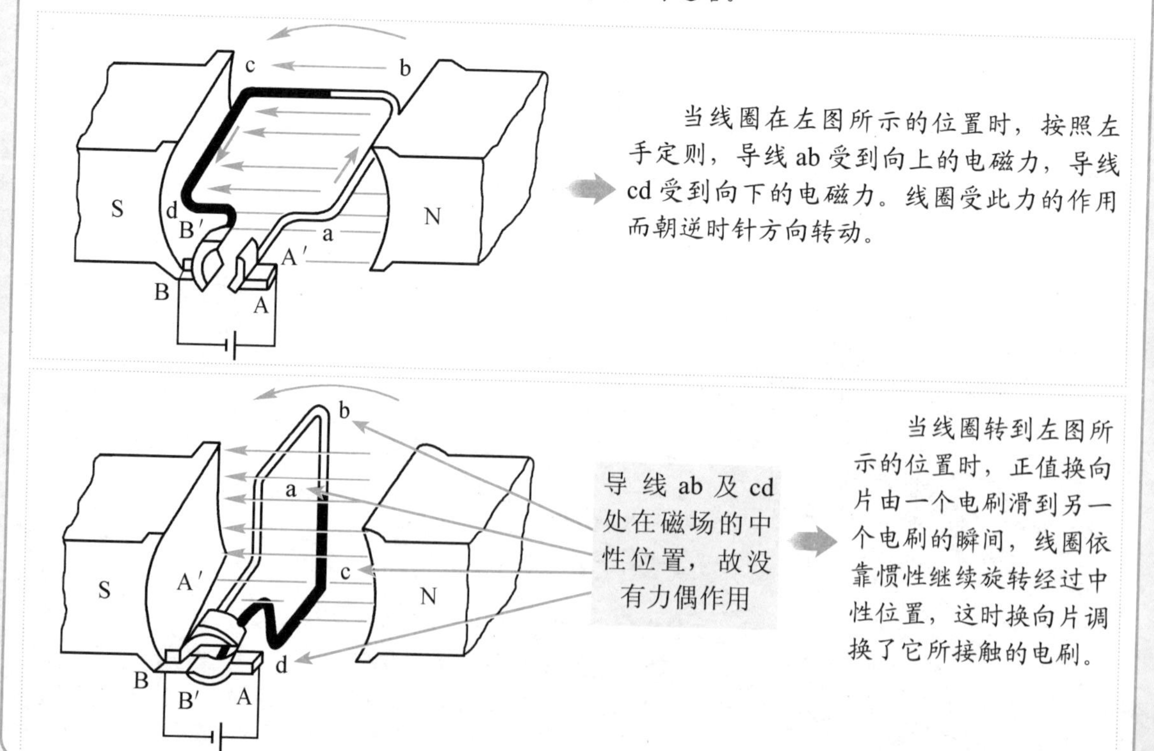

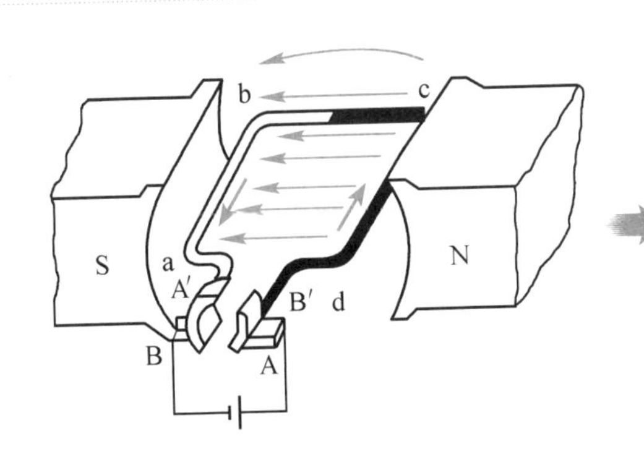

当线圈转到左图所示的位置时，线圈中的电流方向也随着改变。导线ab受到向下的电磁力，导线cd受到向上的电磁力。在此力的作用下，线圈继续旋转。

在实际的电动机中，电枢绕组的线圈和换向片都有很多，它们均匀分布在电枢圆周的不同位置

除个别处于中性位置的线圈外，其余线圈都受到电磁力的作用，使电枢无论在什么位置，都能产生一个基本恒定的转矩。

当直流电动机的线圈在磁场中转动以后，它也像在发电机中一样因切割磁力线而产生感应电动势，其方向则与电源电动势相反，称为反电动势

相同道理

当直流发电机有了负载电流以后，它的线圈也像在电动机中一样在磁场中将受力而产生力矩，其方向则与原动机力矩方向相反，称为制动力矩

由此可见，直流发电机与直流电动机是直流电机的两种运行方式，从理论上讲它们是可逆运行的。

直流电动机的结构

直流电动机主要由定子（固定不动）和电枢（旋转运动）两个部分组成，其结构如下图所示。

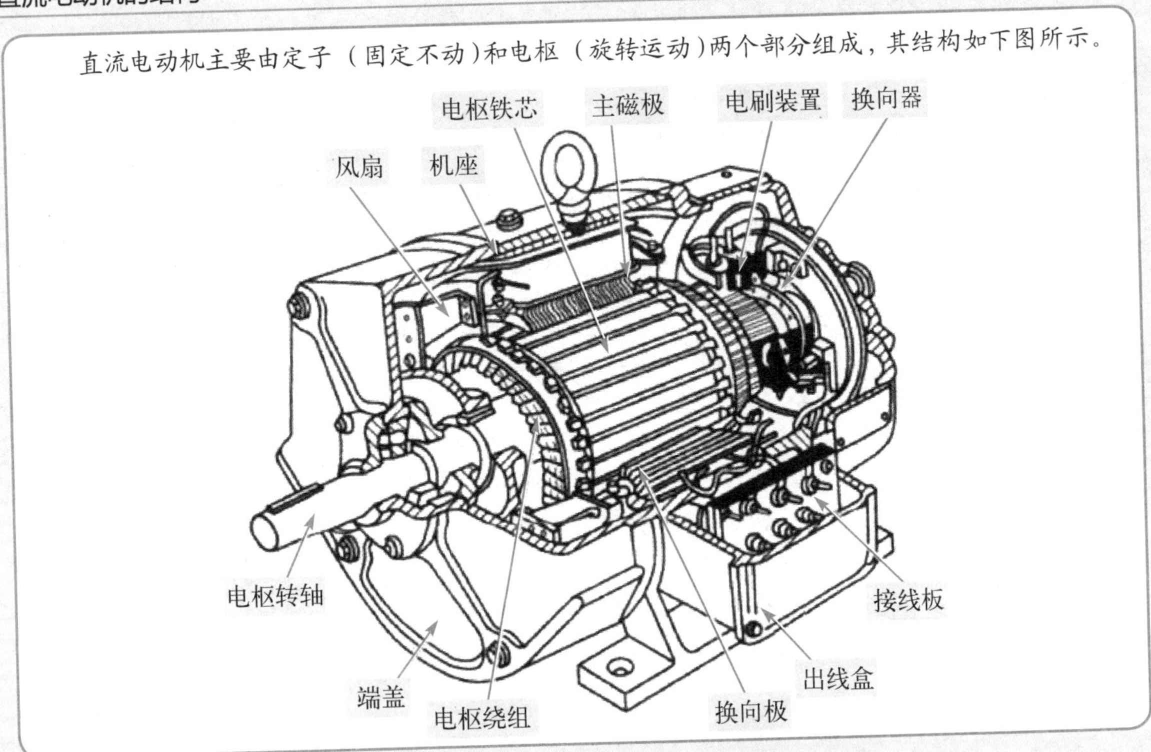

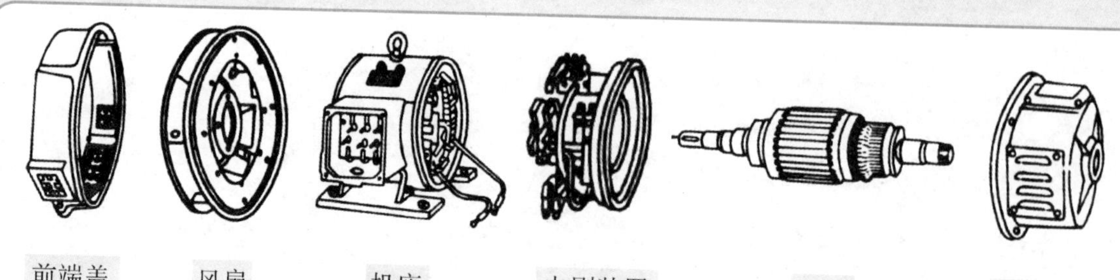

定子

直流电动机的定子主要由机座、端盖、主磁极、换向极、电刷装置等组成。

机座 ➡ 机座通常用铸铁或铸钢件制成，用来支撑整个电动机的所有零部件。

用螺钉直接固定在机座上。　　通过前、后端盖支持于机座上。

机座是电动机磁路的一部分，其用作传导主磁极和换向极磁通的部分称为磁轭。机座与主磁极铁芯之间设置有一些铁垫片，它们是用来调整电动机定、转子间气隙的。

主磁极 ➡ 主磁极由主磁极铁芯和主磁极绕组两个部分组成。主磁极的结构如下面左图所示。

通常为减小由于主磁极磁通变化而产生的涡流损耗，主磁极铁芯多为 0.5 ～ 1.5mm 厚的硅钢片或普通钢板的叠片结构，而不是用整块钢来制造的。

主磁极绕组套装在主磁极铁芯极身处。小型直流电动机的主磁极绕组用圆铜线绕制，大中型直流电动机的主磁极绕组多用扁铜线制造而成。

换向极 ➡ 换向极又称附加极或间极，它大多用整块钢制成，但也有用 0.5 ～ 1.5mm 厚的硅钢片或普通钢板制造的。换向极的结构如下面右图所示。

换向极的极身和极靴都比较窄，极身处套装有换向极绕组，与主磁极绕组一样也是用圆铜线或扁铜线绕制而成的。换向极用来产生换向磁场，改善直流电动机的换向条件。

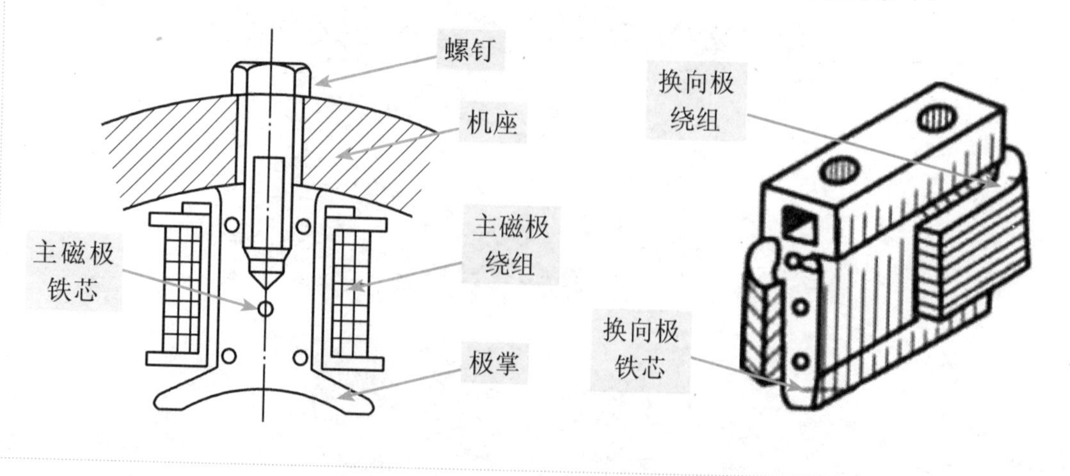

电刷装置 电刷装置由电刷、刷握、刷杆、刷杆座等部分组成。

电刷放在刷握内，并借助弹簧的压力压在换向器上，刷握则固定在刷杆上面，刷杆装至刷杆座上，它们之间垫有绝缘材料，刷杆座则固定在端盖或轴承内盖上。

电刷装置通过电刷与换向器表面之间的滑动接触，把电枢绕组中的电流引出（发电机时）或将电流引入电枢绕组内（电动机时）。目前常用的一种电刷装置如下图所示。

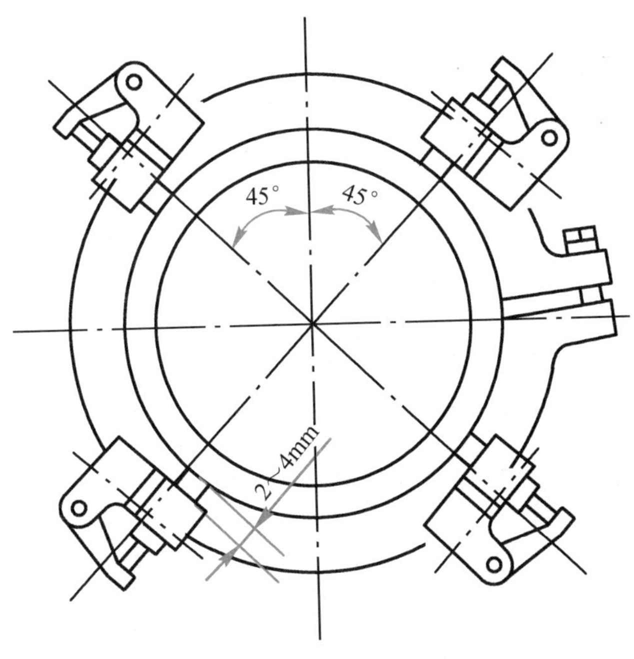

端盖 前、后端盖用来支撑整个转子，它借助止口结构与机座固定。

转轴通过端盖中心孔安装的轴承得到支撑，而轴承中心与端盖止口外圆同心。这就使电枢的旋转中心线与机座中心线重合，以保证电枢与磁极间的气隙均匀。同时，端盖也是电动机的防护盖。

电枢

直流电动机的电枢主要由电枢铁芯、电枢绕组及换向器等组成，如下图所示。

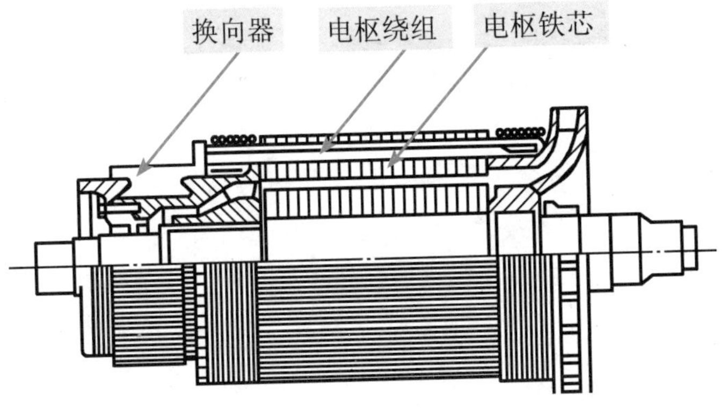

电枢铁芯

电枢铁芯用 0.5mm 厚的硅钢片冲制叠成，两端用线圈支架或压环夹紧固定，铁芯中部有直径 25mm 左右的轴向通风孔。

较大电动机的电枢铁芯则在轴向分段，段间为宽度约 10mm 的径向通风沟。通风孔和通风沟均为冷却空气的通道，用以增强整个电枢的散热能力。

电枢绕组

在电枢铁芯圆周上按轴向分布着许多槽，槽内嵌放有与铁芯绝缘的电枢绕组。槽口处用槽楔封紧，绕组端部则用绑线捆住，防止电枢高速旋转时绕组受离心力而甩出损坏。

换向器

换向器是由许多片带燕尾的梯形纯铜板（换向片）及形状相同的云母片间隔组成的圆柱体，其两端用 V 形云母环及 V 形钢压环经螺帽或拉紧螺栓压紧。换向器的结构如下图所示。

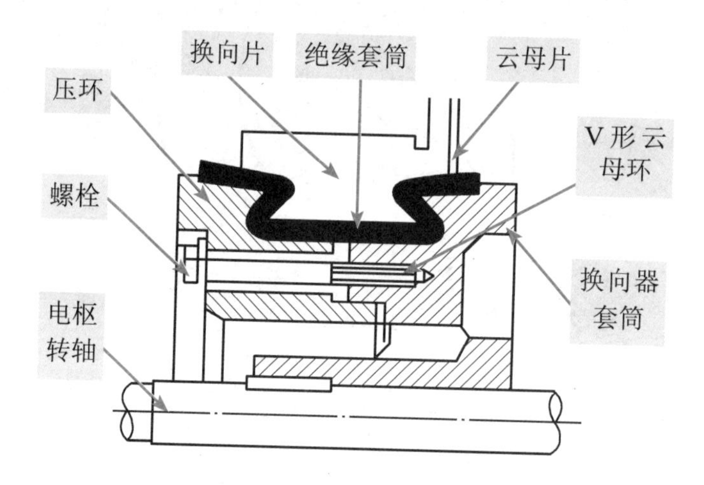

换向器上换向片的竖板或升高片用作电枢绕组端接引线的连接，端接引线与升高片之间一般用焊锡焊接，H级的用氩弧焊焊接

汽车电动机及小型直流电动机采用整体压铸而成的塑料换向器，这种换向器不能够进行拆修，换向器损坏后只能整体更换。

电枢转轴、轴承

电枢转轴用以支撑整个电枢的所有部件，在转轴的两端各紧密配置有一只轴承，从而使电枢能平稳运行于定子铁芯内。

气隙

在静止不动的定子磁极和旋转的电枢之间存在一定间隙，这称为气隙。气隙的大小和形状直接影响电动机的运行特性。

7.1.3 单相异步电动机

单相异步电动机是一种用于工频单相交流电源上，将电能转换成机械能的拖动机械。

单相异步电动机的工作原理

单相绕组的脉振磁场

单相交流电流是一个随时间按正弦规律变化的电流，所以它产生的磁场是一个脉振磁场，如下图所示。

当某一瞬间电流为零时，电动机气隙中的磁感应强度也等于零。当电流增大时，磁感应强度也随着增强。在电流方向相反时，磁场方向也跟着反过来。在任何时刻，磁场在空间的轴线不动，磁场的强弱和方向像正弦电流一样，随时间按正弦规律做周期性变化。

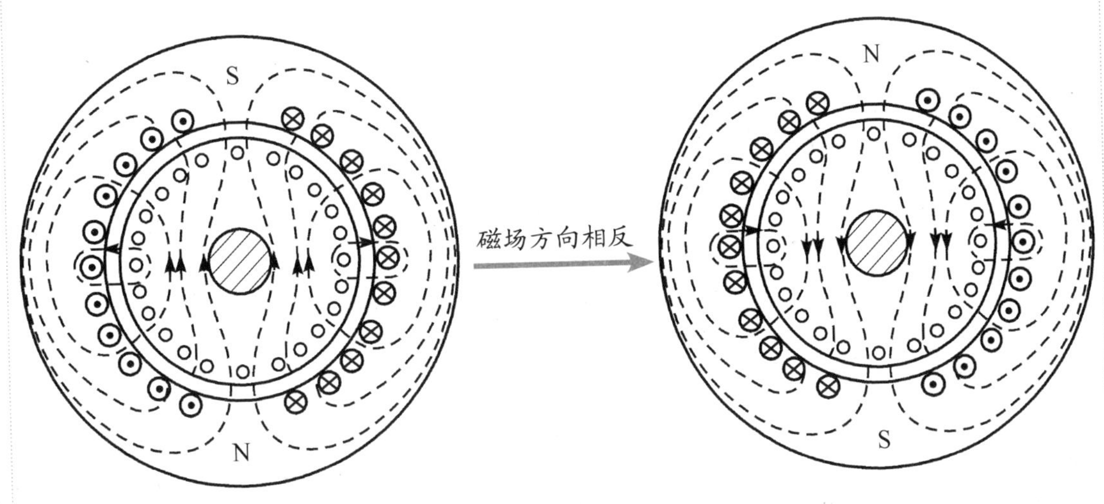

通常，脉振磁场可以分解成两个旋转磁场，且这两个磁场的旋转速度相等，旋转方向相反。每个旋转磁场磁感应强度的幅值等于脉振磁场磁感应强度幅值的一半。

这样，任何瞬时脉振磁场的磁感应强度都等于这两个旋转磁场磁感应强度的相量和，如下图所示。

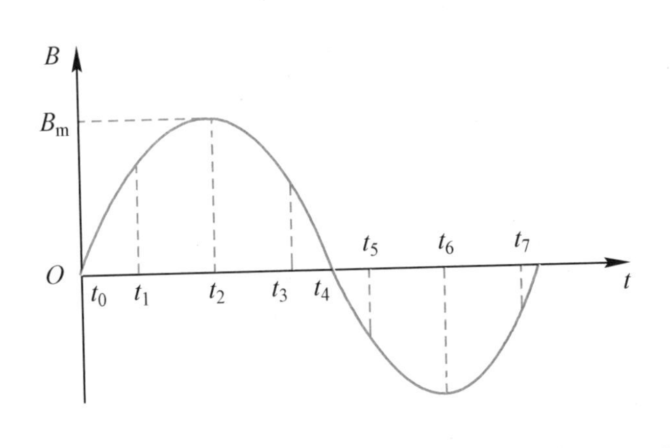

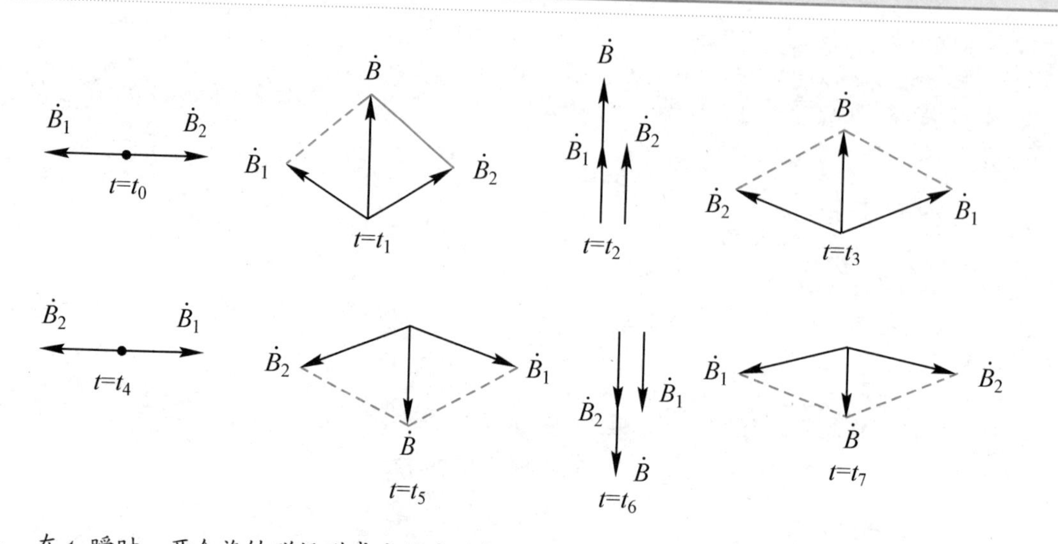

在 t_0 瞬时，两个旋转磁场磁感应强度的相量方向相反，合成磁感应强度 $B = 0$。

在 t_1 瞬时，两个旋转磁场的磁感应强度相量都对水平轴线偏转了一个角度，即 $\alpha=\omega t_1$，则两个旋转磁场磁感应强度的合成磁感应强度 $B = B_1\sin_\alpha + B_2\sin_\alpha = \frac{B_m}{2}\sin\omega t_1 + \frac{B_m}{2}\sin\omega t_1 = B_m\sin\omega t_1$。

同样也可以证明，在其他任何瞬时，这两个旋转磁场磁感应强度的合成磁感应强度，就是脉振磁场磁感应强度的瞬时值。

两相绕组的旋转磁场

单相绕组产生的是一个脉振磁场，其启动转矩等于零，即不能自行启动。基于此，一般单相异步电动机（除集中式罩极电动机外）均采用两相绕组。一相为主绕组（又称工作绕组或运行绕组），另一相为辅助绕组（又称副绕组或启动绕组）。两相绕组在定子空间布置上相差 90° 电角度，同时使两相绕组中的电流在时间上也为不同相位，如在辅助绕组内串联一个适当的电容器或将辅助绕组采用比主绕组细些的导线绕制，如下图所示。

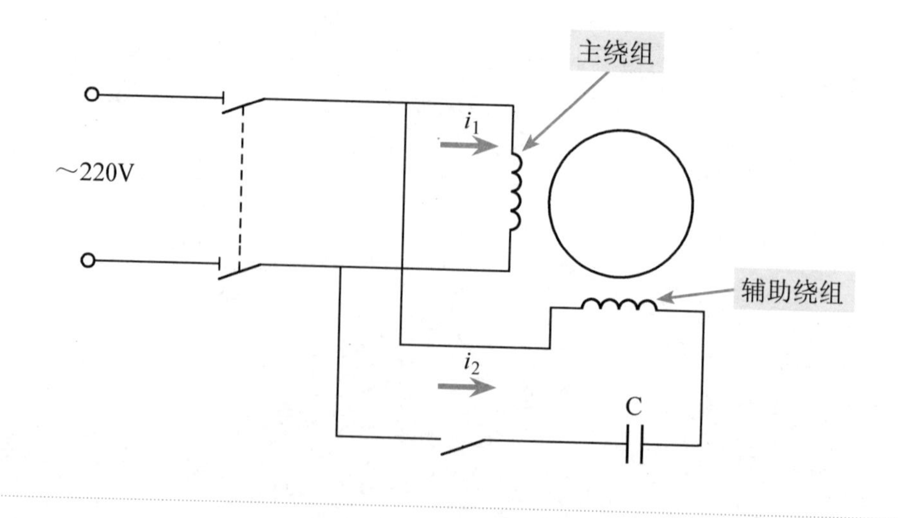

这样，一个相差接近90°电角度的两相旋转磁场就可使单相异步电动机旋转起来。电动机旋转起来后启动装置适时地自动将辅助绕组从电源断开，仅剩下主绕组在线路上工作。

下面来分析一下为什么在空间上相差90°电角度的两相绕组，通入相位上相差90°的两个电流后能建立起旋转磁场。

如下图所示，i_1 与 i_2 两个电流在相位上相差90°电角度。

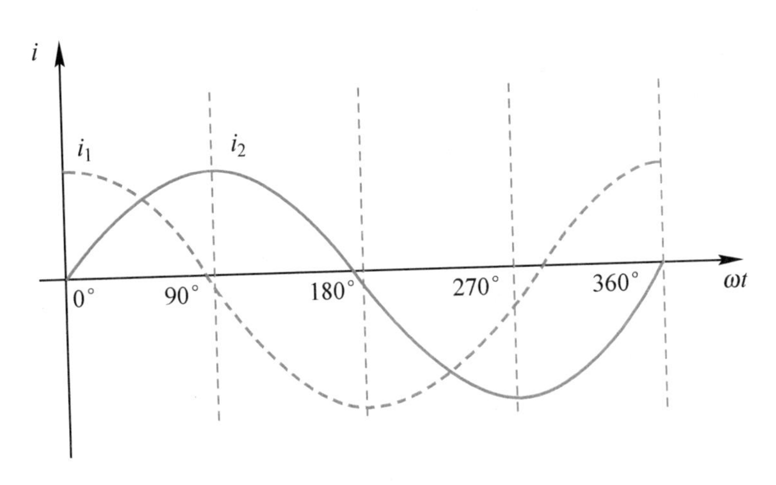

下图所示为在空间布置上相差90°电角度的定子两相绕组。

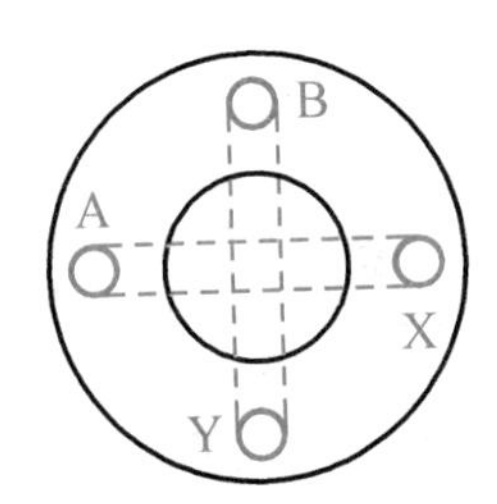

例如，将 i_1 电流引入绕组AX，i_2 电流引入绕组BY，并以绕组线端A、B为首端，绕组线端X、Y为末端。正电流从绕组的首端流入，负电流从绕组的末端流入。下面各图分别表明了 $\omega t = 0°$、$\omega t = 90°$、$\omega t = 180°$、$\omega t = 270°$、$\omega t = 360°$ 时 i_1 与 i_2 两个电流所产生的磁场情况。由图中可知，当电流变化一周时，磁场也旋转变化了一周。

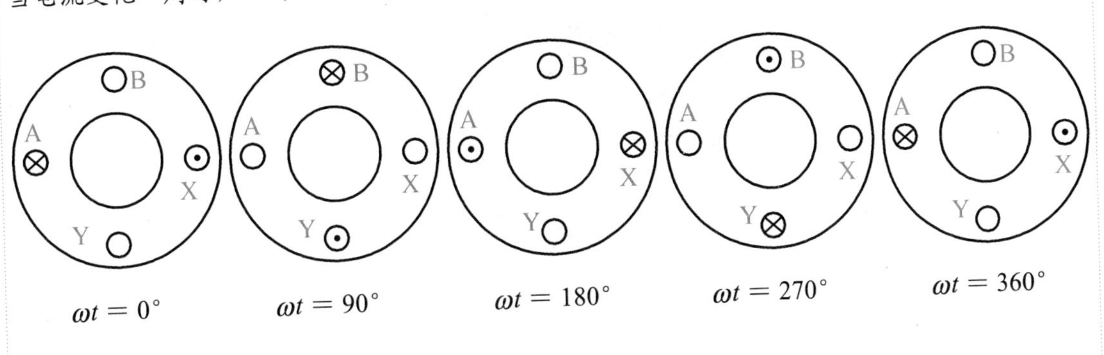

单相异步电动机主要由定子、转子和启动装置 3 个部分组成，其结构如下图所示。

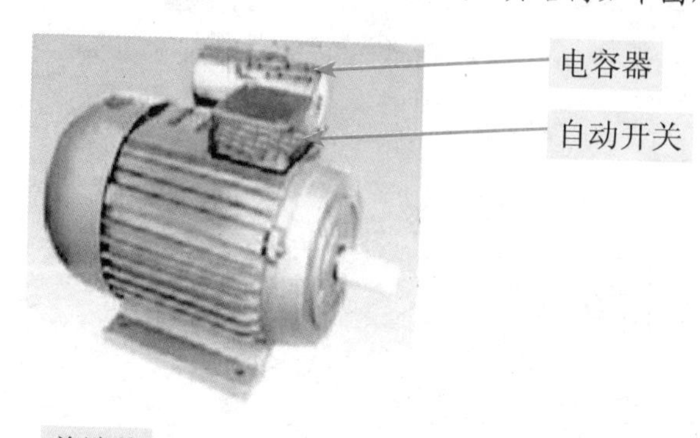

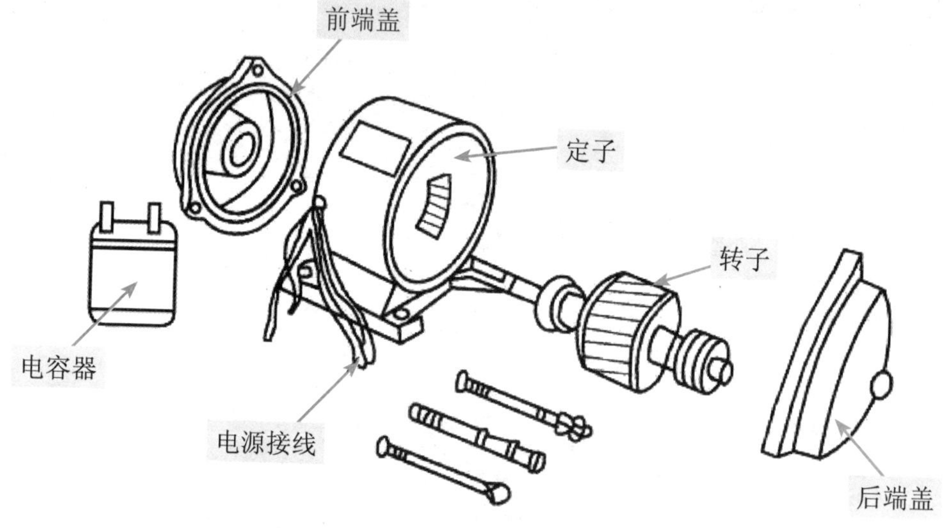

定子

单相异步电动机的定子主要由机座、定子铁芯和定子绕组 3 个部分组成，如下图所示。

机座 ➡ 机座采用铸铁、铸铝或钢板制成，如下图所示。

铸铁机座

铸铝机座

机座形式

- 开启式 ➡ 定子铁芯和绕组大部分外露，由周围空气进行自然冷却，多用于一些电动机与被拖动机械整装一体的使用场合，如洗衣机用电动机等。
- 防护式 ➡ 用机壳和端盖将铁芯和绕组这些重要部分保护起来。
- 封闭式 ➡ 整个电动机采取密闭起来的方式，使电动机的内部与外界基本隔绝，以防止外部的侵蚀与污染。

定子铁芯 ➡ 定子铁芯用厚度为 0.35 ~ 0.5mm 的硅钢片冲槽后叠压而成，如下图所示。

目前，大多定子、转子冲片上都均匀冲槽。单相异步电动机定子、转子之间的气隙比较小，一般为 0.2 ~ 0.4mm。

定子绕组 定子绕组包含主绕组和辅助绕组，它们在空间上相差 90° 电角度，如下图所示。

定子绕组实物图

要求正反转的洗衣机电动机的主、辅助绕组线径、匝数、绕组形式均一样，因为正反转时主、辅助绕组轮流互换。

主绕组 ↔ 辅助绕组（启动绕组）

单相异步电动机定子绕组的导线均采用高强度聚酯漆包线，线圈在线模上绕好后，嵌放在备有槽绝缘的定子铁芯槽内。经浸漆、烘干等绝缘处理，提高绕组的机械强度、电气强度和耐热性能。

转子

单相异步电动机的转子主要由转轴、转子铁芯和转子绕组 3 个部分组成，如下图所示。

转轴 要求转轴不但要有一定强度，还要有一定刚度，否则会由于转轴产生过大挠度使气隙不均，甚至产生扫膛故障。转轴一般采用 45 碳素钢制成，也有用 65 碳素钢或其他特殊钢材的，如下图所示。

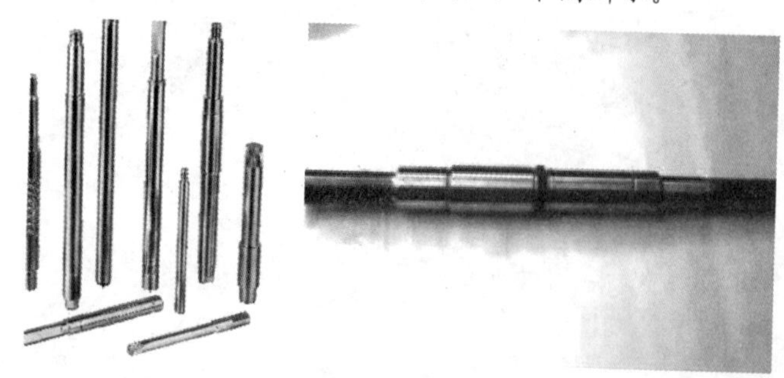

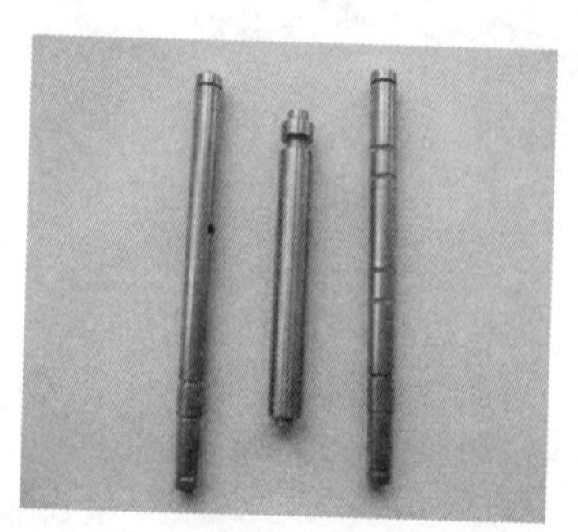

转子铁芯 转子铁芯是用与定子铁芯相同的硅钢片进行冲制，然后将冲有齿槽的转子冲片叠装后压入转轴而成的，如下图所示。

转子绕组 单相异步电动机的转子绕组一般有两种类型，即笼式和电枢式，如下图所示。

笼式转子绕组

笼式转子绕组是用铝或铝合金一次铸造而成的，它广泛应用于各种单相异步电动机。

电枢式转子绕组

电枢式转子绕组则采用与直流电动机绕组相同的分布式绕组形式，这种分布式转子绕组主要用于单相串励电动机。

启动装置

除单相电容运转式电动机和单相罩极电动机外，一般单相异步电动机在启动时要将辅助绕组接入电路，协同主绕组将电动机正常启动。为保证单相异步电动机的正常启动和安全运行，就需配有相应的启动装置。

启动装置的类型有很多，主要可分为离心开关和启动继电器两大类。

离心开关 离心开关是单相异步电动机较常采用的启动装置，它安装在电动机内部的转轴上。

离心开关有甩臂式和簧片式两种。

甩臂式离心开关由固定在端盖上并相互绝缘的两个半圆铜环组成开关的两极，转动部分固定在转轴上，并与转子绕组绝缘；3 只甩臂是导体，前端镶均布在圆周上的电刷，并由拉力弹簧使之与铜环保持接触，如下图所示。

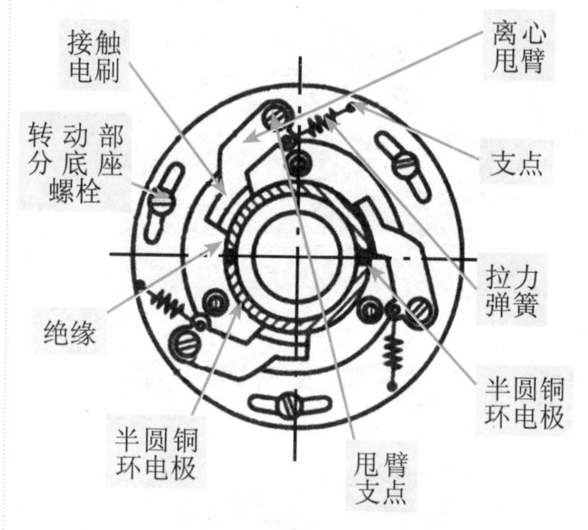

甩臂式离心开关实物图

簧片式离心开关的作用原理与甩臂式离心开关相似，但结构不同。它由触头簧片及离心机构组成，如下图所示。

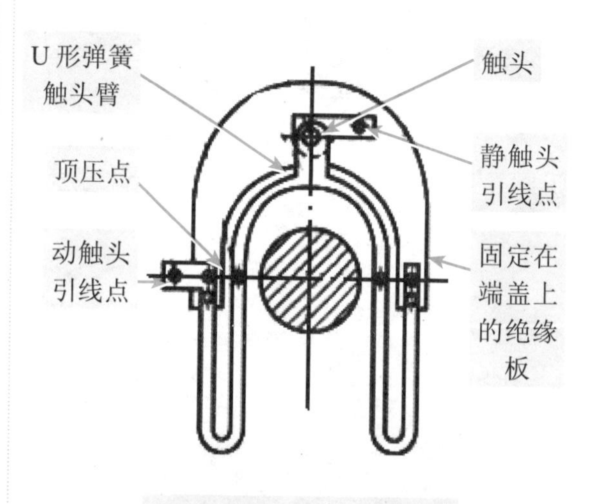

簧片式离心开关运行过程

1	启动前，簧片由于弹簧拉力的作用而通过离心臂向内收缩，其支点压向传动片
2	使 U 形弹簧的动触头与静触头处于闭合状态
3	电动机转速达到一定时，离心臂的离心力克服拉力弹簧的张力而释放传动片，U 形弹簧回弹，触头断开，辅助绕组也随之脱离电源

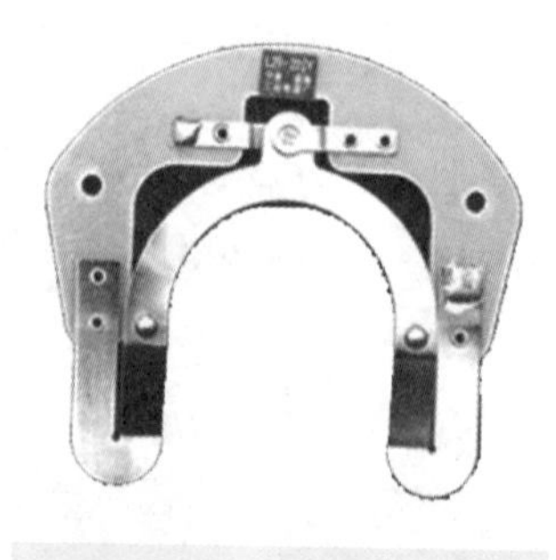

簧片式离心开关实物图

PTC 无触点启动元件

由于 PTC 元件具有体积小、无电弧和使用方便等优点，因而日益受到重视，如下图所示。

通电前，PTC 元件的温度低于居里点，处于导通状态。在接通电源的瞬间，电源电压基本上全部加在辅助绕组上，电动机启动。同时由于启动电流瞬间通过 PTC 元件，使元件自身发热后温度急剧升至居里点以上，从而进入高阻状态。当单相异步电动机启动后，PTC 元件实际上已处于"断路"状态，电流下降，整个启动时间则仅为 2s 左右。

7.1.4 单相串励电动机

单相串励电动机又称单相串激电动机，具有转速高、体积小、过载能力强等优点，主要应用在各种电动工具、小型机床、家用电器等方面。

单相串励电动机的工作原理

单相串励电动机与直流串励电动机的工作原理基本相同。单相串励电动机的电枢绕组通过换向器、电刷与定子绕组串联起来接到单相正弦交流电上。

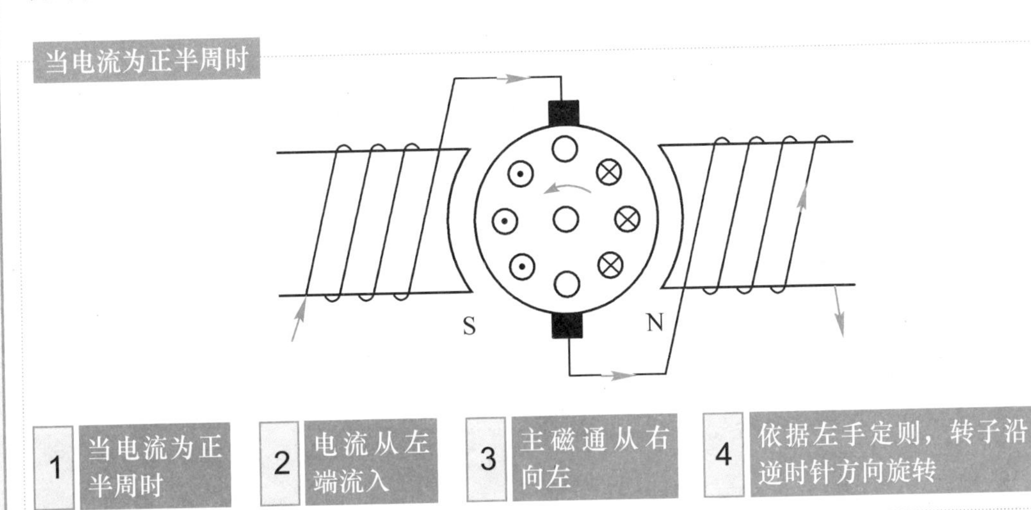

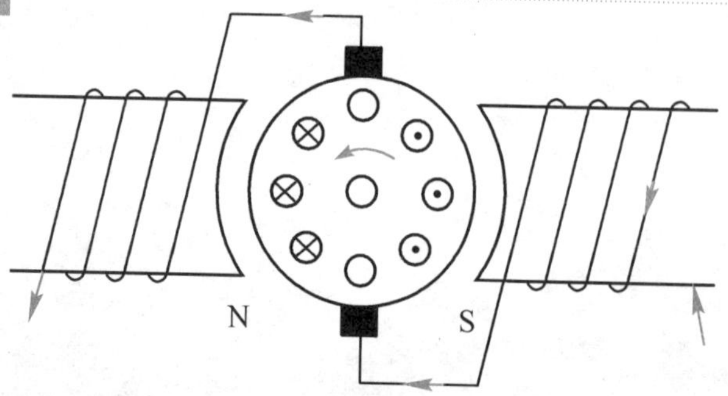

1 当电流为负半周时 → 2 电流从右端流入 → 3 主磁通从左向右，主磁通与电枢电流同时改变方向 → 4 依据左手定则，转子旋转方向不变，仍沿逆时针方向旋转

以上原理适用于直流、交流、交直流两用型的串励电动机，这三者只是相同原理下的不同参数设计而已。

单相串励电动机的结构

单相串励电动机主要由定子、电枢、换向器、电刷组成，其结构如下图所示。

风扇　励磁绕组　机壳　端盖　定子铁芯

电枢　换向器　轴承　电刷和刷握

定子

单相串励电动机的定子由定子铁芯和励磁绕组组成。定子铁芯由 0.5mm 厚的硅钢片叠装组成，励磁绕组由绝缘铜线绕制成集中绕组嵌入定子铁芯，如下图所示。

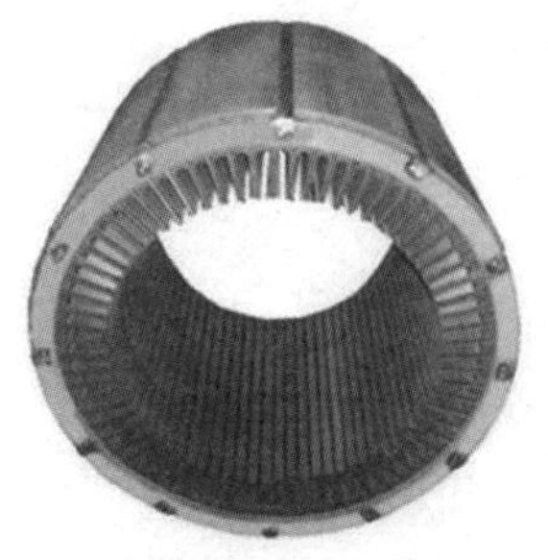

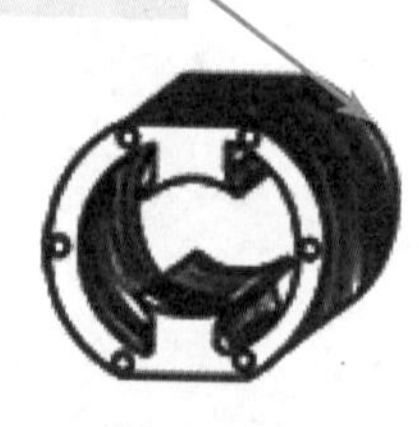

几百瓦以上的单相串励电动机还装有换向绕组和补偿绕组。一般来说，单相串励电动机功率小于 200W 时制成两极，200W 以上时制成 4 极。

电枢

电枢是单相串励电动机的旋转部分，由电枢铁芯、转轴、电枢绕组和固定在电动机转轴上的冷却风扇组成，如下图所示。

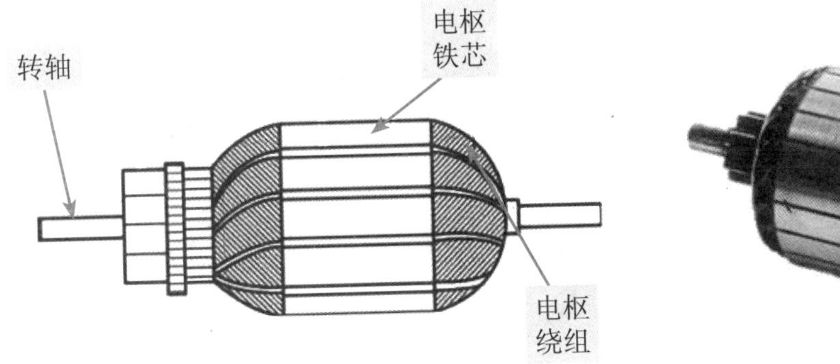

电枢铁芯由 0.5mm 厚的硅钢片沿轴向叠装组成，采用半闭口槽。电枢铁芯槽一般制成与转轴相平行，有时为了减小电动机运行时的噪声，也可将铁芯叠压成斜槽式。电枢绕组内各线圈元件的首、末端与换向器的换向片焊接，构成一个闭合的整体绕组。

换向器

换向器由许多换向片围抱在圆形绝缘筒上而成，各换向片间用云母片绝缘，在各换向片的下部两端均有 V 形槽，通过注塑的方法使换向片结合成整体，如下图所示。

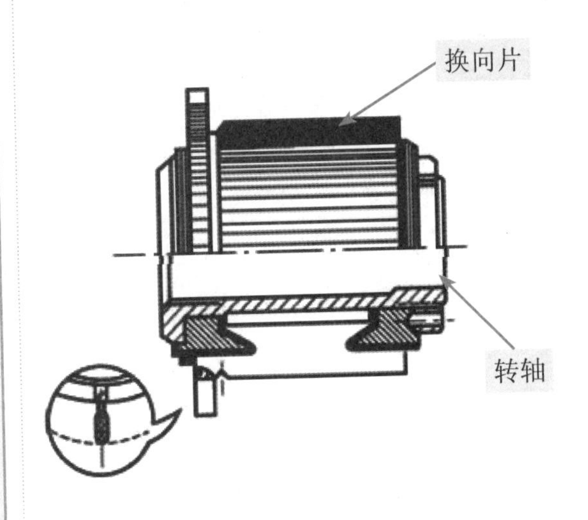

换向器固定在转轴上，并与转轴相互绝缘。这样的机械结构，可以使电动机在高速运转时承受离心力而不变形。

电刷

电刷是单相串励电动机的一个重要附件，它不但能够使电枢与外电路连通，而且还与换向器配合共同完成电动机的换向工作。盒式电刷和管式电刷如下图所示。

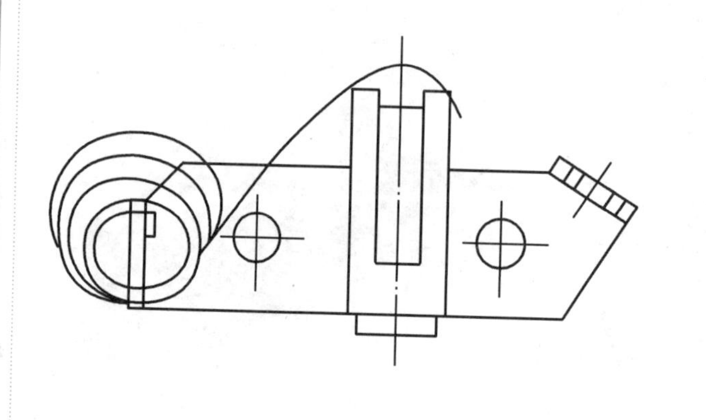

盒式电刷

盒式电刷实物图

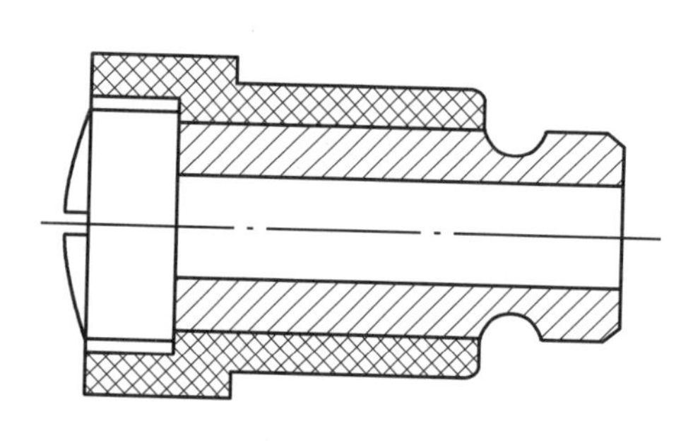

盒式电刷

盒式电刷实物图

电刷与换向器之间不但有较大的机械磨损和机械振动，而且在配合不当时还会在换向器上产生严重火花，故质量好的电刷是单相串励电动机良好运行的保证。

7.1.5 三相异步电动机

三相异步电动机由于具有结构简单，价格低廉，坚固耐用，制造、使用和维修方便，较高的效率及接近于恒速的负载特性等特点，故能满足绝大部分工农业生产机械的拖动要求。据统计，在全国电动机使用总量中有80%以上都是三相异步电动机。

三相异步电动机的工作原理

在三相异步电动机的定子铁芯里嵌放着对称的三相绕组AX、BY、CZ。

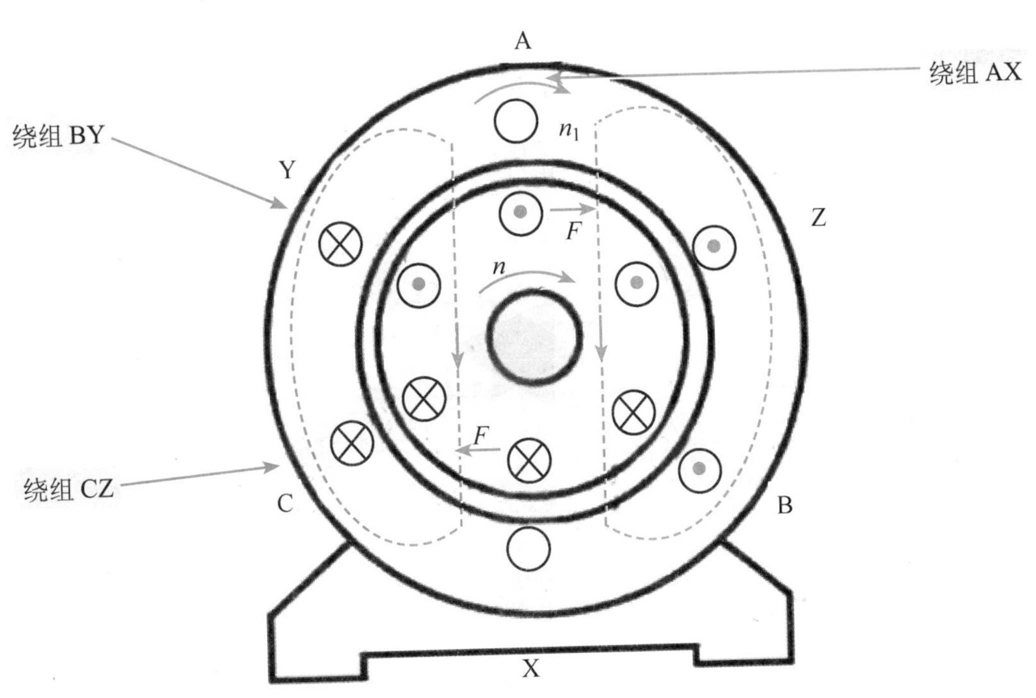

三相异步电动机的工作过程如下。

1 当电动机定子中对称的三相绕组接通对称三相交流电时（所谓对称三相交流电是指三相交流电源的幅值相等，频率相同，相位上互差 120°）

2 定子电流便会产生一个旋转磁场

3 旋转磁场以同步转速 n_1 沿着顺时针方向旋转

4 由于转子是静止的，即使旋转，以后其转速也小于旋转磁场的转速

5 转子与旋转磁场之间存在相对运动

6 转子导体因切割定子磁场而产生感应电动势和感应电流

7 假设转子为纯电阻性电路，那么转子电流就与感应电动势同相位，其方向由右手定则确定

8 转子电流与定子磁场相互作用产生电磁力 F，其方向由左手定则确定

9 电磁力对转轴形成电磁转矩，驱动转子顺着旋转磁场旋转，将输入的电能转换成旋转的机械能

三相异步电动机的旋转方向始终与旋转磁场的旋转方向一致，而旋转磁场的方向取决于电流的相序，因此，任意对调电动机的两根电源线，就可使电动机反转。

三相异步电动机之所以能旋转是离不开旋转磁场的，对于 2 极电动机旋转磁场的转速 n_1，交流电变化一个周期，旋转磁场就旋转一圈，我国交流电的频率为 50Hz，即交流电每秒钟变化 50 个周波，那么旋转磁场每分钟就要旋转 3000 转。

旋转磁场的极数与定子三相绕组的分布和排列有关，将定子绕组进行不同的排列和分布，就能得到不同的磁极对数 → 旋转磁场的转速 n_1 又和电动机的磁极对数 p 成反比，2 极电动机的磁极对数为 1 → 2 极电动机旋转磁场的转速就是 3000r/min，而 4 极电动机的磁极对数等于 2，所以它的旋转磁场转速为 1500r/min

旋转磁场的转速(同步转速) $n_1 = \frac{60f}{p}$ 电流频率 磁极对数

在 f=50Hz 的条件下，三相交流异步电动机的同步转速与磁极对数间的关系如下表所示。

磁极对数 p	1	2	3	4	5
同步转速 $n_1/(\mathrm{r \cdot min^{-1}})$	3000	1500	1000	750	600

三相异步电动机的结构

为了满足不同生产机械的要求，三相异步电动机的转子有两种不同形式，一种是笼式转子，另一种是绕线式转子，如下图所示。

笼式转子

绝大部分机械对启动性能并没有特殊要求，因此笼式三相异步电动机应用十分广泛。

绕线式转子

绕线式三相异步电动机可在转子绕组中串入电阻，对电动机进行调速，可以提高启动转矩，限制启动电流，但绕线式电动机结构比较复杂，维护也不太方便，所以通常只用在对启动性能要求较高的设备上，如吊车、卷扬机等。

三相异步电动机主要由定子（不动部分）、转子（旋转部分）两大部分组成。在定子和转子之间有气隙，在定子两端有端盖支撑转子的转轴。笼式异步电动机的结构如下图所示。

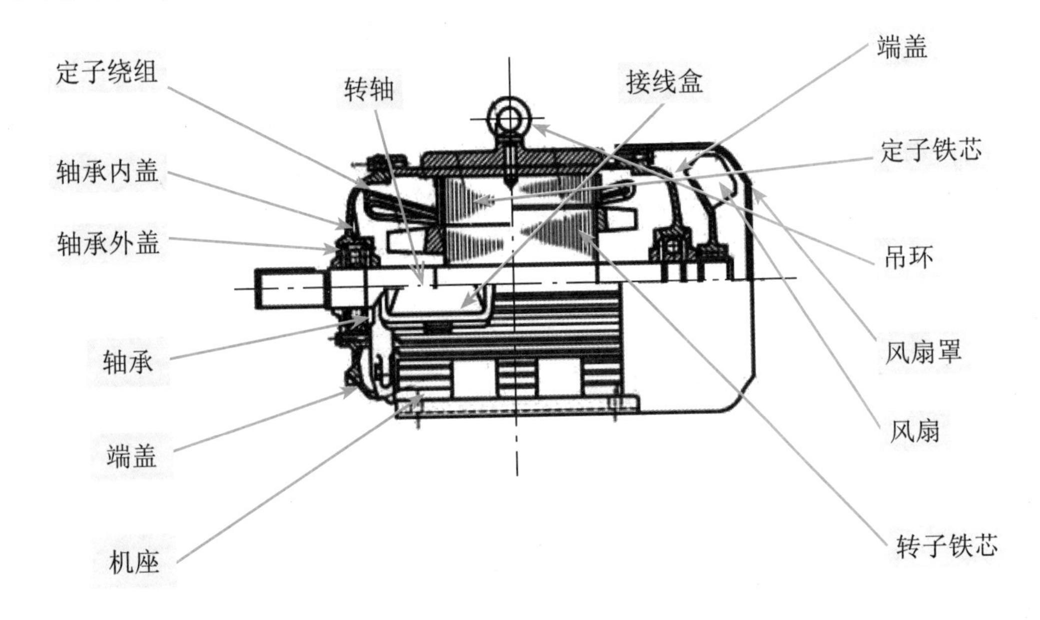

绕线式异步电动机的结构如下图所示。

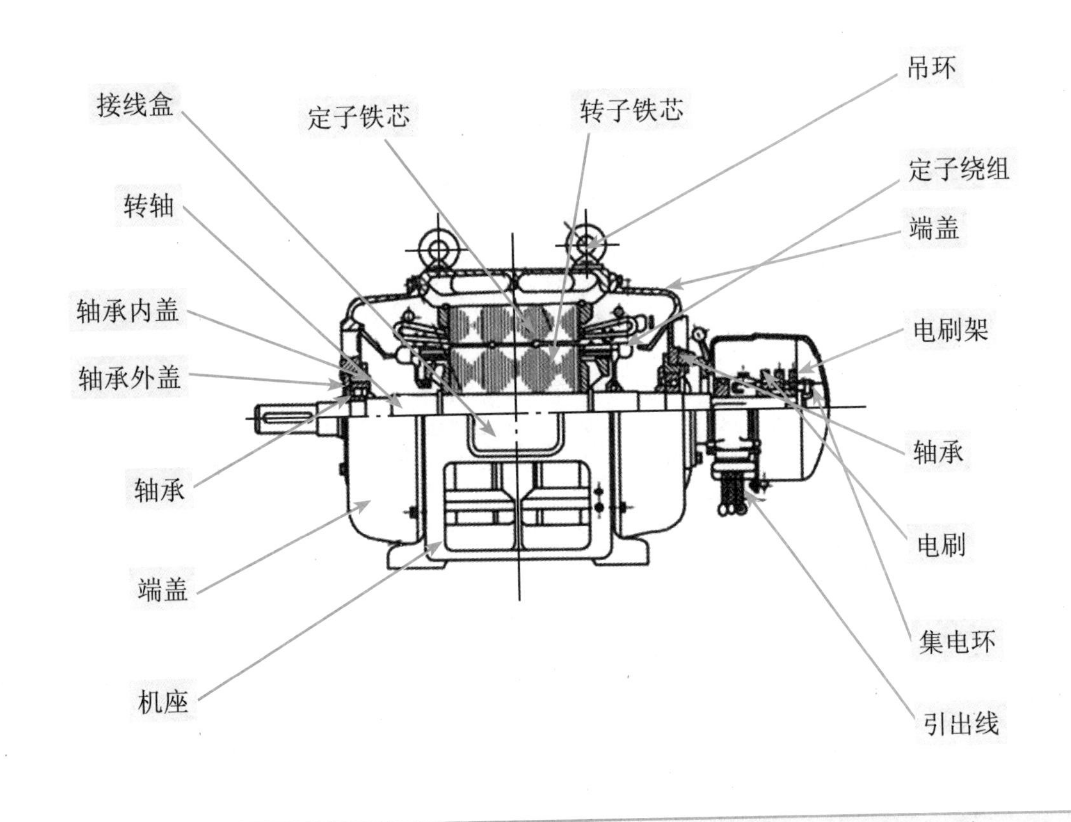

7.2 电动机电气控制线路

7.2.1 电动机启动控制线路

电动机直接启动控制线路

电动机直接启动是指电动机直接在额定电压下进行启动，又称全压启动，优点是电气设备少、线路简单、安装和维护方便。一般额定功率在10kW以下的电动机，均可以采用直接启动。

常用的电动机直接启动控制线路有手动控制和自动控制两类。

手动控制的电动机直接启动控制线路

手动控制可使用刀开关、低压断路器、转换开关和组合开关等。刀开关控制的电动机单向启动控制线路如下图所示。

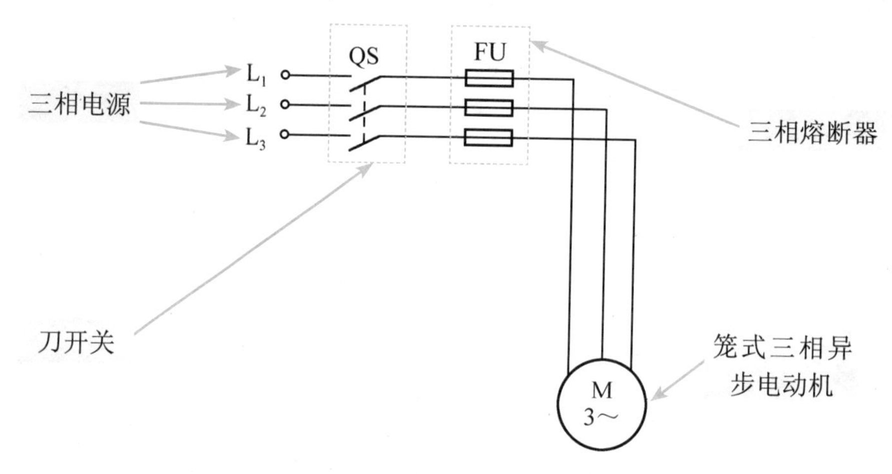

刀开关控制的电动机单向启动控制线路的工作过程如下。

1 当合上QS时，三相电源与电动机接通，电动机开始运转

2 当断开QS时，三相电动机因断电而停止运转

上述控制线路所用的电器元件较少，线路也比较简单，但操作人员要通过手动电器直接对主电路进行接通和断开操作，不方便、不安全，也不能实现失电压、欠电压和过载保护。此线路只适用于不频繁启动的小容量电动机。当电动机容量超过10kW或操作频繁时，实际应用较多的是用接触器控制启动的线路。

接触器控制的电动机直接启动控制线路

接触器点动控制线路

点动控制就是指按下按钮，电动机因通电而运转；松开按钮，电动机因断电停止运转。接触器点动控制线路如下图所示。

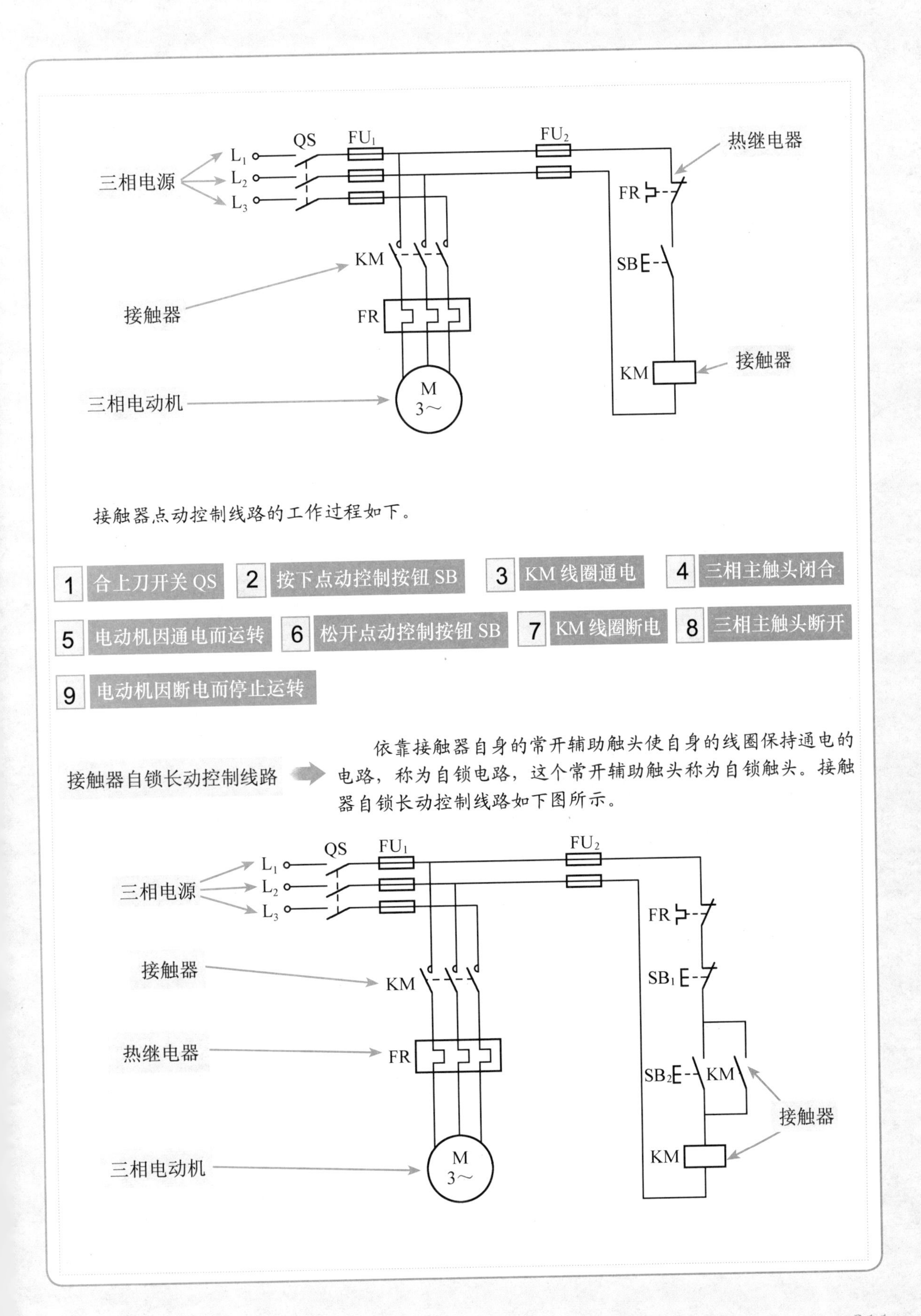

接触器点动控制线路的工作过程如下。

1 合上刀开关 QS　2 按下点动控制按钮 SB　3 KM 线圈通电　4 三相主触头闭合　5 电动机因通电而运转　6 松开点动控制按钮 SB　7 KM 线圈断电　8 三相主触头断开　9 电动机因断电而停止运转

接触器自锁长动控制线路

依靠接触器自身的常开辅助触头使自身的线圈保持通电的电路，称为自锁电路，这个常开辅助触头称为自锁触头。接触器自锁长动控制线路如下图所示。

接触器自锁长动控制线路的工作过程如下。

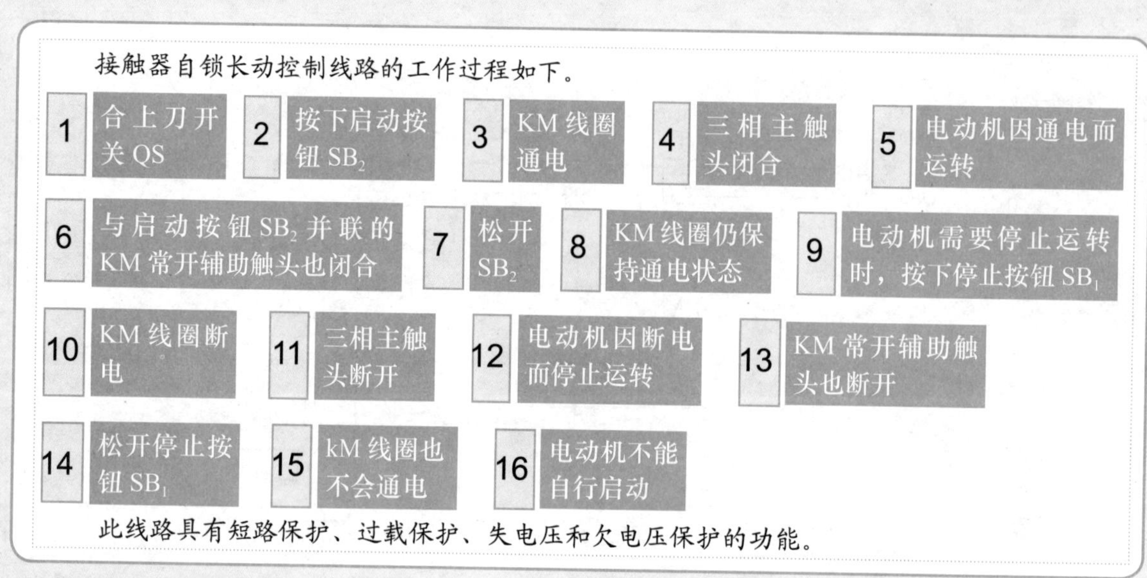

此线路具有短路保护、过载保护、失电压和欠电压保护的功能。

电动机减压启动控制线路

直接启动虽然简单，但电流很大，在电源变压器容量不够大而电动机功率较大的情况下，直接启动将导致电源变压器输出电压下降，不仅会减小电动机本身的启动转矩，而且会影响在同一电网中工作的其他设备的稳定运行，甚至使其他电动机停转或无法启动。

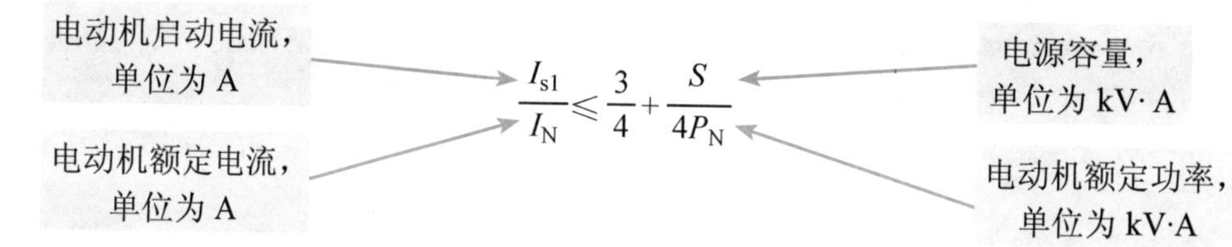

$$\frac{I_{s1}}{I_N} \leqslant \frac{3}{4} + \frac{S}{4P_N}$$

不能满足上述公式时，往往要采用减压启动。

电动机定子绕组串联电阻减压启动控制线路

手动控制的定子绕组串联电阻减压启动控制线路

手动控制的定子绕组串联电阻减压启动控制线路如下图所示。

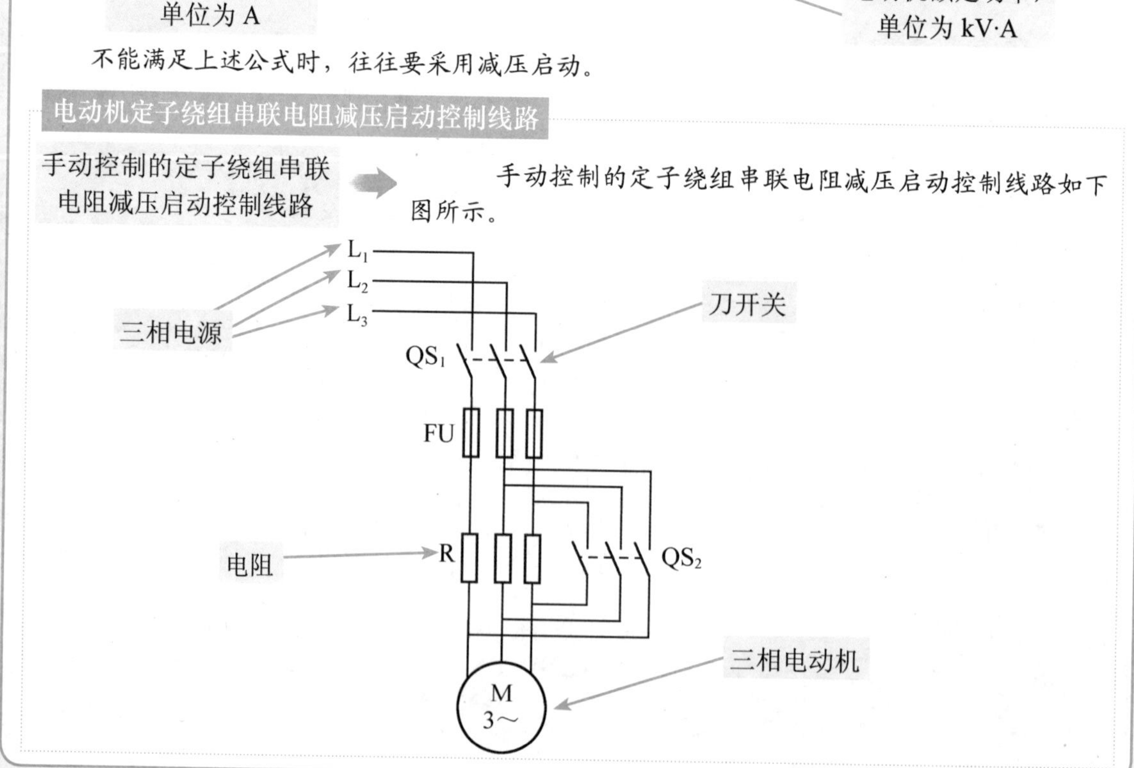

手动控制的定子绕组串联电阻减压启动控制线路的工作过程如下。

1. 合上刀开关 QS_1
2. 电源电压通过串联电阻 R 分压后加到电动机定子绕组上进行减压启动
3. 电动机的转速升高到一定值时，合上刀开关 QS_2
4. 电阻被短路
5. 电源电压直接加到电动机定子绕组上
6. 电动机在额定电压下正常运转

时间继电器控制的定子绕组串联电阻减压启动控制线路

时间继电器控制的定子绕组串联电阻减压启动控制线路如下图所示。

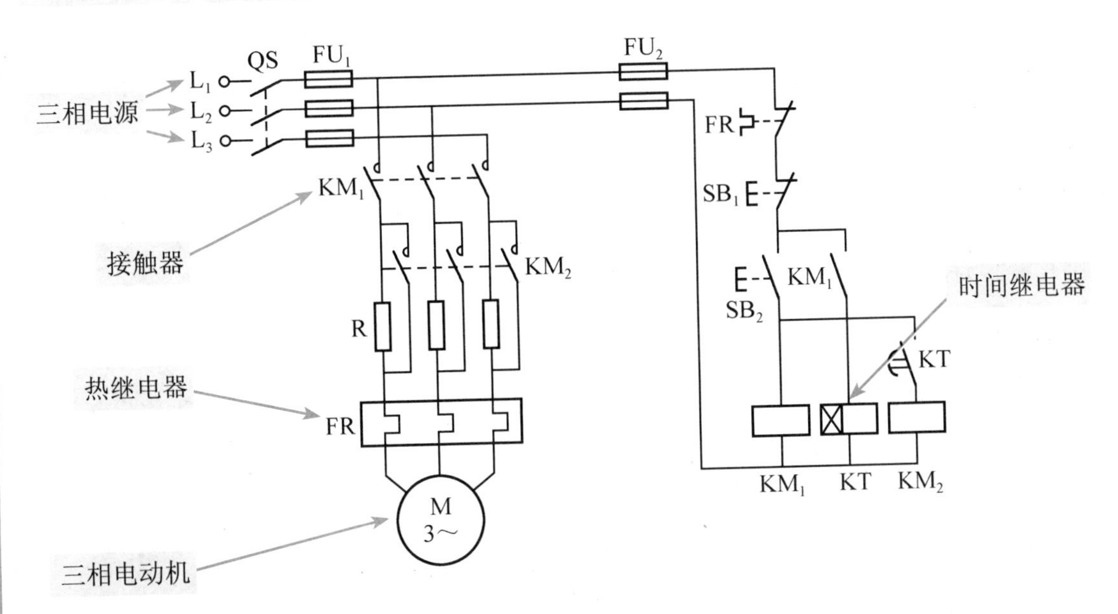

时间继电器控制的定子绕组串联电阻减压启动控制线路的工作过程如下。

1. 合上刀开关 QS
2. 按下启动按钮 SB_2
3. 接触器 KM_1 线圈通电并自锁
4. 电动机定子绕组串入电阻 R 进行减压启动
5. 经一段时间延时后，时间继电器 KT 的常开延时触头闭合
6. 接触器 KM_2 线圈通电
7. KM_2 主触头将主电路中的启动电阻 R 短接
8. 电动机进入全压运转状态

KT 的延时长短根据电动机启动时间的长短来调整。

电动机启动完成后，在全压下正常运转时，不仅时间继电器 KT、接触器 KM_2 工作，接触器 KM_1 也必须工作，不但消耗了电能，而且增加了出现故障的可能性。

若在线路中做适当修改，使电动机启动后，只有 KM_2 工作，KM_1、KT 均断电，则可以达到减少回路损耗的目的，如下图所示。

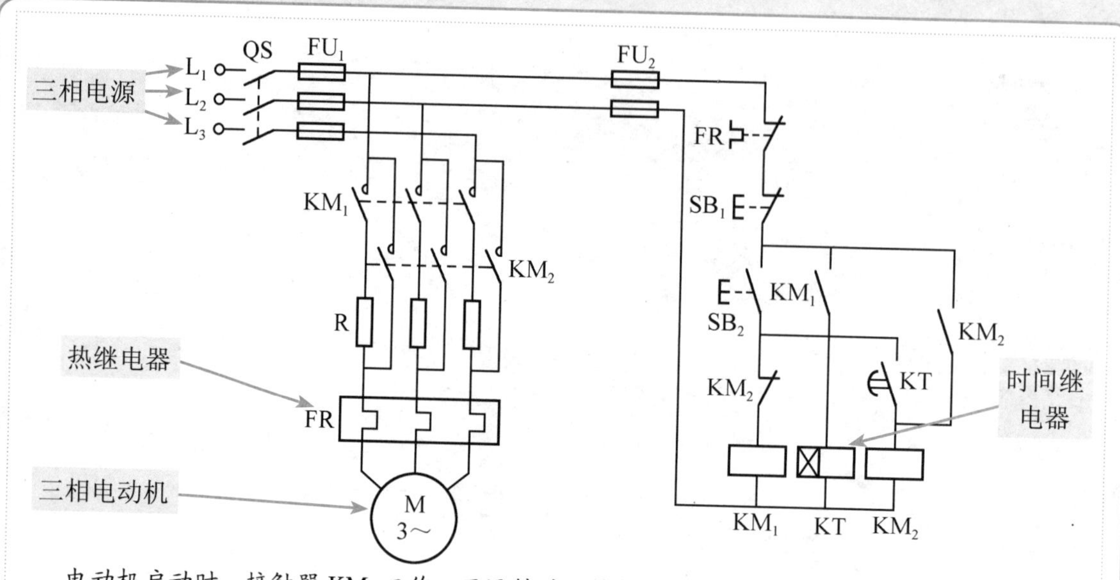

电动机启动时，接触器 KM_1 工作；而运转时，接触器 KM_2 工作，其主触头闭合，将启动电阻 R 和接触器 KM_1 主触头均短接，由 KM_2 自身的常开触头实现 KM_2 的自锁，而 KM_2 常闭触头断开，切断 KM_1 线圈的回路，进而切断时间继电器 KT 线圈的回路，使接触器 KM_1 和时间继电器 KT 在电动机全压运转时都不工作，从而减少了线路的损耗。

电动机Y－△减压启动控制线路

电动机 Y-△减压启动控制线路如下图所示。电动机启动时，把定子绕组接成星形（Y 形），以降低启动电压；限制启动电流；待电动机启动后，再把定子绕组改接成三角形（△形），使电动机全压运转。

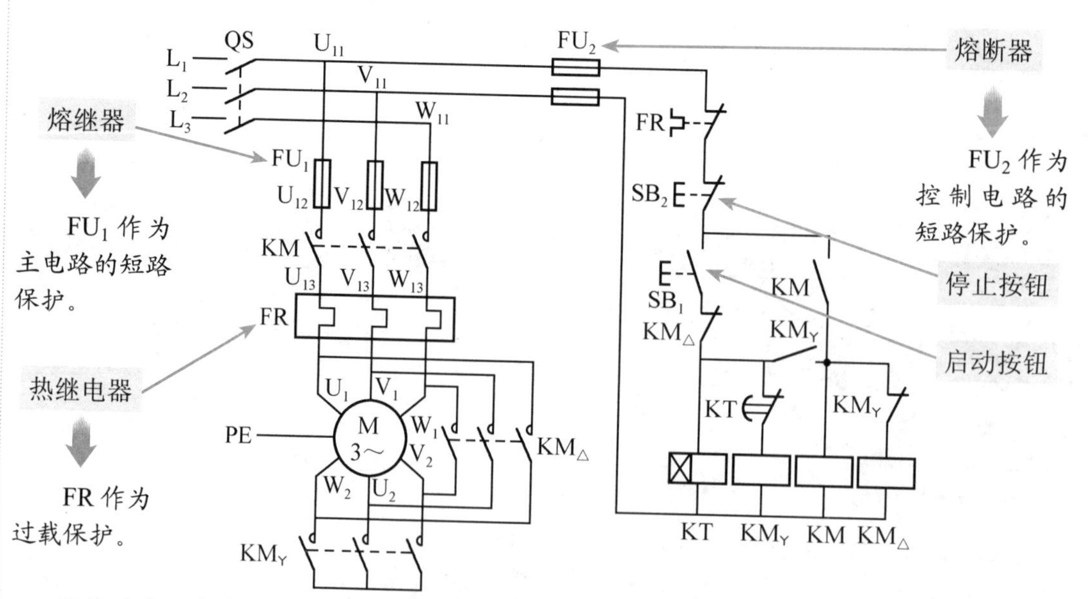

该线路由 3 个接触器、1 个热继电器、1 个时间继电器和两个按钮组成。接触器 KM 作引入电源用，接触器 KM_Y和 $KM_{\triangle}$分别作星形减压启动和三角形运转用。时间继电器 KT 用于控制星形减压启动时间和完成星形－三角形（Y-△）自动切换。

电动机Y-△减压启动控制线路的工作过程如下。

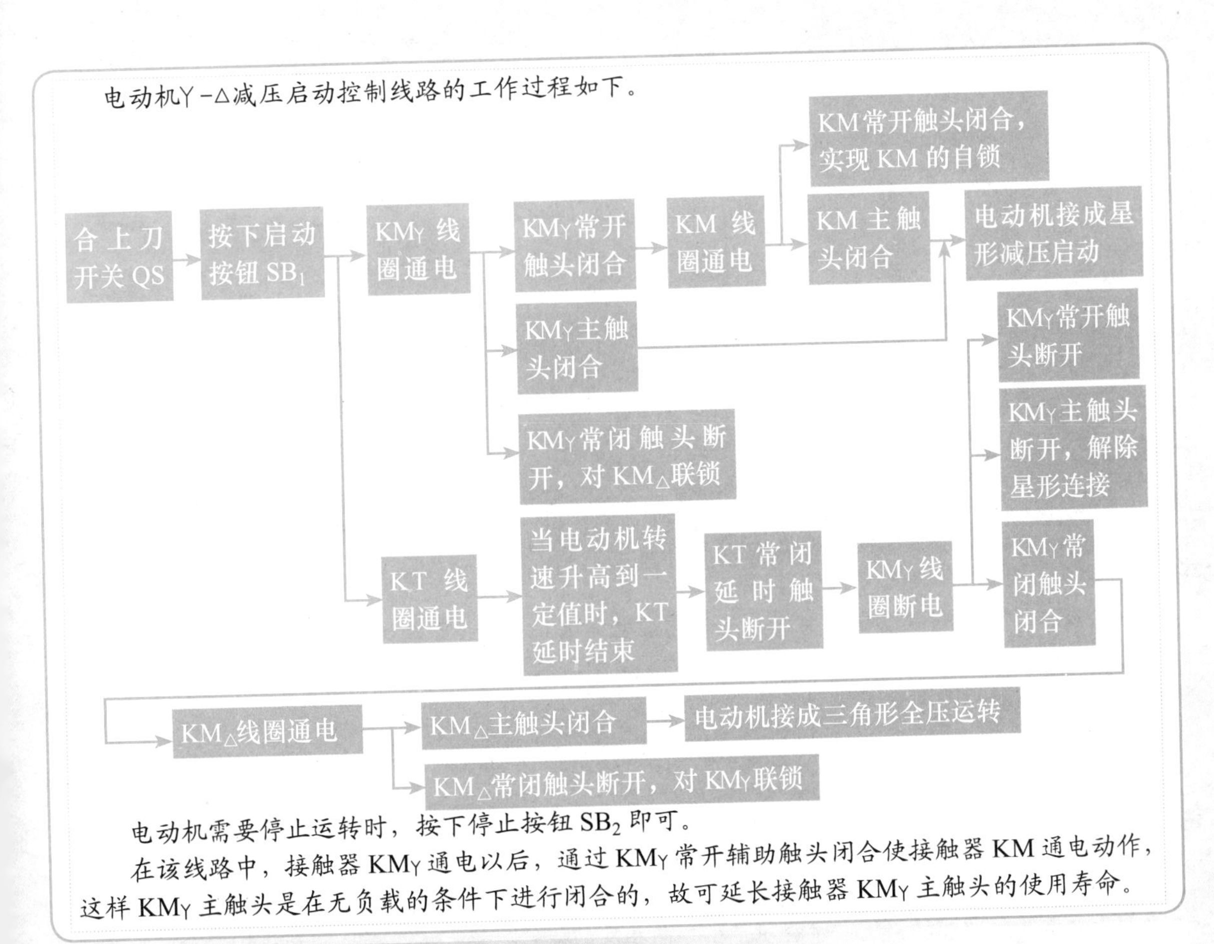

电动机需要停止运转时，按下停止按钮SB_2即可。

在该线路中，接触器KM_Y通电以后，通过KM_Y常开辅助触头闭合使接触器KM通电动作，这样KM_Y主触头是在无负载的条件下进行闭合的，故可延长接触器KM_Y主触头的使用寿命。

7.2.2 电动机制动控制线路

电动机能耗制动控制线路

电动机能耗制动控制线路如下图所示。在三相电动机停止运转切断三相交流电源的同时，将一个直流电源引入定子绕组，产生静止磁场，电动机转子由于惯性仍沿原方向转动，则转子在静止磁场中切割磁力线，产生一个与惯性转动方向相反的电磁转矩，从而实现对转子的制动。

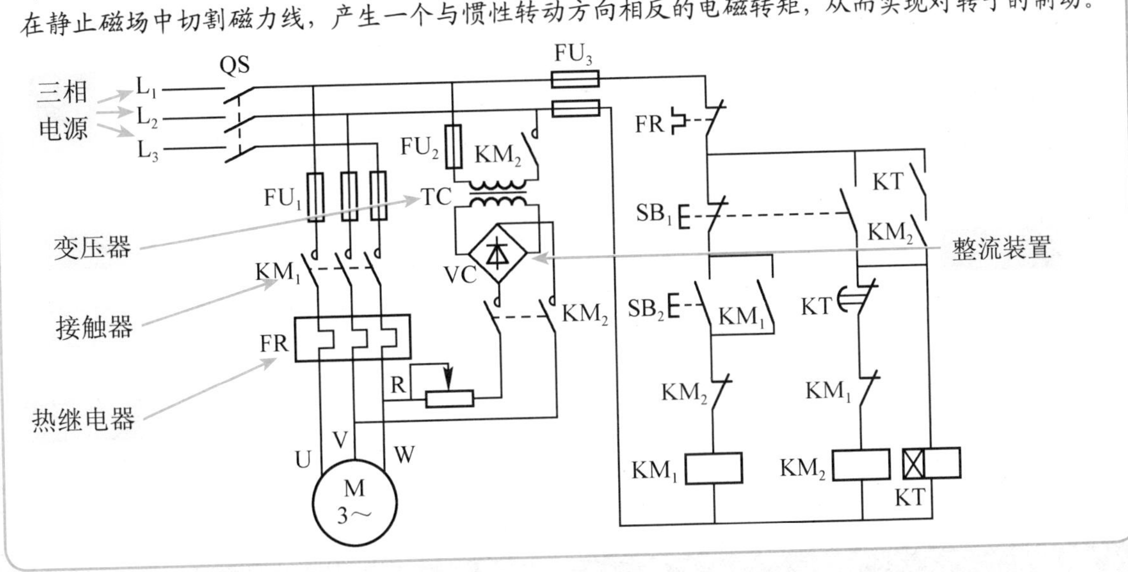

电动机能耗制动控制线路的工作过程如下。

1 在电动机正常运转过程中需要制动停车时，按下停止按钮 SB_1

2 KM_1 线圈断电

3 KM_1 主触头断开而使电动机脱离三相交流电源

4 由于 KM_2 和时间继电器 KT 线圈通电并自锁

5 KM_2 主触头闭合

6 将直流电源引入定子绕组

7 能耗制动开始

8 当转子转速接近零时，时间继电器 KT 预定延时时间到

9 延时打开的 KT 常闭触头断开 KM_2 线圈支路

10 KM_2 主触头断开

11 切断直流电源

12 KM_2 常开辅助触头断开

13 KT 线圈断电

14 电动机能耗制动结束

该线路结构具有故障保护功能，若时间继电器 KT 发生线圈断线、机械卡阻现象，则线路转为手动控制，即按下 SB_1 后仍可迅速制动，制动结束后松开 SB_1 即可。能耗制动的制动转矩大小与通入直流的大小及电动机转速有关。

电动机反接制动控制线路

电动机反接制动控制线路如下图所示。反接制动控制的工作原理是：改变异步电动机定子绕组中的三相电源相序，使定子绕组产生方向相反的旋转磁场，从而产生制动转矩，实现制动。

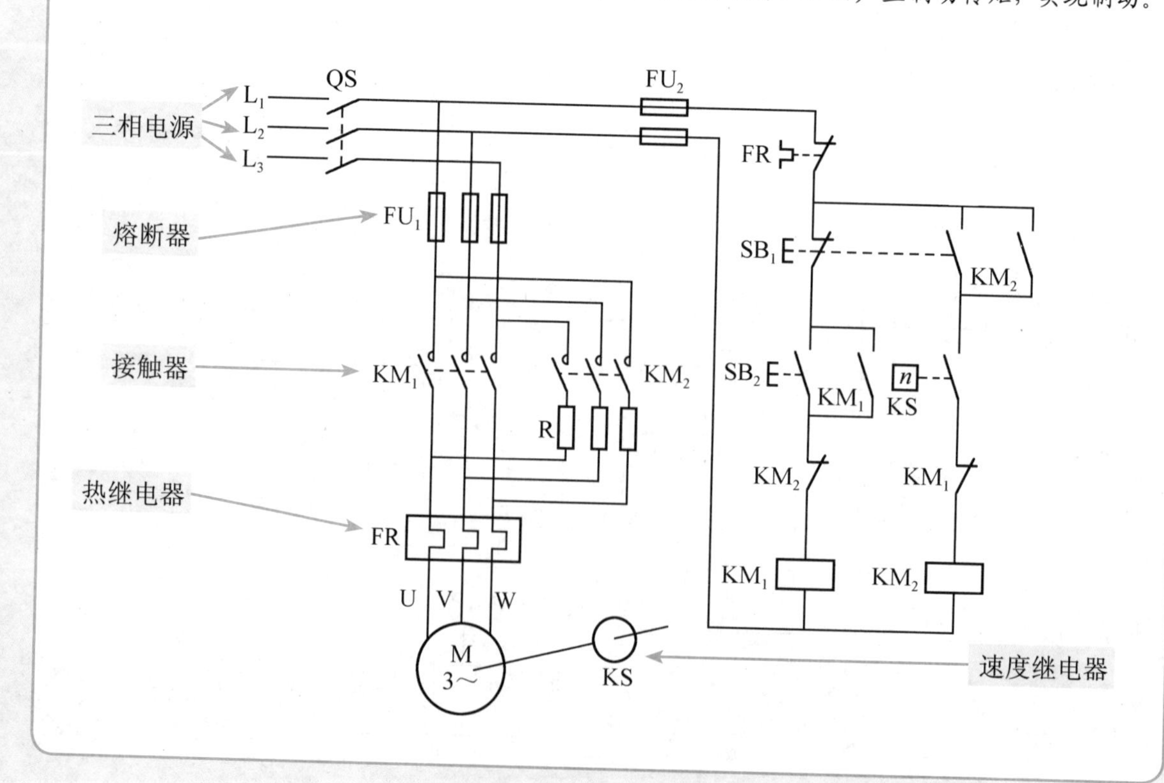

反接制动要求在电动机转速接近零时及时切断反相序的电源，以防电动机反向启动。电动机反接制动控制线路的工作过程如下。

1 合上刀开关 QS

2 按下启动按钮 SB_2

3 接触器 KM_1 线圈通电并自锁

4 电动机正常运转

5 速度继电器 KS 常开触头闭合（动作范围为 120 ~ 1300r/min），为反接制动做准备

6 需要停车时，按下停止按钮 SB_1

7 SB_1 常闭触头断开

8 KM_1 线圈断电

9 电动机脱离电源

10 电动机存在旋转惯性

11 KS 常开触头仍闭合

SB_1 常开触头闭合时

1 反接制动接触器 KM_2 线圈通电并自锁

2 KM_2 主触头闭合，使电动机在定子绕组接入反相序三相电源下运转

3 电动机进入反接制动状态，转速骤降

转速低于 100r/min 时

1 KS 常开触头断开

2 KM_2 线圈断电

3 反接制动结束

7.2.3 电动机断相保护线路

电动机断相保护线路如下图所示。

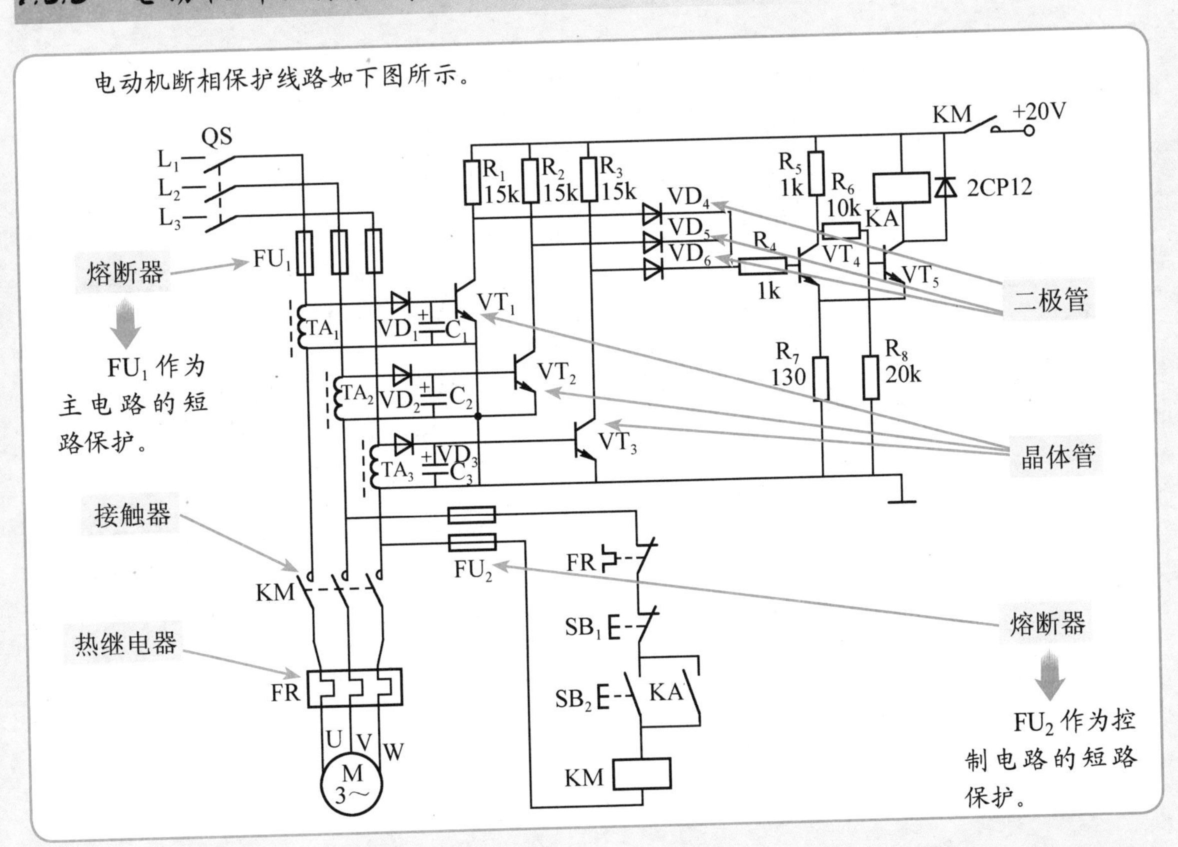

电动机断相保护线路的工作过程如下。

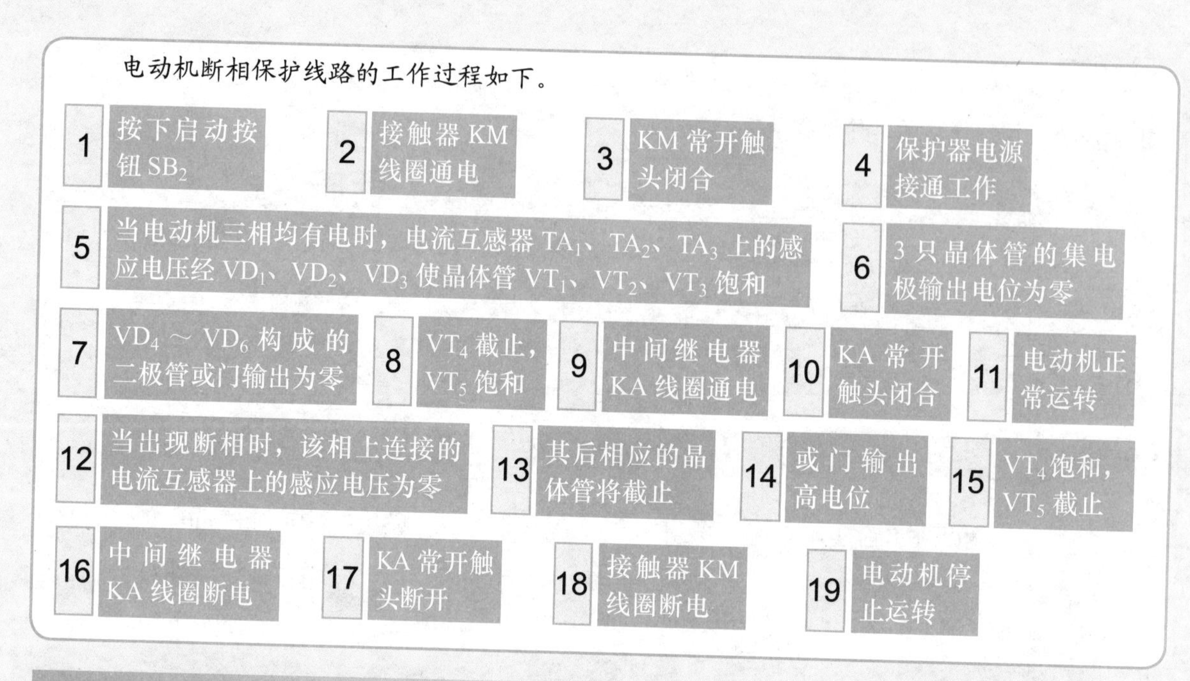

7.2.4 电动机变速/调速线路

用按钮和时间继电器控制电动机变速/调速线路如下图所示。时间继电器 KT 控制电动机三角形启动时间和三角形－双星形（△-YY）自动换接运转。

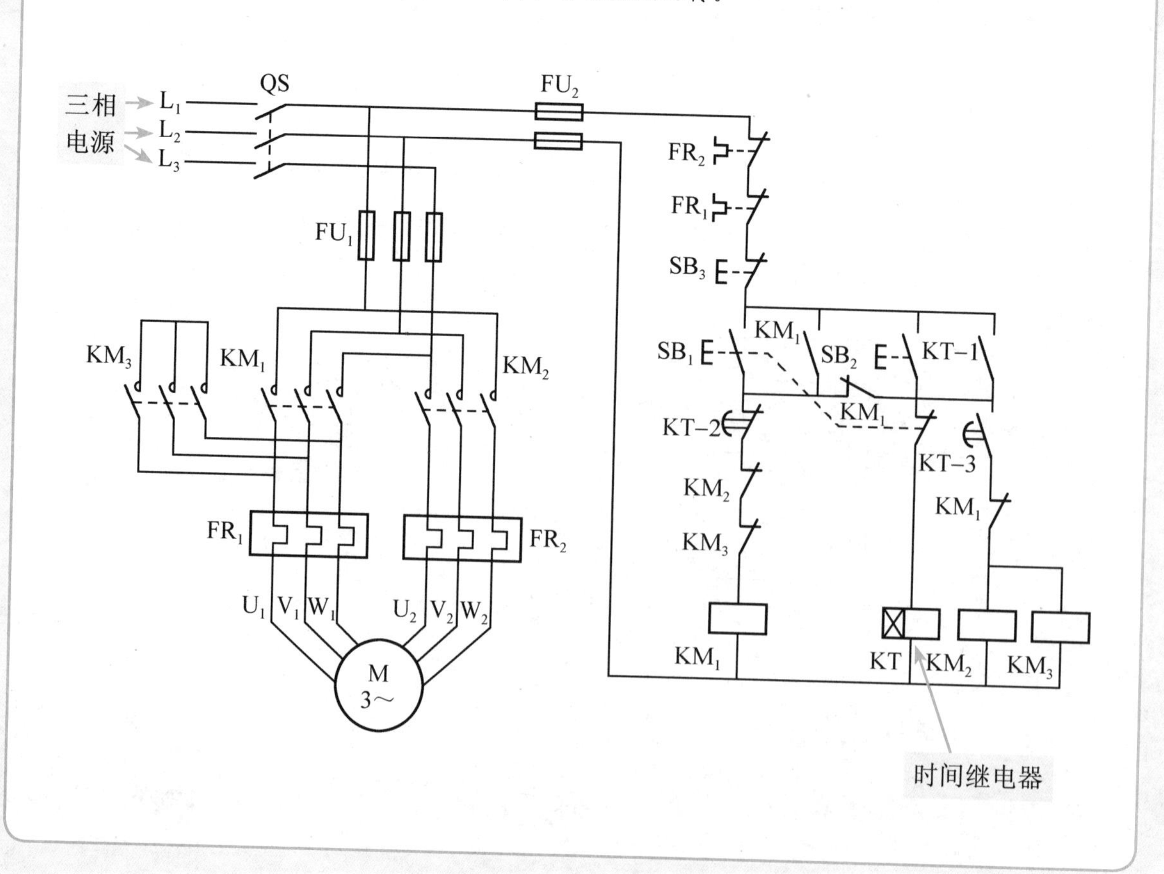

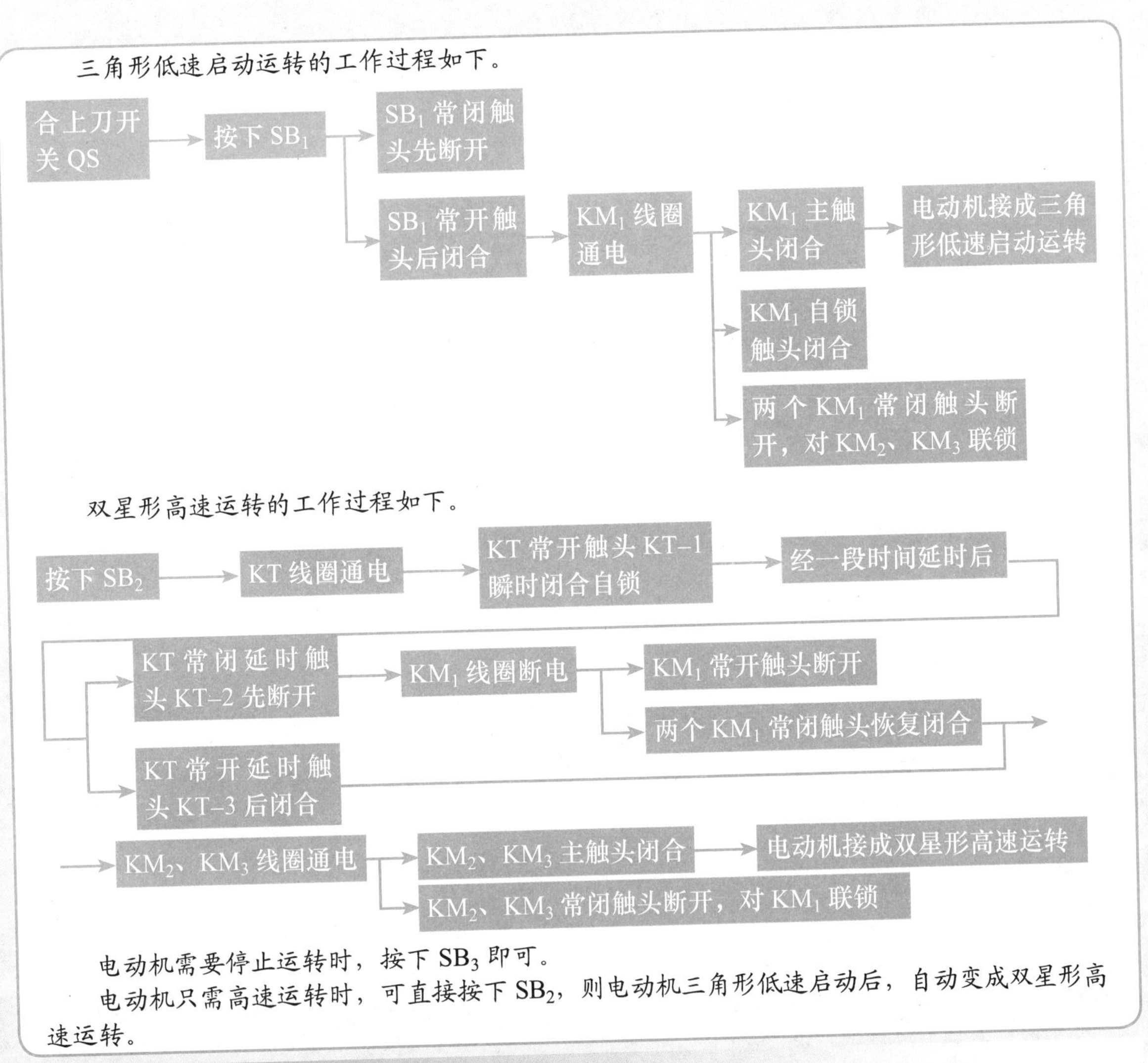

三角形低速启动运转的工作过程如下。

双星形高速运转的工作过程如下。

电动机需要停止运转时，按下SB_3即可。

电动机只需高速运转时，可直接按下SB_2，则电动机三角形低速启动后，自动变成双星形高速运转。

7.2.5 电动机电气控制线路故障的检修

检修前详细的调查

线路出现故障，切忌盲目乱动，在检修前应对故障发生情况进行尽可能详细的调查。

问　询问操作人员故障发生前后线路和设备的运行状况及发生时的迹象，如有无异响、冒烟、火花及异常振动，故障发生前有无频繁启动、制动、正反转、过载等现象。

听　在线路和设备还能勉强运行而又不致扩大故障的前提下，可通电启动运行，倾听有无异响，如有应尽快判断出异响的部位后迅速停车。

看　需查看的情况有：触头是否烧蚀、熔毁，线头是否松动、松脱，线圈是否烧焦、烧坏，熔体是否熔断，脱扣器是否脱扣，其他电器元件是否烧坏、断线，导线连接螺钉是否松动，电动机的转速是否正常等。

摸　刚切断电源后，尽快触摸检查线圈、触头等容易发热的部位，看温升是否正常。

闻　用鼻子闻一闻有无电器元件高热和烧焦的异味。

试电笔法

试电笔法检修断路故障的方法如下图所示。在下图所示电路中，按下启动按钮 SB_2，接触器 KM_1 不吸合，则该电气回路有断路故障。检修时用试电笔依次测试 1，2，3，4，5，6，7 各点，测到哪点试电笔不亮，即表示该点为断路处。

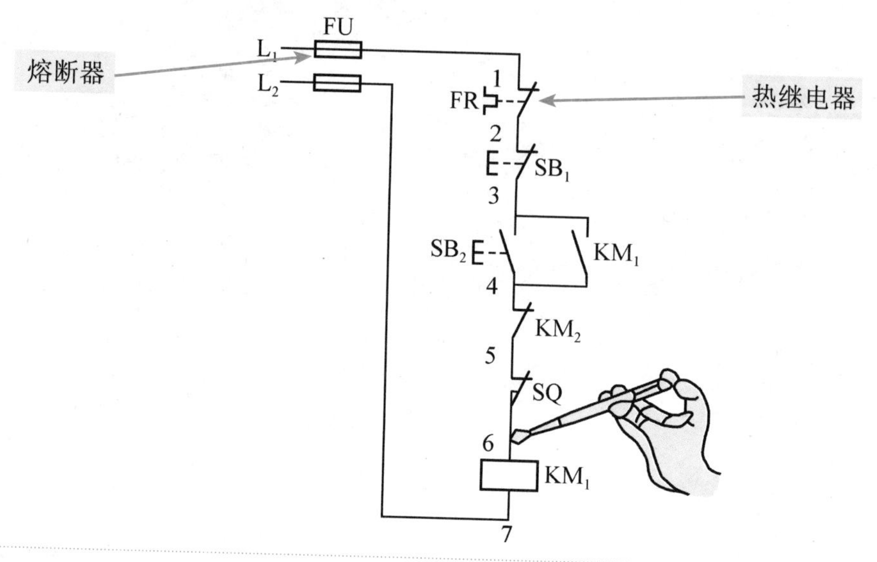

电压表法

电压表法检修断路故障的方法如下图所示。按下启动按钮 SB_2，选用满刻度为 500V 的交流电压表，将黑表笔作为固定笔固定在相线 L_2 端，将醒目的红表笔作为移动笔，并触及控制电路中间位置任一触头的任意一端。

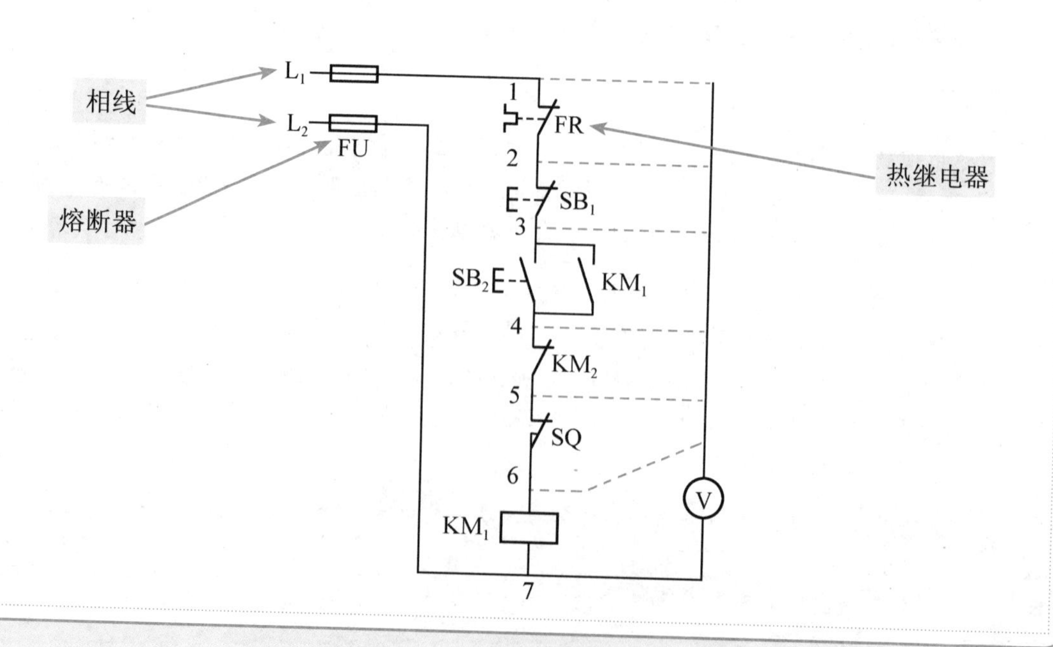

万用表法

万用表法检修断路故障的方法如下图所示。在查找故障点前，首先把控制电路两端从控制电源上断开，将万用表的测量选择开关置于 ×1 挡。

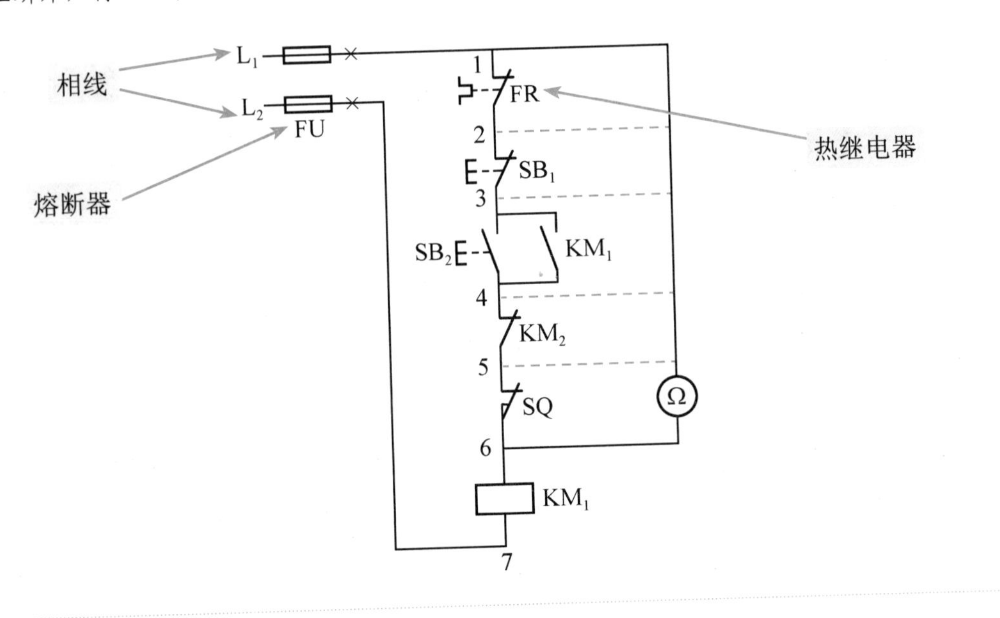

短接法

短接法检修断路故障的方法如下图所示。短接法是用一根绝缘良好的导线把所怀疑断路的部位短接，若短接过程中电路被接通，则说明该处断路。下图中的 SB 是装在绝缘盒里的试验按钮，它有两根引线，引线端头可分别采用黑色鱼夹和红色鱼夹。

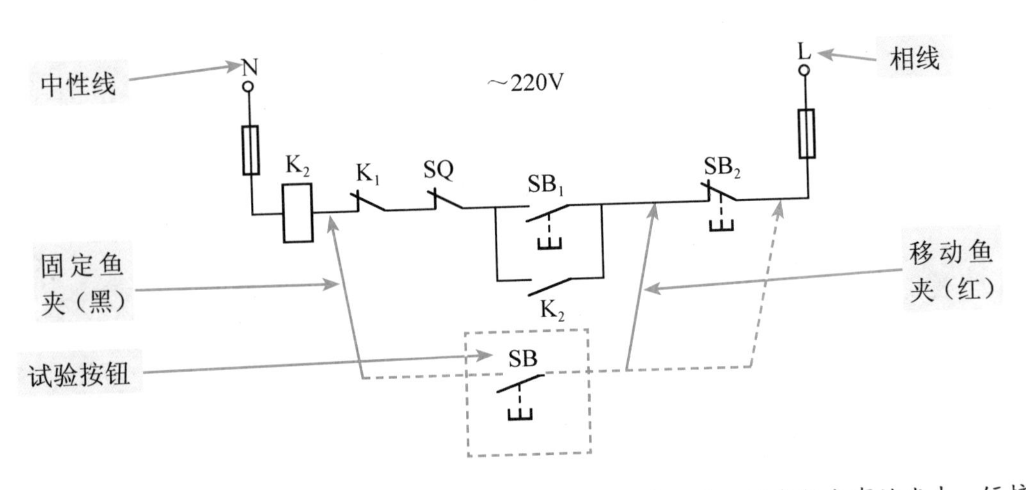

短接法是用手拿绝缘导线带电操作的，因此一定要注意安全，避免触电事故发生。短接法只适用于检查电压降极小的导线和触头之间的断路故障，对于电压降较大的电器，如电阻、线圈、绕组等的断路故障，不能采用短接法，否则会出现短路故障。对于机床的某些要害部位，必须在保障电气设备或机械部位不会出现事故的情况下才能使用短接法。

电源间短路故障的检修

电源间短路故障一般是通过电器的触头或连接导线将电源短路的。例如，在下图中，行程开关SQ中的2号与0号因某种原因连接将电源短路，电源合上，按下SB_2后，熔断器FU就熔断。现采用电池灯进行检修的方法如下。

（1）拿去熔断器FU的熔丝，将电池灯的两根线分别接到1号和0号上，若灯亮，则说明电源间短路。

（2）将行程开关SQ常开触头上的0号线拆下，若灯暗，则说明电源短路在这个环节。

（3）再将电池灯的一根线从0号移到9号上，若灯灭，则说明短路在0号上。

（4）将电池灯的两根线仍分别接到1号和0号上，然后依次断开4，3，2号线，若断开2号线时灯灭，则说明2号和0号间短路。

上述短路故障也可用万用表的欧姆挡检修。

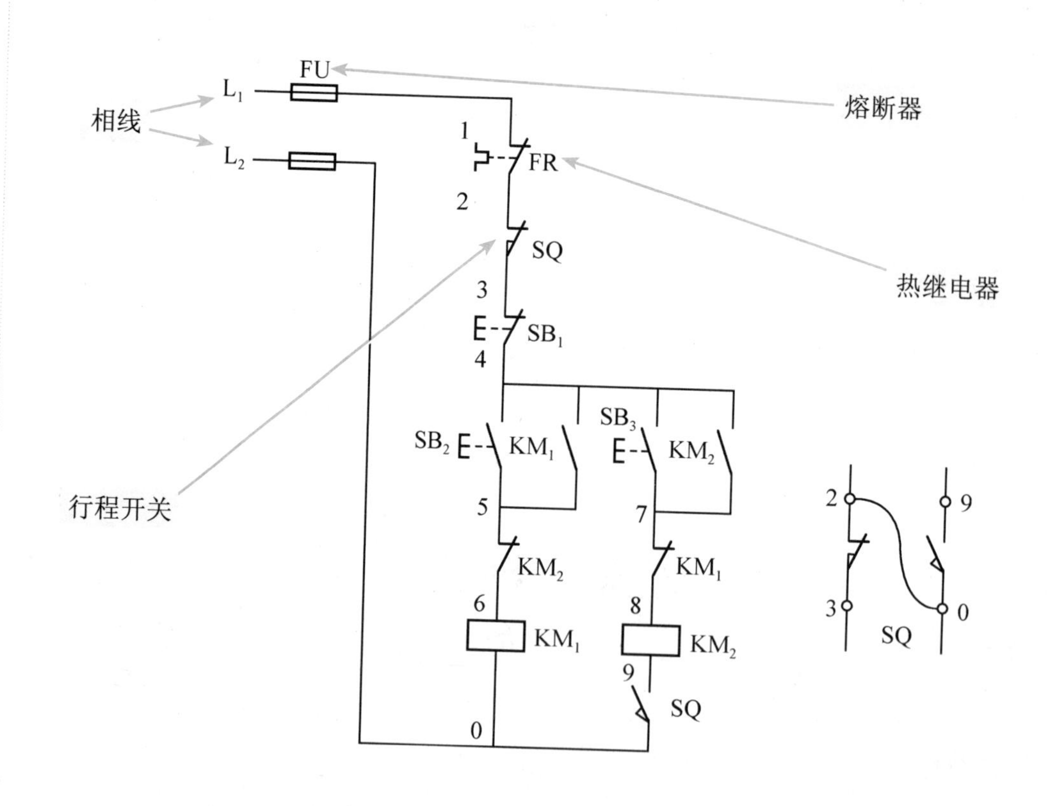

行程开关SQ中的2号线与0号线因某种原因形成连接将电源短路，则当合上电源时，熔断器FU就熔断。

电器触头间短路故障的检修

例如，在下图中，接触器 KM_1 的两个辅助触头中 3 号和 8 号因某种原因而短路，则当合上电源时，接触器 KM_2 即吸合。检修方法如下。

（1）通电检修。通电检修时可按下 SB_1，若接触器 KM_2 释放，则可确定一端短路故障在 3 号；然后将 SQ_2 常闭触头断开，KM_2 也释放，则说明短路故障可能在 3 号和 8 号之间；若拆下 7 号线，KM_2 常闭触头吸合，则可确定 3 号和 8 号为短路故障点。

（2）断电检修。将熔断器 FU 拔下，用万用表的欧姆挡（或电池灯）测 2 号、9 号间电阻，若电阻为零（或电池灯亮），则表示 2 号、9 号间有短路故障；然后按下 SB_1，若电阻为无穷大（或电池灯不亮），则说明短路不在 2 号；再将 SQ_2 断开，若电阻为无穷大（或电池灯不亮），则说明短路也不在 9 号；然后将 7 号断开，若电阻为零（或电池灯亮），则可确定故障点在 3 号和 8 号。

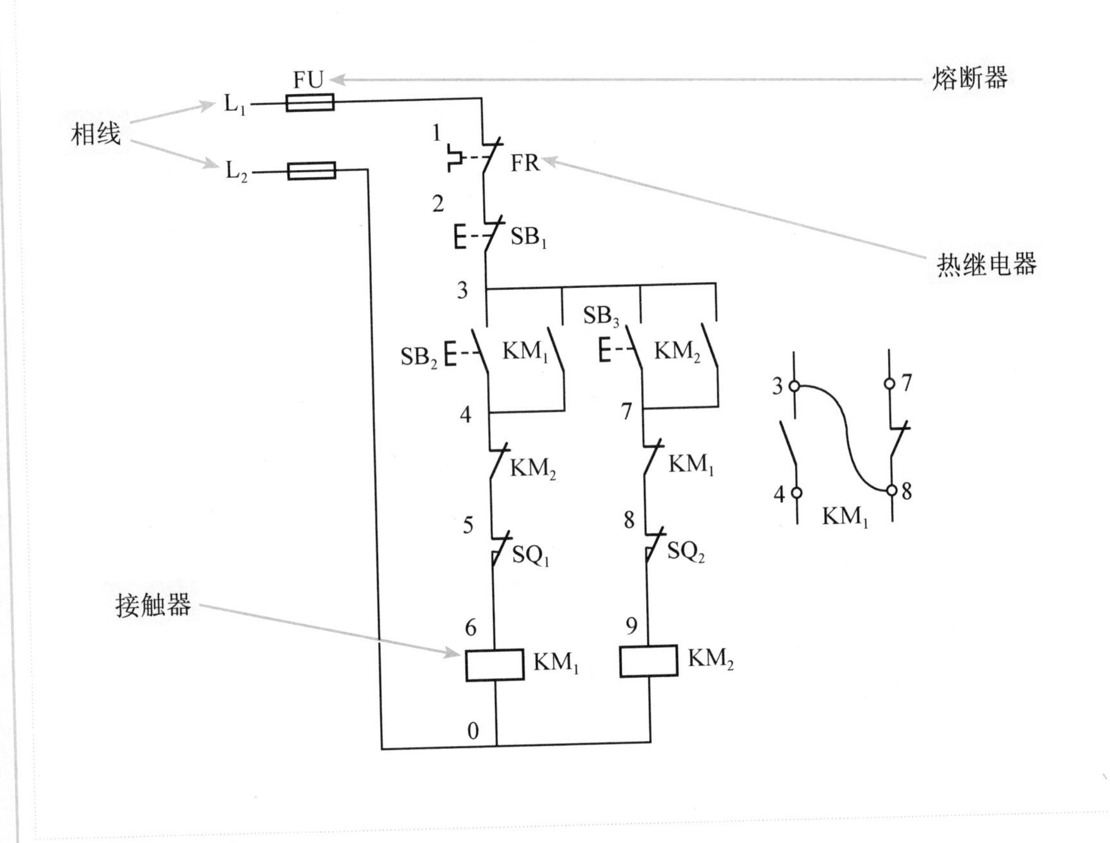

反侵权盗版声明

举报电话:(010)88254396;(010)88258888
传　　真:(010)88254397
E-mail:dbqq@phei.com.cn
通信地址:北京市海淀区万寿路173信箱
电子工业出版社总编办公室
邮　　编:100036